Klasické experimenty v genetike

Na ceste k odhaleniu tajomstiev dedičnosti

Ľubomír Tomáška
Filip Brázdovič
Filip Červenák
Juraj Krajčovič
Andrea Ševčovičová
Andrea Cillingová
Roman Dušinský
Vladimíra Džugasová
Eliška Gálová
Katarína Juríková
Eva Miadoková
Jozef Nosek
Katarína Procházková
Regina Sepšiová
Miroslava Slaninová
Miroslav Švec
Július Šubík
Daniel Vlček

Klasické experimenty v genetike: Na ceste k odhaleniu tajomstiev dedičnosti
(vydanie prvé)

Autori:
Ľubomír Tomáška
Filip Brázdovič
Filip Červenák
Juraj Krajčovič
Andrea Ševčovičová
Andrea Cillingová[#]
Roman Dušinský
Vladimíra Džugasová
Eliška Gálová
Katarína Juríková
Eva Miadoková
Jozef Nosek[#]
Katarína Procházková
Regina Sepšiová
Miroslava Slaninová
Miroslav Švec
Július Šubík
Daniel Vlček

Katedry genetiky a [#]biochémie
Prírodovedecká fakulta Univerzity Komenského v Bratislave

Dizajn obálky: Henrieta Dudeková
Dizajn web stránky (https://fns.uniba.sk/klasicke_experimenty/): Roman Dušinský

Recenzenti:
Prof. RNDr. Jiřina Relichová, CSc., Masarykova univerzita, Brno
Prof. RNDr. Jiří Doškař, CSc., Masarykova univerzita, Brno

Vydavateľ:
Mill Valley Publishing House (MVPH)
CreateSpace Independent Publishing Platform, 2015
Vyšlo s podporou *Genetickej spoločnosti Gregora Mendela* a občianskeho združenia *Natura* pri príležitosti 150. výročia vystúpenia Gregora Mendela v Brnianskom prírodovednom spolku.

Rozsah: 242 strán [14,2 AH]
ISBN: 978-1511481717

„*Vidíme viac a ďalej ako naši predchodcovia; nie preto, že máme lepší zrak, alebo že sme vyšší, ale preto, že stojíme na pleciach ich vysokých postáv.*"

Bernard of Chartres (12. storočie)

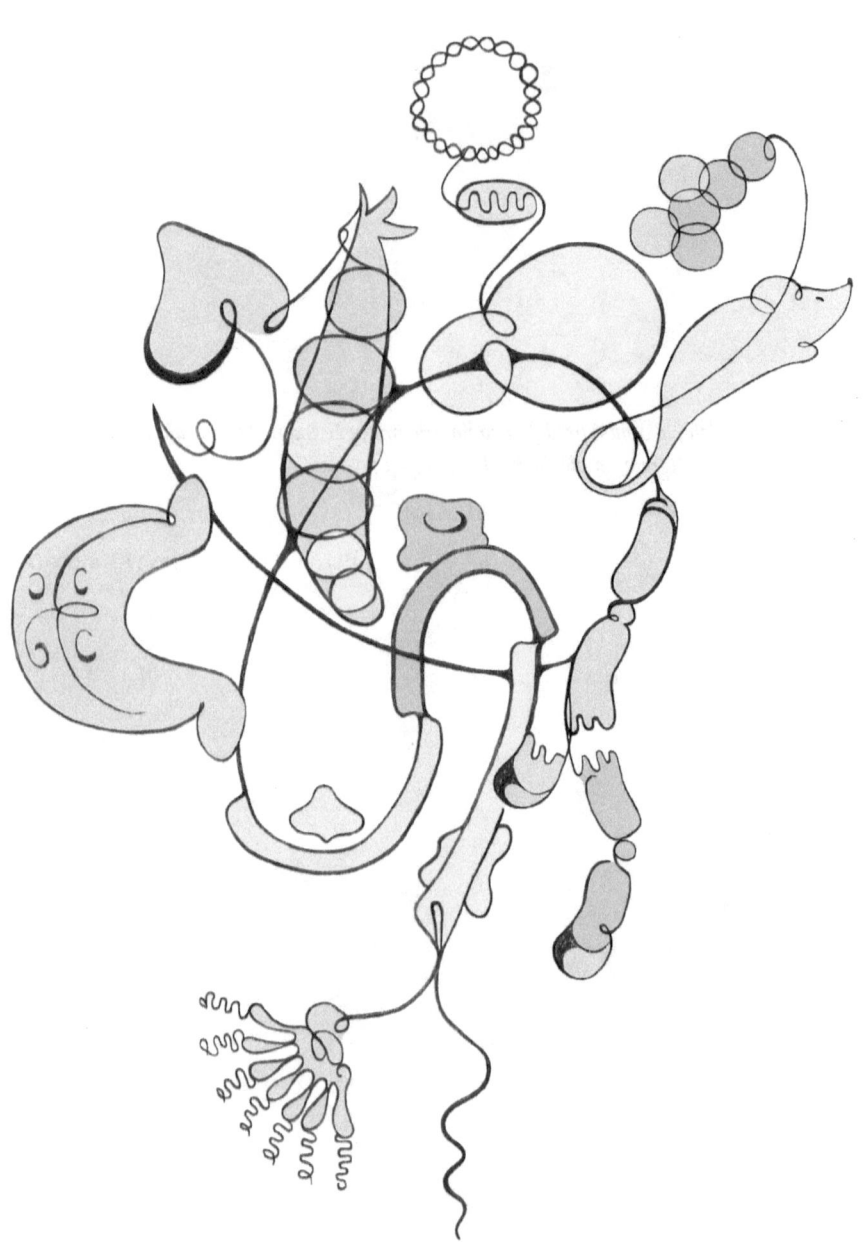

Poďakovanie
Ďakujeme Henriete Dudekovej za dizajn obálky a recenzentom prof. Jiřine Relichovej a prof. Jiřímu Doškařovi za cenné rady a pripomienky. Kniha vznikla s finančnou podporou *Genetickej spoločnosti Gregora Mendela* a občianskeho združenia *Natura*.

Obsah

Mendel, G. (1866). Versuche über Pflanzen-Hybriden. *Verhandlungen des naturforschenden Vereines in Brünn* 4: 3 – 47.

de Vries, H. (1900). Sur la loi de disjonction des hybrides. *Comptes Rendus de l'Academie des Sciences* 130: 845 – 847.
Correns, C. (1900). G. Mendel's Regel über das Verhalter der Nachkommenschaft der Rassenbastarde. *Berichte der Deutschen Botanischen Gesellschaft* 18: 158 – 168.
Tschermak von Seysenegg, E. (1900). Über künstliche Kreuzung bei *Pisum sativum*. *Berichte der Deutschen Botanischen Gesellschaft* 18: 232 – 239.

Morgan, T.H. (1910). Sex limited inheritance in *Drosophila*. *Science* 32: 120 – 122.

Muller, H.J. (1928). Artificial transmutation of the gene. *Science* 66: 84 – 87.

Luria, S.E., Delbrück, M. (1954). Mutations of bacteria from virus sensitivity to virus resistance. *Genetics* 28: 491 – 511.

Lederberg, J., Lederberg, E.M. (1954). Replica plating and indirect selection of bacterial mutants. *J. Bacteriol.* 63: 399 – 406.

McClintock, B. (1941). The stability of broken ends of chromosomes in *Zea mays*. *Genetics* 26: 234 – 282.

McClintock, B. (1951). Mutable loci in maize. *Carnegie Institution of Washington Yearbook* 50: 174 – 181.

Beadle, G.W., Tatum, E.L. (1941). Genetic control of biochemical reactions in *Neurospora*. *Proc. Natl. Acad. Sci. USA* 27: 499 – 506.

Holliday, R. (1964). A mechanism for gene conversion in fungi. *Genet. Res.* 5: 282 – 304.

KEĎ GREGOR MENDEL V ROKU 1865 na dvoch stretnutiach Brnianskeho prírodovedného spolku (8. februára a 8. marca) predniesol výsledky svojej niekoľkoročnej práce s krížením rôznych odrôd hrachu, u publika sa stretol s relatívne vlažnou odozvou. Podobne skromný ohlas mala aj jeho publikácia *Versuche über Pflanzen-Hybriden* v nemecky vydávanom časopise *Verhandlungen des naturforschenden Vereines in Brünn*. Na fakt, že základné pravidlá dedičnosti je možné formulovať jednoduchou štatistickou analýzou krížencov hrachu, vtedajšia komunita prírodovedcov ešte nebola pripravená. V tom istom roku, ako ho brnianski kolegovia zvolili za podpredsedu svojho spolku, Mendel prezentoval výsledky kríženia jastrabníka (*Hieracium*). Jeho zámerom bolo, podľa odporúčania vtedajšej autority Carla Nägeliho, použiť namiesto hrachu tento rastlinný druh na dôkaz univerzálnosti svojich pravidiel. Netušiac, že jastrabník sa rozmnožuje apomikticky, sám spochybnil svoje výsledky z roku 1865. Podobne neinterpretovateľné boli aj jeho výsledky z kríženia včiel, nielen kvôli technickej náročnosti, ale hlavne pre veľmi neštandardný spôsob determinácie pohlavia. To však Mendel nemohol vedieť, a tak sa po zvyšok svojej kariéry, pokiaľ mu to dovoľovala jeho funkcia opáta, venoval predovšetkým meteorologickým pozorovaniam.

Podobná situácia, keď objav predbehol svoju dobu, nastala v histórii genetiky ešte niekoľkokrát. Hoci sa intervaly medzi zásadnými objavmi a ich akceptovaním postupne skracovali, nekonformní bádatelia to v histórii genetiky nemali jednoduché. Mendelove pravidlá na svoje znovuobjavenie de Vriesom, Corrensom a Tschermakom von Seyseneggom čakali viac ako 30 rokov. Úloha chromozómov ako „nosičov génov" bola akceptovaná s veľkým časovým odstupom po formulovaní tejto hypotézy Edmundom B. Wilsonom (paradoxne, Thomas H. Morgan, ktorý chromozómovú teóriu dedičnosti dokázal, bol spočiatku jej veľkým oponentom). Podobne od objavu DNA ako „transformačného princípu" Averym, MacLeodom a McCarthym (1944) uplynulo takmer 10 rokov, kým Francis Crick a James Watson s výrazným prispením Rosalindy Franklinovej a Mauricea Wilkinsa popísali jej štruktúru a odštartovali zlatú éru molekulárnej genetiky.

Práve zásadným objavom, ktoré dnes predstavujú klasické experimenty v genetike, je venovaná táto kniha. Našou ambíciou je prezentované experimenty popísať v kontexte poznatkov, ktoré boli k dispozícii v dobe ich realizácie, a tak vyzdvihnúť ich význam pre posun celej vednej oblasti. Snažíme sa tiež predstaviť hlavných aktérov a naznačiť, čo práve ich viedlo k objavom takého dôležitého významu. Majú niečo spoločné? Talent? Vzdelanie? Podobnú rodinnú históriu? Príslušnosť k istému typu inštitúcií? Šťastie? Experimenty popisujeme vo forme jednoduchých schém. Hoci nie sú triviálne, práve fakt, že je možné ich popísať na pár riadkoch, ilustruje, že ich spoločným menovateľom nie je špičková a iným nedostupná technika, ale originálna myšlienka, technická invencia a odvaha k neštandardným interpretáciám. Náročnejší čitatelia si iste radi prečítajú aj pôvodné články, ktoré sú dostupné na www stránke, ktorá knihu prezentuje.[1] V poznámkach pod čiarou je tiež možné nájsť odkazy na ďalšie zdroje informácií.[2]

Uvedomujeme si, že zoznam experimentov uvedených v našej knižke zďaleka nie je úplný. Počas 150 rokov od uverejnenia Mendelovho článku bolo publikovaných veľa ďalších prelomových prác, ktoré viedli k našim súčasným predstavám o mechanizmoch dedičnosti. Tým, ktorí sa chcú dozvedieť o histórii genetiky detailnejšie informácie, odporúčame prečítať si niektorú zo skvelých zahraničných monografií.[3] Náš výber experimentov je vyjadrením subjektívnej preferencie jednotlivých autorov. Vychádzali sme z predpodkladu, že afinita autora k príslušnému experimentu sa prejaví aj na kvalite jeho textu. Pravdaže štýl, ktorým sú jednotlivé kapitoly napísané, je do istej miery heterogénny a odráža spôsob vyjadrovania sa jednotlivých autorov. Veríme však, že to nie je negatívum; veď aj jednotlivé experimenty sú značne rôznorodé, tak ako sú rôzne osudy vedcov, ktorí ich realizovali.

Pragmatik môže mať otázku, načo je dobré poznať históriu experimentov, ktoré označujeme ako klasické. Nestačí si v učebniciach prečítať fakty, ktoré z výsledkov týchto experimentov vyplynuli? Načo strácať čas so zastaralými experimentálnymi postupmi a metódami, ktoré dnes už nikto nepoužíva? Takýto čitateľ má do istej miery pravdu. V dnešnej dobe exponenciálneho rastu poznatkov je veľkou didaktickou dilemou, čo z nich pre študentov vybrať a pripraviť ich tak čo najlepšie pre profesionálnu kariéru. Popisovanie histórie objavov oberá učiteľov i študentov o čas, ktorý by mohli venovať aktuálnym problémom, teda tým, na riešenie ktorých ich má štúdium nasmerovať.

---

[1] https://fns.uniba.sk/klasicke_experimenty/. Prístupové heslo je uvedené na poslednej strane knihy.

[2] Pomerne veľa ďalších originálnych prác z genetiky je tiež prístupných na http://www.esp.org.

[3] Judson, H.F. (1996). The eighth day of creation: Makers of the revolution in biology. Cold Spring Harbor Laboratory Press, Cold Spring Harbor, NY; Sturtevant, A.H. (2001). A history of genetics. Cold Spring Harbor Laboratory Press, Cold Spring Harbor, NY; Carlson, E.A. (2004). Mendel's legacy. The origin of classical genetics. Cold Spring Harbor Laboratory Press, Cold Spring Harbor, NY; Schwartz, J. (2008). In pursuit of the gene. From Darwin to DNA. Harvard University Press, Cambridge, MA. História biológie pred rokom 1900 je veľmi dobre spracovaná v Rádl, E. (1909). Die Geschichte der biologischen Theorien. Český preklad, Dějiny biologických teorií novověku. I. a II. diel, Academia, 2006.

Pochopiť význam aktuálnych problémov však nie je možné bez aspoň minimálnej vedomosti o ich pôvode. Preto je štúdium histórie tak dôležité pre porozumenie súčasnosti: osobnej (mnohé sa o sebe dozvedáme z našich rodokmeňov), spoločnosti (v dôsledku odlišnej histórie vedie podobný politický systém v rôznych krajinách k rôznym výsledkom), ale i vednej disciplíny, akou je genetika. Preto je mottom tejto knihy výrok Bernarda de Chartresa. Stojíme na pleciach našich predchodcov a aby sme získali väčšiu istotu a videli čo najďalej, treba týchto predchodcov poznať.

História je plná nesmierne zaujímavých príbehov ľudí, ktorí boli jej osudovými hýbateľmi. Mala by to ilustrovať aj táto knižka, ktorú sme písali s nádejou, že niektorí z jej mladých čitateľov sa k takýmto hýbateľom dejín genetiky v skorej budúcnosti zaradia. Držíme im palce.

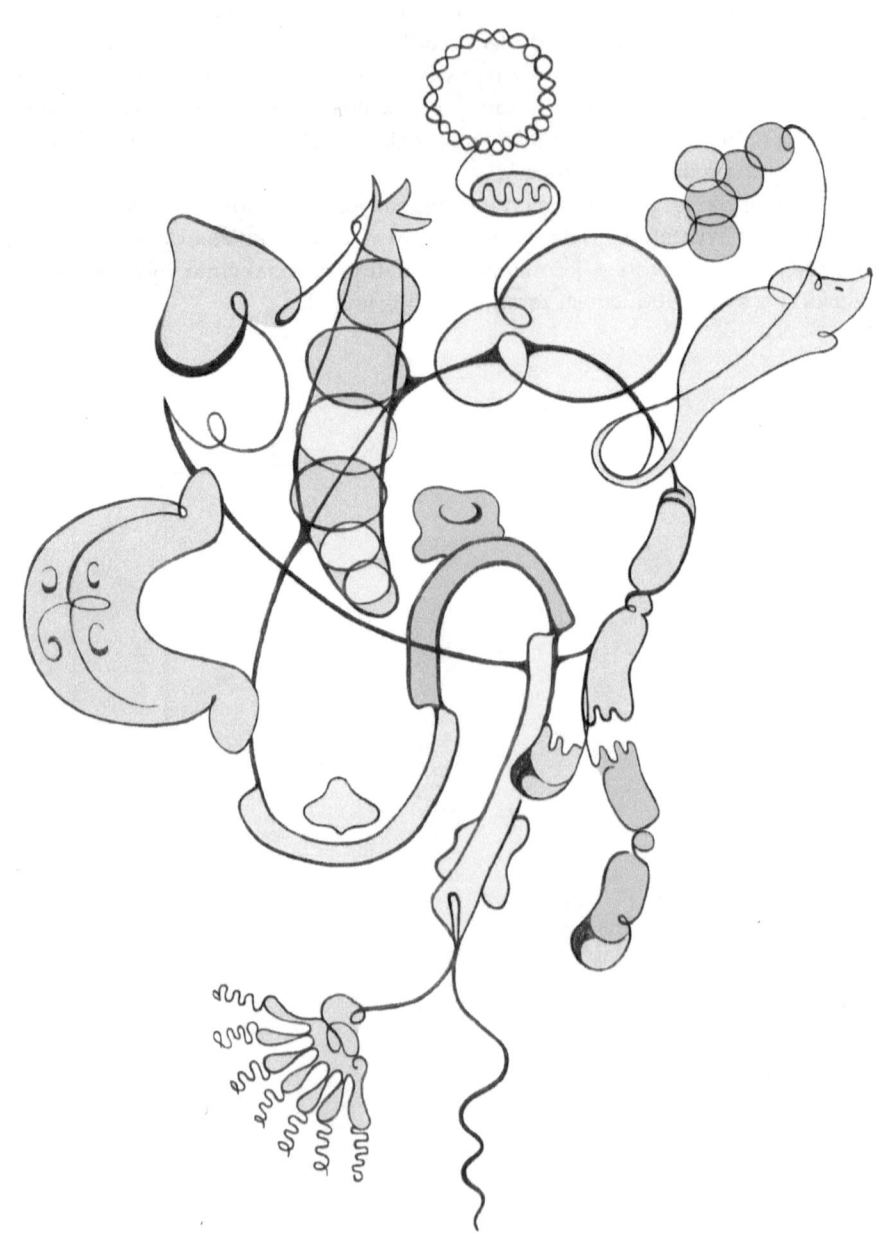

KAPITOLA 1.
Úvod: Názory na mechanizmy dedičnosti pred rokom 1865

„I assume that cells, before their conversion [...] throw off minute granules or atoms, which circulate freely throughout the system [...]. These granules [...] may be called gemmules. They are supposed to be transmitted from the parents to the offspring, and are generally developed in the generation which immediately succeeds, but are often transmitted in a dormant state during many generations and are then developed. [...] Lastly, I assume that the gemmules in their dormant state have a mutual affinity for each other, leading to their aggregation either into buds or into the sexual elements. These assumptions constitute the provisional hypothesis which I have called Pangenesis."

Charles Darwin[4]

DARWINOVA TEÓRIA PANGENÉZY, ktorú sumarizuje úvodný citát, bola hlavnou slabinou jeho evolučnej teórie. Upozornil na to aj jeden z jeho hlavných oponentov Fleeming Jenkin (1833 – 1885), ktorý správne argumentoval, že teória pangenézy nevyhnutne vedie u potomkov k zmiešavaniu (angl. *blending*) vlastností rodičov, takže ak sa v rodičovskej generácii objaví znak, ktorý je selektovaný prírodným výberom, tento znak sa v dôsledku zmiešavania u potomkov neobjaví.[5] Je zaujímavé, ako Darwin (1809 – 1882), ktorý v mnohých prípadoch dokázal svoju výnimočnú schopnosť nekonformného uvažovania, ostal v otázke mechanizmu dedičnosti na úrovni názorov Hippokrata z Kosu (460 – 370 p. n. l.). Hippokratova predstava o prenose vlastností z rodičov

---

[4] „Predpokladám, že bunky pred ich definitívnou premenou [...] uvoľňujú malé granuly alebo atómy, ktoré voľne cirkulujú po tele [...]. Tieto granuly, ktoré môžu byť nazvané gemmuly, môžu byť prenášané z rodičov na potomkov, a buď sa prejavia hneď v nasledujúcej generácii, alebo sú ďalej prenášané v dormantnom stave. Nakoniec predpokladám, že gemmuly majú k sebe afinitu a agregujú do pukov alebo pohlavných orgánov. Tieto predpoklady predstavujú základ pre hypotézu, ktorú som nazval Pangenéza." Darwin, C. (1868). The Variation of Animals and Plants under Domestication. London: John Murray. 1. vydanie.

[5] Jenkin, F. (1867). Review of „The origin of species". The North British Review 46: 277 – 318; http://www.victorianweb.org/science/science_texts/jenkins.html

na potomkov je takmer identická s názormi prírodovedca, ktorý o 2000 rokov neskôr vysvetlením úlohy prírodného výberu zásadne zmenil biológiu! Ilustruje to fakt, že základné princípy dedičnosti zďaleka nie sú triviálne. Naopak, ich pochopenie vyžadovalo nahromadenie veľkého množstva poznatkov o rozmnožovaní a vývine rastlín a živočíchov, o význame špecializovaných (pohlavných) buniek a bunkových štruktúr v prenose dedičných znakov, kombinovaných s novými metódami, modelovými organizmami a aj so šťastím jednotlivcov spojeným s ich nekonvenčnou interpretáciou nečakaných výsledkov.

Prvým zásadným kritikom Hippokratovej pangenézy bol Aristoteles (384 – 322 p. n. l.). Argumentoval, že jedinci často nevykazujú vlastnosti rodičov, ale prarodičov.[6] Upozornil tiež, že niektoré vlastnosti (napr. sivé vlasy) sa dedia bez toho, že by v čase narodenia potomka boli prítomné u rodičov. Zároveň tvrdil, že mnohé z vlastností rodičov sa vôbec neprenášajú na potomkov (napr. poškodenie alebo strata častí tiel rastlín alebo živočíchov). Predpokladal, že dedené nie sú znaky ako také, ale potenciál pre ich vytvorenie. To sa dnes môže zdať triviálne, no v tej dobe (a ani na konci 19. storočia) to nebol všeobecne prijímaný názor.

Aristoteles popísal veľké množstvo (skutočných i vymyslených) rastlín a zvierat, pričom pôvod niektorých vysvetľoval ako výsledok kríženia vzdialenejších druhov.[7] Podľa neho sa v suchých končinách Líbye zvieratá zhromažďovali pri vodných zdrojoch a pokiaľ boli v reprodukčnej fáze života, mohli rôzne druhy produkovať potomstvo.[8] Hoci mnohí Aristotelovi súčasníci i nasledovníci s týmto názorom polemizovali, predstava o vzniku druhov vyššie opísaným spôsobom pretrvávala až do začiatku 18. storočia.

Existencia pohlavného rozmnožovania u živočíchov bola známa pomerne dlho, u rastlín to však nebolo celkom evidentné. Je síce pravda, že niektoré samčie a samičie dvojdomé rastliny (napr. figovník, datľovník) boli na Blízkom východe zámerne vysádzané oddelene už 2400 rokov p. n. l., a že z obdobia 1000 rokov p. n. l. pochádza prvá zmienka o božstve, ktoré riadi čas oplodnenia, spôsob pohlavného rozmnožovania rastlín bol však dlho nejasný. Prvý sa o úlohe peľu v oplodnení zmieňuje Nehemiah Grew (1641 – 1712) v roku 1676 a experimentálne dôkazy poskytla až práca Rudolfa Jakoba Camerera (Camerarius; 1665 – 1721) z rokov 1691 – 1694. Camerer tiež popísal tyčinky a piestiky ako pohlavné orgány rastlín. Po extenzívnych dôkazoch Carla Linného (1707 – 1778) a dôkazoch Josefa Gottlieba Kölreutera (1733 – 1806) o úlohe hmyzu pri opeľovaní niektorých druhov rastlín z polovice 18. storočia už o význame peľu v pohlavnom rozmnožovaní rastlín nikto nepochyboval.

Otázkou ostávalo, akým spôsobom k oplodneniu dochádza. Kölreuter mikroskopickou analýzou zistil, že peľové zrná vo vode veľmi rýchlo praskajú a správne predpokladal, že keď sa peľové zrno dostane do vnútra piestika,

---

[6] Preto Darwin do svojej hypotézy vložil poznámku o dormantnom stave gemmúl.

[7] Napríklad pôvod žirafy videl v krížení ťavy a leoparda.

[8] To je pôvod porekadla: „Niečo nové vždy pochádza z Líbye". Sturtevant, A.A. (2001). A history of genetics. Cold Spring Harbor Laboratory Press, Cold Spring Harbor, NY.

dochádza k uvoľneniu jeho obsahu. Nesprávne sa však domnieval, že na oplodnenie je potrebných viac peľových zŕn, čo „potvrdili" aj niektorí ďalší významní botanici z tohto obdobia. Táto predstava značne (negatívne) ovplyvnila uvažovanie o mechanizme dedičnosti u rastlín, pretože v komunite rastlinných biológov rezonovala ešte v 19. storočí.

Na druhej strane, Kölreuter významnou mierou prispel k rozšíreniu experimentovania s krížením rôznych odrôd rastlín, ktoré priniesli mnohé výsledky dôležité aj pre štúdium mechanizmov dedičnosti. Všimol si, že v niektorých kríženiach majú potomkovia znaky, ktoré pripomínajú jedného z rodičov a nie sú „zmesou" vlastností rodičovskej generácie. Kölreutera nasledovali mnohí ďalší prírodovedci.[9] Jedným z najproduktívnejších bol Karl Friedrich von Gärtner (1772 – 1850), ktorý v rokoch 1839 – 1849 uskutočnil takmer desaťtisíc experimentov, pri ktorých krížil približne 700 odrôd rôznych druhov patriacich do 80 rodov rastlín. Všimol si, že variabilita potomkov je v porovnaní s generáciou F_1 oveľa vyššia v generácii F_2 a jeho výsledky rozsiahlo diskutoval aj Mendel vo svojej práci. K podobným výsledkom dospel i Mendelov súčasník Charles Victor Naudin (1815 – 1899), ktorý vyzdvihoval uniformitu príslušníkov generácie F_1 a variabilitu generácie F_2. Ani Gärtner, ani Naudin však nestanovili zastúpenie jednotlivých typov v generáciách potomkov.[10]   Ich hlavným problémom bolo, že variabilitu posudzovali na úrovni celých rastlín a nie ich jednotlivých znakov.[11]

Pomerne veľké množstvo dát z pokusov zameraných na kríženie rôznych odrôd rastlín bolo jedným zo zdrojov klasickej genetiky. Až do 19. storočia boli takéto typy experimentov u živočíchov pomerne zriedkavé. Predstavy o mechanizmoch dedičnosti vychádzali často z analýzy neúplných rodokmeňov. V tejto súvislosti stojí za zmienku práca francúzskeho polyhistora Pierra-Louisa Moreau de Maupertuisa (1698 – 1759), ktorý pomocou rodokmeňov študoval dedičnosť polydaktílie a albinizmu u človeka a sfarbenia srsti u psov. Hoci sú Maupertuisove pokusy o interpretáciu týchto rodokmeňov sympatické, v ničom nenaznačujú, že by rozumel spôsobu dedičnosti študovaných znakov.

V oblasti štúdia živočíchov boli pre pochopenie mechanizmov dedičnosti podstatné práce cytológov[12] a embryológov. V otázkach reprodukcie a vývinu živočíchov ešte do polovice 17. storočia prevládal Aristotelov názor, že reprodukcia je výsledkom pôsobenia menštruačnej krvi matky a oživujúceho

---

[9] Jedným z najusilovnejších „krížiteľov" bol samotný Darwin. Jeho kniha *The Variation of Animals and Plants under Domestication* obsahuje aj množstvo jeho vlastných výsledkov.

[10] K ďalším botanikom, ktorí získali cenné výsledky kríženia rôznych odrôd rastlín, patrili Max Ernst Wichura (1817 – 1866), ktorý krížil vŕby; William Herbert (1778 – 1847), ktorý dokázal, že kríženie medzi vzdialenými odrodami vedie k produkcii sterilných rastlín, čím pomohol definovať biologický druh a Henri Lecoq (1802 – 1871), ktorý sa zaujímal o kríženie v súvislosti so zlepšovaním vlastností kultúrnych rastlín. Ani jeden z nich však nedospel k záverom, ktoré by vysvetľovali mechanizmus dedičnosti.

[11] To bol zásadný rozdiel, ktorý Mendela doviedol k objaveniu pravidiel dedičnosti.

[12] Objavom cytológov z 19. storočia, ktoré zohrali dôležitú úlohu v odhaľovaní základných mechanizmov dedičnosti, je venovaná kapitola 2.3.

(angl. *animating*) princípu, ktorý je prítomný v semene otca. Túto predstavu začal ako prvý systematicky spochybňovať William Harvey (1578 – 1657), dvorný lekár anglického kráľa Karola I. Harvey tiež predpokladal existenciu hypotetického oživujúceho faktora v samčom semene, namiesto menštruačnej krvi však postuloval úlohu vajíčka ako substancie, z ktorej vzniká plod. Odhalil tiež, že vajíčka sa tvoria vo vaječníkoch a ich význam v reprodukcii zovšeobecnil výrokom *ex ovo omnia* (všetko pochádza z vajíčka). Je potrebné zdôrazniť, že spermie boli odhalené van Leeuwenhoekom až o ďalších takmer 40 rokov a ich úloha v oplodnení bola pochopená až o 200 rokov neskôr. Napriek tomu boli Harveyho závery veľmi dôležité. Naznačovali totiž, že z amorfného oplodneného vajíčka sa postupne vyvíja mnohobunkové telo so špecializovanými orgánmi. Z toho sa dalo usudzovať, že vajíčko obsahuje akúsi formu inštrukcie, ktorá je realizovaná v priebehu ontogenézy. Táto koncepcia korešpondovala s teóriou tzv. *epigenézy*, ktorá bola v opozícii s predstavou tzv. *preformácie*. Podľa nej boli všetky organizmy stvorené (preformované) v rovnakom čase a aktuálne len rástú v telách rodičov. Akokoľvek sa nám táto predstava dnes môže zdať absurdná, konflikt medzi zástancami epigenézy a preformácie[13] pokračoval až do 19. storočia. Teória preformácie pod ťarchou dôkazov čoraz viac strácala pôdu pod nohami. Jedným z fenoménov, ktoré nedokázala vysvetliť, bola schopnosť regenerácie častí tiel (napr. u hmyzu a plazov). Bolo evidentné, že „hmota" v oblasti poškodeného tkaniva obsahuje nejaký materiál, ktorý ju inštruuje k produkcii príslušného orgánu, prípadne končatiny. Hoci povaha tohto materiálu nebola známa, bolo jasné, že má niečo spoločné s inštrukciou prítomnou v oplodnenom vajíčku.

V druhej polovici 19. storočia tak boli zásluhou šľachtiteľov, cytológov, evolučných biológov a embryológov k dispozícii poznatky, ktoré v priebehu niekoľkých nasledujúcich dekád viedli k zrodu genetiky. Poďme sa teda pozrieť na niektoré z klasických experimentov, na výsledkoch ktorých súčasná genetika pevne stojí.

---

[13] Propagátormi preformácie boli významní prírodovedci toho obdobia, napr. Jan Swammerdam (1637 – 1680) a Charles Bonnet (1720 – 1793), ktorí študovali vývin priadky morušovej, resp. vošiek. Hlavne Bonnetov výskum vošiek sa zdal byť presvedčivým argumentom v prospech preformácie, pretože v telách samíc často nachádzal nielen dcéry, ale aj vnučky. Dnes vieme, že vošky (partenogenézou, vývinom z neoplodnených vajíčok) takto maximalizujú produkciu potomstva v období dostatku živín.

2. Základy mendelovskej genetiky

Mendel,   G.   (1866).Versuche   über   Pflanzen-Hybriden.   *Verhandlungen   des naturforschenden Vereines in Brünn* 4: 3 – 47.[14]

Gregor Johann Mendel[15]
(20. 7. 1822 – 6. 2. 1884)

[14] https://archive.org/details/versucheberpflan00mend
[15] http://en.wikipedia.org/wiki/Gregor_Mendel

KAPITOLA 2.1.
Základné mechanizmy dedičnosti možno vysvetliť jednoduchými pravidlami

„Podnetom k pokusom, o ktorých tu pojednávam, boli umelé oplodnenia okrasných rastlín s cieľom získania nových farebných variant. Nápadná pravidelnosť, s akou sa po oplodnení medzi rovnakými druhmi stále vracali tie isté hybridné formy, bola podnetom k ďalším pokusom, ktoré mali sledovať vývoj hybridov u ich potomkov."

Gregor Mendel[16]

AK BY SME MALI UVIESŤ NAJPODSTATNEJŠIEHO PRÍRODOVEDCA, ktorý stál pri zrode genetiky, bol by to jednoznačne Gregor Johann Mendel. V čase jeho experimentov s krížením rastlín cieľavedome nadväzoval na skromné poznatky svojich predchodcov Kölreutera, Gärtnera, Herberta, Lecoqa, či Wichuru.[17] Pri svojich experimentoch s kontrolovaným opelením hrachu skúmal záhady dedičnosti a objavil zákony prenášania rodičovských znakov na potomkov prostredníctvom pohlavných buniek v čase, keď v Anglicku obhajoval Charles Darwin svoju teóriu vzniku nových druhov. Zatiaľ čo sa Darwinova evolučná teória stretla ihneď s mimoriadnym ohlasom medzinárodnej verejnosti, výsledky Mendelových experimentov boli ocenené až po ich opätovnom objavení viac ako 30 rokov po tom, ako ich publikoval.

Životy a práca objaviteľov v prírodných vedách sa často aj po rokoch znova prehodnocujú a aj na základe novo objavených skutočností sa hodnotí ich objektívny prínos. Všeobecný názor mnohokrát ovplyvnia životopisné údaje, ktoré po sebe konkrétny človek zanechá. Životopis, ktorý Darwin napísal na konci svojho života na žiadosť svojej rodiny, bol publikovaný v plnom rozsahu až v roku 1959 pri stom výročí zverejnenia jeho evolučnej teórie. Okrem toho boli

---

[16] Mendel, G. (1866). Versuche über Pflanzen-Hybriden. *Verhandlungen des naturforschenden Vereines in Brünn* 4: 3 – 47.
[17] Kapitola 1.

posmrtne zverejnené jeho poznámkové denníky a bohatá korešpondencia ilustrujúca veľmi komplexnú a zaujímavú Darwinovu osobnosť. Naopak, o Gregorovi Mendelovi sa aj dnes vie relatívne málo. Nezachoval sa ani denník, ani podstatná časť záznamov z jeho pokusov. Žil v ústraní kláštora a okrem občasných stretnutí s členmi prírodovedného spolku, sa stretával len s rodinou, o čom svedčí aj jeho osobná korešpondencia. Ďalšie zachované listy pojednávajú o jeho odborných záujmoch, ale je ich relatívne málo. Mendel napísal svoj stručný životopis iba k žiadosti o pripustenie ku skúške učiteľskej spôsobilosti, kde sa zmieňuje o svojom úsilí uspieť pri zložení skúšky bez predchádzajúceho štúdia na univerzite. Vo svojich dvoch publikáciách o krížení rastlín a v listoch mníchovskému botanikovi Carlovi Nägelimu (1817 – 1891) sa nachádzajú len strohé náznaky jeho motívov k bádateľskej práci. Po smrti Mendela sa hodnotili predovšetkým jeho zásluhy ako bývalého opáta a vyzdvihovalo sa jeho pôsobenie vo verejných funkciách. Jeho prírodovedné záujmy boli spomenuté len okrajovo. V roku 1900 znovuobjavitelia Mendelových pravidiel[18] Carl Correns a Erich Tschermak von Seysenegg zverejňujú základné Mendelove životopisné údaje. Anglický prírodovedec William Bateson (1861 – 1926), ktorý bol jeho veľkým obdivovateľom, v roku 1904 prišiel do Brna, kde chcel zozbierať viac informácií o jeho osobnosti a vedeckej práci. Okrem publikovaných prác však nenašiel žiadne protokoly či iné údaje, a zámeru napísať Mendelov životopis sa nakoniec vzdal. O Mendelovi tak vieme najmä zásluhou jeho synovca Aloisa Schindlera, ako aj Huga Iltisa, Jaroslava Kříženeckého a Vítězslava Orla, ktorí vybudovali Mendelovo múzeum v Brne a zhromaždili o ňom cenné informácie.[19]

VĎAKA PODPORE AUGUSTINIÁNSKEHO RÁDU sa mohol Mendel zaoberať šľachtením rastlín. Augustiniáni totiž v období Mendelovho pôsobenia zohrávali významnú úlohu pri zoskupovaní vzdelancov. V tom čase brniansky biskup poverený pražským arcibiskupom urobil kontrolu stavu duchovného pôsobenia augustiniánskych kláštorov. Vďaka opátovi Franzovi Cyrilovi Nappovi (1792 – 1867), ktorý dokázal obhájiť existenciu kláštora a jeho výskumný program, mohol Mendel začať svoju vedeckú činnosť. Hoci mnohé literárne zdroje uvádzajú, že motívom pre prácu na experimentoch s krížením rastlín bola Mendelova zvedavosť, treba spomenúť, že šľachtenie bôbovitých rastlín, vínnej révy, ovocných drevín, ale aj oviec bolo pre kláštory jedným z možných východísk z hospodárskej krízy. Nielen Mendel, ale aj opát Napp sa snažili racionalizovať hospodárenie. Venovali sa štúdiu odbornej poľnohospodárskej literatúry a usilovali sa o zaistenie výučby prírodopisu a poľnohospodárstva v Brne. Snažili sa zaviesť nové metódy a rozvíjať ich na vedeckom základe. Použitie výnosnejších nových odrôd a nového spôsobu pestovania rastlín zlepšilo nielen

---

[18] Kapitola 2.2.
[19] Hlavne Orel si zaslúži veľký obdiv a rešpekt. Z jeho mnohých článkov a monografií o Mendelovi je najpodrobnejšia kniha Orel, V. (2003). Gregor Mendel a počátky genetiky. Academia, Praha.

finančnú situáciu kláštora, ale dalo základ rozvoju ovocinárstva, vinárstva a chovu oviec.

Johann Mendel sa narodil 20. júla 1822 v rodine nemecky hovoriacich roľníkov v Hynčiciach (nemecky *Heinzendorf bei Odrau* – dnes sú Hynčice časť obce Vražné v okrese Nový Jičín v Moravskosliezskom kraji) otcovi Antonovi Mendelovi a matke Rozine rodenej Schwirtlich. Vzhľadom na to, že pôsobil v dvojjazyčnom prostredí, hovoril plynule po nemecky i česky. Po absolvovaní základnej školy v Hynčiciach navštevoval mladý Johann piaristickú školu v Lipníku nad Bečvou. Po absolvovaní strednej školy, ktorú ukončil maturitnou skúškou na gymnáziu v Opave, študoval v rokoch 1840 – 1843 na Filozofickom ústave v Olomouci.

V Olomouci vyučoval prírodnú históriu a poľné hospodárstvo Johann Karl Nestler (1783 – 1842), významný výskumník v oblasti šľachtenia zvierat a rastlín. Predpokladá sa, že jeho výskum šľachtenia oviec tiež ovplyvnil budúcu Mendelovu prácu. Ďalší olomoucký profesor, ktorý významne ovplyvnil Mendela, bol Friedrich Franz (1783 – 1860). Nakoľko finančné prostriedky od rodičov mu nestačili ani na úhradu pobytu, živil sa Mendel počas štúdia ako súkromný učiteľ. Zármutok, sklamanie a strach zo smutnej budúcnosti vzhľadom na zlé finančné pomery rodiny, ako aj labilná psychika spôsobili zhoršenie jeho zdravotného stavu a Mendel sa rok liečil u svojich rodičov. Situácia s oslabeným zdravím sa v jeho živote opakovala aj neskôr, väčšinou ako následok mimoriadneho nervového vypätia. Z finančných dôvodov, ako aj na žiadosť matky, prišiel v roku 1843 do augustiniánskeho kláštora sv. Tomáša v Starom Brne a prijal rehoľné meno Gregor. Štúdium teológie dokončil v roku 1848. Opát Napp a farár František Matouš Klácel (1808 – 1882), s ktorými sa v kláštore stretol, významne ovplyvnili Mendelov záujem o vedecké bádanie. V roku 1847 bol vysvätený za kňaza. Počas jeho pôsobenia na gymnáziu v Znojme, vo svojich 28 rokoch, sa ako zastupujúci učiteľ (gréčtiny, latinčiny, nemčiny a matematiky) prihlásil na učiteľské skúšky z prírodopisu a fyziky na Viedenskej univerzite. Pri skúškach však neuspel, paradoxne kvôli záverečnému zamietavému hodnoteniu v časti týkajúcej sa prírodopisu. Tento neúspech otvoril Mendelovi cestu k univerzitnému štúdiu. Keby bol napísal klauzúrnu skúšku pozornejšie, zostal by stredoškolským profesorom v Znojme a nebol by sa dostal k bádateľskej práci. V rokoch 1851–1853 Mendel študoval matematiku, fyziku, chémiu, botaniku, zoológiu a paleontológiu na Viedenskej univerzite, kde sa kládol dôraz na výučbu spojenú s výskumom. V tomto období sa veľmi zaujímal o fyziku (jeho učiteľom bol významný fyzik Christian Doppler (1803 – 1853)), matematiku a meteorológiu, vďaka čomu si uvedomil dôležitosť matematiky a štatistiky pri vysvetľovaní prírodných javov.

V roku 1856 Mendel ani na druhý pokus nezložil skúšku učiteľskej spôsobilosti a zostal zastupujúcim učiteľom až do roku 1868. Napriek tomuto neúspechu zostal učiť na reálnom gymnáziu v Brne. Naďalej bol pozitívne hodnotený ako učiteľ, ktorý má jasný a logický prednes a navyše vedel obratne experimentovať a s obmedzenými prostriedkami „veľa ukázať" ako vo fyzike, tak aj v prírodopise. Musel sa však uspokojiť s polovičným platom zastupujúceho učiteľa. Postupne sa však z neho stal aj zanietený bádateľ. Po návrate z Viedne ho zaujali pokusy, v ktorých už objavoval nielen teoretické základy hybridizácie a dedičnosti, ale aj experimentálne dokazoval, že k oplodneniu dochádza spojením otcovskej a materskej pohlavnej bunky. V rokoch 1854 – 1864 sa Mendel venoval pokusom s hybridizáciou rastlín v záhrade kláštora, a práve poznatky z matematiky využil počas svojich experimentov s hrachom. V roku 1865 na februárovom a marcovom zasadnutí Prírodovedného spolku v Brne prezentoval svoje prednášky „Pokusy s rastlinnými hybridmi", ktoré potom v roku 1866 publikoval, a ktoré tvoria základ genetiky.

PO SMRTI CYRILA NAPPA BOL MENDEL ZVOLENÝ ZA OPÁTA augustiniánskeho kláštora a v tejto funkcii predstavoval významnú osobnosť Brna. Vzhľadom na zaneprázdnenosť bol s pribúdajúcimi významnými funkciami nútený obmedziť svoju experimentálnu činnosť. V poslednom období života strávil Mendel veľa času a energie sporom s rakúskou vládou ohľadom zvýšenej dane z kláštorného majetku. Neprestal sa však zaujímať o novú prírodovednú literatúru a výskum. Venoval sa menej náročným pokusom s krížením včiel, šľachtil nové odrody ovocných stromov a v roku 1878 prijal funkciu meteorologického pozorovateľa v Brne. Stal sa honorovaným zástupcom riaditeľa banky a neskôr aj jej riaditeľom. V tom čase ešte v záhrade pestoval niektoré pokusné kultúry hrachu. V roku 1878 si kúpil nový mikroskop a zaujímal sa aj o nové techniky mikroskopovania. Neustále starosti s obhajobou hospodárskych záujmov kláštora dostali Mendela do postupnej izolácie a o vhodnosti jeho správania začali pochybovať aj jeho kolegovia. Mendel začal byť podozrievavý. V polovici roku 1883 prestal dochádzať do záhrad kláštora a nechával sa už len informovať o stave včelstiev a rastlín. Svoje veľmi kvalitné meteorologické pozorovania, ktoré robil každodenne pre Meteorologický ústav vo Viedni, prenechal mladému augustiniánovi Leovi Ledwinovi. Koncom roku 1883 Mendel vážne ochorel a 6. januára 1884 v kláštore podľahol chorobe obličiek a srdca. Je pochovaný na Ústrednom cintoríne v Brne v hrobke augustiniánov. Rekviem v kostole dirigoval kláštorom v Brne podporovaný Leoš Janáček (1854 – 1928).

OKREM POKUSOV S HRACHOM Mendel experimentoval aj s ďalšími druhmi rastlín, z ktorých sa neskôr najčastejšie spomínali jastrabníky. O rozsahu Mendelových experimentov sa začalo hovoriť až po roku 1905, keď Carl Correns zverejnil Mendelove listy Nägelimu. V roku 1965 americký genetik Alfred H. Sturtevant (1891 – 1970) po prečítaní týchto listov skonštatoval, že Mendelova práca by nebola ignorovaná, keby bol Mendel zverejnil výsledky svojich pokusov s ďalšími rastlinami aj napriek skeptickej reakcii Nägeliho.

V roku 1864 Mendel dokončil svoje pokusy s krížením hrachu a pripravil si dve prednášky pre Brniansky prírodovedný spolok (8. februára a 8. marca 1865), v ktorých vysvetlil teoretickú podstatu problému hybridizácie a prenosu znakov rodičovských rastlín na potomkov. V roku 1866 zverejnil výsledky pokusov v spolkovom zborníku. Publikácia bola originálna nielen obsahom, ale aj formou spracovania. Bola rozdelená do 11 častí. V prvej prednáške Mendel popisoval voľbu pokusných rastlín a usporiadanie jednotlivých experimentov: *„Hodnota a platnosť každého pokusu je podmienená vhodnosťou použitých prostriedkov a ich účelným využitím. Tiež v predkladanom prípade nemôže byť ľahostajné, ktoré druhy rastlín boli pre experimenty zvolené a akým spôsobom boli pokusy urobené."* V ďalších piatich častiach hodnotil povahu krížencov a ich potomstva v nasledujúcich generáciách. Najprv popísal krížencov rastlín, ktoré sa líšili v jednom páre znakov a v ďalších častiach sa venoval krížencom, ktoré sa líšili už v dvoch až troch pároch znakov. V druhej časti prednášky sa venoval prenosu znakov rodičov na potomkov prostredníctvom pohlavných buniek. V predposlednej časti stručne popísal pokusy s fazuľou a len sa zmienil o pokusoch s ďalšími druhmi rastlín. V záverečnej časti sa venoval svojim teoretickým predstavám o dedičnosti znakov v súvislosti s oplodnením. Posledné štyri strany venoval pokusom so spätným krížením hrachu. Najväčšiu pozornosť venoval Mendel pokusom s krížením hrachu líšiacim sa v jednom, dvoch a troch pároch znakov. Z nich boli po roku 1900 odvodené a zovšeobecnené tzv. Mendelove zákony dedičnosti.

Mendel zdôrazňoval, že skupina rastlín, ktorá sa má použiť pre experiment, sa musí vybrať čo najopatrnejšie, *„ak nemá byť vopred ohrozený celkový úspech"*. Z literatúry vedel, že najvhodnejšou rastlinou je hrach s dobre definovanými znakmi semien a rastlín. Stavba kvetu dovoľuje chrániť umelo oplodnený kvet pred pôsobením cudzieho peľu a hybridy netrpia poruchami plodnosti v nasledujúcej generácii. Zaobstaral si 34 rôznych odrôd hrachu zo semenárskych obchodov a dva roky kontroloval stálosť znakov, ktoré v pokusoch sledoval. Z predbežného experimentu si nakoniec vybral 22 odrôd a tie pestoval počas celého obdobia svojich pokusov. V rokoch 1855 – 1856 už pestoval stovky vybraných foriem rastlín, u ktorých sledoval stálosť jednotlivých znakov. Botanici v tom období pri pokusoch s krížením rastlín sledovali len ich celkový vzhľad. Bol prvý, kto urobil významný metodický krok, keď nehodnotil organizmus ako celok, ale rozložil ho na jednotlivé znaky.

Mendel skúmal prenos rozdielnych párov znakov rastlín, ktoré vedel ľahko definovať. Pri párovaní protikladov pri oplodnení využil princíp komplementarity. Najprv uvažoval o 15 pároch znakov semien a rastlín. Napokon si vybral pre svoje experimenty len sedem, ktoré vedel bezpečne rozlíšiť.

MENDEL NAJSKÔR KRÍŽIL RASTLINY, ktoré sa líšili v jednom páre znakov. Pokusy robil s mimoriadne veľkým počtom rastlín. Na príklade kríženia rastlín líšiacich sa v guľatom a hranatom tvare semena je možné znázorniť jeho postup (**Obrázok 1**). Mendel krížil rastliny tak, že štetcom prenášal peľ na bliznu materského organizmu, z ktorého odstránil tyčinky, aby nenastalo samoopelenie. Aby ani hmyz dodatočne neopelil rastlinu, obalil kvet papierom alebo gázou. V dozretých strukoch pozoroval na rastlinách v prvej generácii len guľaté semená. V nasledujúcom roku vysial hybridné guľaté semená a po samoopelení rastlín hodnotil v dozretých strukoch ďalšiu generáciu. Z 253 rastlín získal 5474 guľatých semien a 1850 hranatých semien, teda v pomere 2,96 : 1. Podobne postupoval aj v ďalších šiestich pokusoch, v ktorých krížil rastliny líšiace sa v ďalších šiestich pároch znakov. V závere zovšeobecnil pomer vyštiepovania znakov rodičov v potomstve hybridov na 3 : 1. Zdôrazňoval význam veľkého počtu pozorovaní pre priblíženie sa k uvedenému pomeru. Názorne uvádzal, ako malé počty pozorovaní môžu skresliť výsledky. Guľatý tvar semien prevládal nad hranatými, preto tento znak Mendel označil za dominantný. Hranatý tvar, ktorý sa opäť prejavil v potomstve hybridov v druhej generácii, označil ako recesívny. Tieto pojmy pre označenie znakov, ktoré Mendel zaviedol, boli po roku 1900 prevzaté a používajú sa dodnes.[20]

Dominantný znak označoval Mendel abecedným symbolom A a recesívny a. Hybrid bol spojením dominantného a recesívneho znaku Aa. Dominantný znak označoval ako stály A alebo premenlivý Aa. Takto vysvetľoval, že prejav znaku môže mať rozdielne dedičné založenie (termíny genotyp, fenotyp, homozygot (stále znaky), heterozygot (premenlivé znaky) boli zavedené až po roku 1900). Potomkovia (Aa), ktorí vznikli z kríženia rodičov AA x aa, názorne ilustrovali rovnaký genetický príspevok od oboch rodičov.[21] Z týchto Mendelových pokusov odvodili jeho nasledovníci po roku 1900 základné pravidlá dedičnosti, ktoré vysvetľujú uniformitu hybridov, vyštiepovanie znakov rodičovských foriem v potomstve hybridov v stálych číselných pomeroch a ich voľnú kombinovateľnosť.[22]

---

[20] Je zaujímavé, že molekulárna podstata tohto najznámejšieho fenotypového znaku (guľaté vs. hranaté semená) bola odhalená až v roku 1990. U rastlín s hranatými semenami došlo k inzercii transpozónu do génu *SBE1*, ktorý kóduje enzým katalyzujúci premenu amylózy (nerozvetvená forma škrobu) na amylopektín (rozvetvená forma škrobu). Absencia enzýmu Sbe1 u recesívnych homozygotov spôsobuje, že semená neobsahujú amylopektín, čo má za následok ich typickú hranatú morfológiu. Bhattacharyya, M.K., Smith, A.M., Ellis, T.H.N., Hedley, C., Martin, C. (1990). The wrinkled-seed character of pea described by Mendel is caused by a transposon-like insertion in a gene encoding starch-branching enzyme. *Cell* 60: 115 – 122.

[21] Na rozdiel od Mendela, ktorý používal na označenie znakov v potomstve hybridov A, Aa, a, bol neskôr zápis modifikovaný na AA, Aa, aa. V ďalších experimentoch Mendel skúmal, či daný zákon platí pre dva a viac párov znakov.

[22] Zásluhou Thomasa H. Morgana a jeho žiakov bolo dokázané, že kombinovateľnosť znakov súvisí s ich dedičným základom v chromozómoch bunkového jadra. Gény lokalizované na tom istom chromozóme sa prenášajú na potomstvo spoločne a označujú sa ako väzbová skupina. Detaily sú uvedené v kapitole 2.3.

PROBLÉM BOL, ŽE MENDELOVI SÚČASNÍCI spomedzi biológov jeho prácu ignorovali aj preto, že používal matematickú teóriu pravdepodobnosti. Ako jeden z prvých pri vyhodnocovaní svojich pokusov aplikoval matematické a štatistické metódy, ktorým väčšina vtedajších biológov nerozumela. Okrem toho, že popísal pravidlá dedičnosti, sa tak Mendel svojimi prácami podieľal na vzniku bioštatistiky. Hoci je Mendel známy hlavne ako objaviteľ zákonov dedičnosti, jeho pozitívny vzťah k matematike a fyzike sa prejavil aj v jeho publikačnej činnosti v oblasti meteorológie. Starostlivo meral a zapisoval teplotu, tlak, zrážky, vlhkosť a oblačnosť. Z trinástich Mendelových publikácií sa deväť venuje meteorológii.

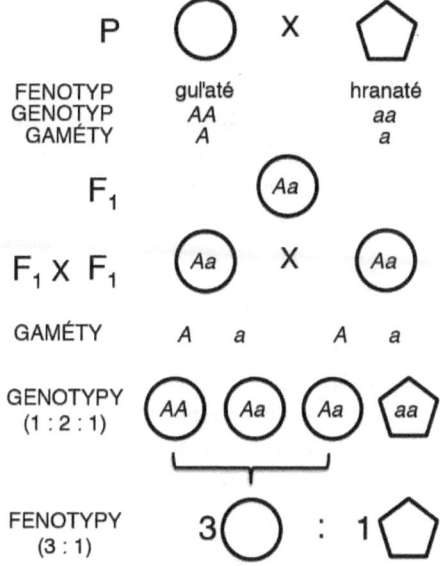

Obrázok 1. Schéma jednohybridného kríženia rastlín s guľatými, resp. hranatými semenami.
Rodičovské variety rastlín (fenotyp guľaté x hranaté) (genotyp *AA* x *aa*) tvoria parentálnu generáciu (P). Ich potomstvo sa nazýva prvá filiálna generácia alebo F₁ s fenotypom guľatého semena a genotypom *Aa*. Počas meiózy tvoria rastliny F₁ v rovnakom pomere dva typy gamét: s dedičnými faktormi *A* a *a*. Tieto dedičné faktory sa od seba oddeľujú (segregujú) počas tvorby gamét. Proces segregácie dedičných faktorov je pravdepodobne najdôležitejším Mendelovým objavom. Po samoopelení jedincov prvej filiálnej generácie (F₁ x F₁) sa môžu tieto dva typy gamét (*A, a*) vytvorené heterozygotmi (prvej filiálnej generácie) náhodne kombinovať a vytvoriť štyri typy zygot *AA, Aa, aA* a *aa*. Z dôvodu dominancie budú mať 3 z týchto genotypov (*AA, Aa, aA*) rovnaký fenotyp (guľaté semená). V generácii F₂ (druhej filiálnej) vzniknú rastliny s pomerom fenotypov (guľaté : hranaté semeno) 3 : 1. Genotypy generácie F₂ budú: 1 x dominantný homozygot *AA*, 2 x heterozygot *Aa* a 1 x recesívny homozygot *aa* v pomere 1 : 2 : 1.

ABY MENDEL DOKÁZAL, ŽE PRAVIDLÁ DEDIČNOSTI SÚ UNIVERZÁLNE, si na podnet Nägeliho pre kríženia vybral rastlinu jastrabník z čeľade astrovitých

(*Asteraceae*). Tieto rastliny však majú apomiktické rozmnožovanie, to znamená, že klíčiace semená vznikajú bez opelenia. Ich potomstvo je preto geneticky zhodné s rodičovskou rastlinou. Na základe týchto experimentov Mendel dospel k presvedčeniu, že závery definované z pokusov s hrachom nie sú všeobecne platné a vo svojich vyhláseniach začal byť opatrný. Po roku 1870 sa zameral na výskum fyziológie oplodnenia rastlín. Zdokonalením umelého oplodnenia u jastrabníkov vysvetľoval neschopnosť vlastného peľu oplodniť kvety hybridnej rastliny. Z fragmentov jeho poznámok vyplýva, že nakoniec dospel k presvedčeniu, že hybrid jastrabníka sa riadi rovnakou zákonitosťou ako premenlivý hybrid, s tým rozdielom, že ich polyformné znaky sú determinované veľkým počtom dedičných jednotiek.[23]

Napriek nejasným výsledkom s jastrabníkom Mendel veril svojim výsledkom a hypotézam. Odrážajú to slová na jeho pomníku: „Můj čas přijde". Skutočne, v roku 1900 Carl Correns v Nemecku, Hugo de Vries v Holandsku a Erich Tschermak von Seysenegg v Rakúsku znovuobjavili Mendelove pravidlá dedičnosti[24] a spolu s ďalšími Mendelovými nasledovníkmi ukázali, že platia nielen u hrachu, ale vysvetľujú dedičnosť mnohých znakov aj u veľkého počtu ďalších organizmov vrátane človeka.

OTÁZKY NA ZAMYSLENIE

1. Ako zistíte, či rastlina s guľatým semenom je dominantným homozygotom (*AA*) alebo heterozygotom (*Aa*)?
2. Aká bola najväčšia výhoda hrachu ako modelového organizmu použitého v časoch Mendela? Aké výhody majú rastlinné modelové organizmy pred živočíšnymi modelovými organizmami?

---

[23] Orel, V. (2003). Gregor Mendel a počátky genetiky. Academia, Praha.
[24] Kapitola 2.2.

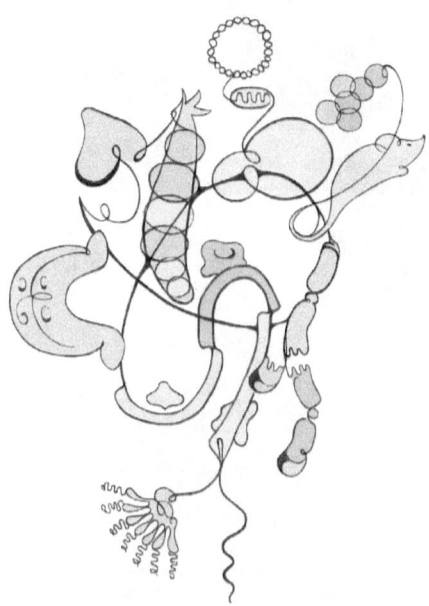

de Vries, H. (1900). Sur la loi de disjonction des hybrides. *Comptes Rendus de l'Academie des Sciences* 130: 845 – 847.[25]

Correns, C. (1900). G. Mendel's Regel über das Verhalter der Nachkommenschaft der Rassenbastarde. *Berichte der Deutschen Botanischen Gesellschaft* 18: 158 – 168.[26]

Tschermak von Seysenegg, E. (1900). Über künstliche Kreuzung bei *Pisum sativum. Berichte der Deutschen Botanischen Gesellschaft* 18: 232 – 239.[27]

Hugo de Vries[28]
(16. 2. 1848 – 21. 5. 1935)

Carl Correns[29]
(10. 9. 1864 – 14. 2. 1933)

Erich Tschermak
von Seysenegg[30]
(15. 11. 1871 – 11. 10. 1962)

[25] http://www.esp.org/foundations/genetics/classical/holdings/v/hdv-00.pdf [anglický preklad]

[26] http://www.esp.org/foundations/genetics/classical/holdings/c/cc-00.pdf [anglický preklad]

[27] http://www.esp.org/foundations/genetics/classical/holdings/t/et-00.pdf [anglický preklad]

[28] http://en.wikipedia.org/wiki/Hugo_de_Vries

[29] http://en.wikipedia.org/wiki/Carl_Correns

[30] http://en.wikipedia.org/wiki/Erich_von_Tschermak

KAPITOLA 2.2.
Intermezzo: Traja botanici (znovu)objavujú pravidlá dedičnosti

„The ever-recurring relationship of 3 : 1 could naturally not escape me, any more that the number relation of 1 : 1 on back crossing of green-seeded peas with hybrid pollen of the F₁ generation. "

E. Tschermak von Seysenegg[31]

NIEKTORÉ OBJAVY PREDBIEHAJÚ SVOJU DOBU. Mendelova práca je jedným z najlepších príkladov, ktoré túto frázu podčiarkujú. Trvalo 35 rokov, kým základné pravidlá dedičnosti, ktoré Mendel prezentoval v roku 1865, začala akceptovať aspoň malá časť komunity biológov. Význam práce troch botanikov, ktorým je venovaná táto kapitola, tak nespočíva v prevratnosti ich objavu, ale hlavne v tom, že genetika ako vedná disciplína mohla v plnej sile vstúpiť do 20. storočia.

Fakt, že Mendelova koncepcia dedičných jednotiek ostala nepovšimnutá, pravdaže neznamená, že sa ľudia o mechanizmy dedičnosti prestali zaujímať. Práve naopak. Znovuobjavenie Mendelových zákonov je prirodzeným vyvrcholením intenzívnej práce predovšetkým dvoch skupín biológov: cytológov, ktorých práce vyústili do lokalizácie génov na chromozómy[32] a šľachtiteľov využívajúcich kríženie (rastlín a živočíchov) jednak pre získanie nových komerčne zaujímavých odrôd a jednak pre vysvetlenie mechanizmov dedičnosti, resp. vzniku nových živých foriem. Práve do tejto druhej skupiny patria aj hlavní predstavitelia tejto kapitoly.

---

[31] „Neustále sa opakujúci pomer 3 : 1, podobne ako pomer 1 : 1 pri spätnom krížení rastlín so zelenými semenami s hybridmi generácie F₁, som si nemohol nevšimnúť". Roberts, H.F. (1925). Plant hybridization before Mendel. Princeton University Press [cit. v Carlson, E.A. (2004). Mendel's legacy. The origin of classical genetics. Cold Spring Harbor Laboratory Press.]

[32] Kapitola 2.3.

HUGO DE VRIES (1848 – 1935) SA NARODIL V LUNTERENE (Holandsko) do rodiny s početným zastúpením politikov a vedcov. Jeho otec bol ministrom spravodlivosti kráľa Williama III. a jeho strýko bol významným filológom. Po absolvovaní Leidenskej univerzity, kde študoval rastlinnú fyziológiu, a štúdiu vo Würzburgu a Heidelbergu, sa v roku 1871 vrátil do Amsterdamu a stal sa univerzitným pedagógom. Venoval sa štúdiu osmotických pomerov v rastlinnej bunke a jeho výsledky boli inšpiráciou pre fyzikálnych chemikov zaoberajúcich sa termodynamikou.[33] Okolo roku 1890 sa de Vries čoraz viac začal venovať vzťahu dedičnosti a evolúcie,[34] z čoho vyplynuli aj jeho pokusy s krížením rôznych druhov rastlín. V roku 1896 ukázal svojim študentom na prednáške výsledky svojich pokusov s krížením maku (*Papaver somniferum*), ktoré do roku 1900 rozšíril o kríženie ďalších 11 rastlinných druhov. Výsledky spísal do krátkeho článku,[35] ktorý pred členmi francúzskej akadémie prečítala jeho sekretárka Gaston Bonnierová, pretože de Vries sa na zasadnutie nemohol dostaviť.

Tabuľka 1. Výsledky krížení odrôd rôznych druhov rastlín vykazujúcich dominantný, resp. recesívny znak.

Rodič s dominantným znakom	Rodič s recesívnym znakom	Frakcia hybridov s recesívnym znakom
Agrostemma githago	*Agrostemma nicaeensis*	24 zo 100
Chelidonium majus	*Chelidonium laciniatum*	26 zo 100
Coreopis tinctoria	*Coreopis brunea*	25 zo 100
Datura tabula	*Datura stramonium*	28 zo 100
Hyoscyamus niger	*Hyoscyamus pallidus*	26 zo 100
Lychnis diurna (červená)	*Lychnis vespertina* (biela)	27 zo 100
Lychnis vespertina (vlasatá)	*Lychnis glabra*	28 zo 100
Oenothera lamarckiana	*Oenothera brevistylis*	22 zo 100
Solanum nigrum	*Solanum chlorocarpum*	24 zo 100
Trifolium pratense	*Trifolium album*	25 zo 100
Veronica longifolia	*Veronica alba*	22 zo 100

Agrostemma, kúkoľ; *Chelidonium*, lastovičník; *Coreopis*, kráska; *Datura*, durman; *Hyoscyamus*, blen; *Lychnis*, silenka;[36] *Oenothera*, pupalka; *Solanum*, ľuľok; *Trifolium*, ďatelina; *Veronica*, veronika.

---

[33] Jedným z nich bol aj Jacobus Henricus van't Hoff (1852 – 1911), autor významných prác v oblasti chemickej kinetiky.

[34] de Vries vo svojej práci *Intracellular Pangenesis* (1889) spochybnil Darwinov model pangenézy a postuloval existenciu dedičných faktorov nachádzajúcich sa v bunkovom jadre zárodočných buniek. Spolu so znovuobjavením Mendelových pravidiel dedičnosti to boli jeho najvýznamnejšie príspevky do rodiacej sa genetiky. Na druhej strane, jeho predstava o vzniku druhov v dôsledku mutácií s veľkým efektom, ktorá bola založená na krížení rastlín *Oenothera lamarckiana*, sa ukázala byť scestná, hoci jej de Vries venoval celý zvyšok svojej kariéry.

[35] de Vries, H. (1900). Sur la loi de disjonction des hybrides. *Comptes Rendus de l'Academie des Sciences* 130: 845 – 847.

[36] Názvy *Lychnis vespertina*, *L. diurna* a *L. glabra* sú dnes nomenklatúrne neplatné. Súčasné správne mená sú *Silene latifolia* (silenka širokolistá) pre *L. vespertina* a *S. dioica* (silenka červená) pre *L. diurna*. *L. glabra* nie je samostatný druh – ide o veľmi zriedkavú holú varietu silenky širokolistej, ktorú de Vries objavil v

Všetky jeho výsledky kríženia rôznych odrôd viedli v generácii F_2 k štiepnym pomerom 3 : 1 (**Tabuľka 1**). De Vries pre dedičné faktory zaviedol skratky D a R a z časti použil podobnú terminológiu (napr. dominancia, recesivita) ako Mendel. Správne odvodil vzorec pre distribúciu genotypov v generácii F_2 $[(D + R) \times (D + R) = D^2 + 2DR + R^2]$.[37] Následne uverejnil rozsiahlejšiu štúdiu v nemeckom časopise *Berichte der Deutschen Botanischen Gesellschaft* (ďalej *Berichte*),[38] v ktorom kolekciu študovaných druhov rozšíril na devätnásť. Všetky kríženia opäť viedli v generácii F_2 k pomeru 3 : 1. Tu už Mendelovu prácu spomína, pričom uvádza, že ju čítal okolo roku 1896, keď ju našiel v knihe *Plant Breeding* od L. H. Baileyho. Prečo sa potom na ňu neodvolal aj v pôvodnej francúzskej práci? Chcel získať kredit priority objavu? To sa však zdá byť absurdná predstava. Veď skôr či neskôr by sa ukázalo, že Mendel dospel k rovnakým výsledkom. Racionálnejšia interpretácia je, že de Vries prezentoval prvú štúdiu ako úvod k rozsiahlemu článku v *Berichte*, ktorého význam spočíva v dôkaze, že Mendelove pravidlá neplatia iba pre hrach, ale pre široký repertoár rastlín, a že práve výsledky kríženia jastrabníka, ktoré Mendela zneistili, sú výnimkou potvrdzujúcou pravidlo. V tom je význam de Vriesovej práce nespochybniteľný.

CARL CORRENS (1864 – 1933), RODÁK Z MNÍCHOVA,[39] bol žiakom Carla Nägeliho, ktorý bol jednou z najväčších vtedajších botanických autorít. Je pozoruhodné, že práve on nepochopil význam Mendelových výsledkov a do veľkej miery je spoluzodpovedný za 35 rokov tápania, ktoré po ich publikovaní nasledovali. Nägeliho ignoranciu ilustruje aj fakt, že ani Correns netušil nič o Mendelových pokusoch s hrachom, hoci bol podrobne informovaný o jeho výsledkoch s krížením jastrabníka. O Mendelových pravidlách sa dozvedel z monografie o krížení rastlín,[40] ktorú čítal v období medzi rokmi 1895 – 1899. V tom čase študoval dedičnosť znakov endospermu u kukurice. Vo svojich kríženiach pokračoval až do generácie F_6, aby ukázal, že u jedincov vykazujúcich znaky podmienené recesívnou alelou génu skutočne nedochádza k štiepeniu fenotypu. Je pozoruhodné, že Correns na základe svojich výsledkov dospel k existencii dedičných faktorov a analogizoval ich s Mendelovými pozorovaniami.[41]

---

prírode a jedince z tejto variety ďalej šľachtil vo svojej pokusnej záhrade (Schwartz. J. (2008): In pursuit of the gene, Harvard University Press). Za určenie správnych názvov *L. vespertina a L. diurna* a za rozlúštenie komplikovanej histórie *L. glabra* ďakujeme RNDr. Pavlovi Mereďovi, PhD. (Botanický ústav SAV) a Mgr. Michalovi Hrabovskému (Katedra botaniky PriF UK).

[37] Hoci de Vries túto časť práce podrobnejšie nerozvádza, podobnosť s úvahami populačných genetikov, ktoré boli publikované o dekádu neskôr, je viac ako nápadná (kapitola 7.2). Pravdaže, termín genotyp nepoužíva.

[38] de Vries, H. (1900). Das Spaltungsgesetz der Bastarde. Ber. Dtsch. Bot. Ges. 18: 83 – 90.

[39] Viac o Corrensovi je možné nájsť v kapitole 6.2.

[40] Focke, W.O. (1881). Die Pflanzen-mischlinge ein Beitrag zur Biologie der Bewächse. Gebrüder Borntraefer, Berlin.

[41] Correns, C. (1900). G. Mendel's Regel über das Verhalter der Nachkommenschaft der Rassenbastarde. Ber. Dtsch. Bot. Ges. 18: 158 – 168.

Endosperm, ktorý plní predovšetkým zásobnú funkciu pri vývine embrya, je totiž triploidný, s nerovnakým príspevkom rodičov (haploidné peľové zrno a centrálne diploidné jadro zárodočného vaku). Toto však Correns ešte nevedel, a aj preto je potrebné hľadieť na jeho prácu s veľkým rešpektom. Jeho intuícia sa o niekoľko rokov opätovne prejavila, keď objavil náznaky existencie dedičných faktorov aj mimo bunkového jadra.[42]

ERICH TSCHERMAK VON SEYSENEGG (1871 – 1962), najmladší z trojice znovuobjaviteľov Mendelových pravidiel, bol rakúskym botanikom, ktorý väčšinu svojej kariéry strávil na agronomickom ústave v Ghente (Belgicko). Tu uskutočnil svoje experimenty s krížením odrôd hrachu, z ktorých v generácii F_2 vyplynuli štiepne pomery 3 : 1. S tvrdením *„Auch ich dachte noch im zweiten Versuchjahre etwas ganz neues gefunden zu haben"*,[43] publikoval svoje výsledky v tom istom čísle *Berichte* ako de Vries a Correns.[44] Samotný článok bol na nové dáta zrejme zo všetkých troch najchudobnejší a v mnohom sa prekrýval s originálnymi Mendelovými výsledkami, čo Tschermak aj explicitne priznáva. Na rozdiel od de Vriesa a Corrensa však Tschermak v týchto typoch experimentov pokračoval (študoval predovšetkým dedičnosť u tekvice a strukovín) a veľmi sa zaslúžil o zavedenie techník umožňujúcich pomocou kríženia systematicky vnášať gény do poľnohospodársky zaujímavých odrôd.

Tabuľka 2. Kumulatívne výsledky kríženia hrachu, ktoré dokazujú reprodukovateľnosť Mendelových výsledkov.[45]

Zdroj	Žlté	Zelené	Spolu
Mendel (1866)	6022	2001	8023
Correns (1900)	1394	453	1847
Tschermak (1900)	3580	1190	4770
Hurst (1904)	1310	445	1775
Bateson (1905)	11902	3903	15805
Lock (1905)	1438	514	1952
Darbishire (1909)	109060	36186	145246
Winge (1924)	19195	6553	25748
SPOLU	**153901**	**51245**	**205166**

ČÍTAJÚC PREDCHÁDZAJÚCE RIADKY ČITATEĽ celkom logicky dospeje k otázke, prečo sú práce de Vriesa, Corrensa a Tschermaka zaradené do zoznamu klasických experimentov. Je pravdou, že všetci traja iba potvrdili Mendelove pravidlá. Presnejšie sformulované, potvrdili hlavne prvé Mendelove pravidlo,

---

[42] Kapitola 6.2.
[43] „Ešte v druhom roku experimentovania som si tiež myslel, že som objavil niečo nové".
[44] Tschermak von Seysenegg, E. (1900). Über künstliche Kreuzung bei *Pisum sativum*. *Ber. Dtsch. Bot. Ges.* 18: 232 – 239.
[45] Tabuľka je prevzatá zo Sturtevant, A.H. (2001). A history of genetics. Cold Spring Harbor Laboratory Press, Cold Spring Harbor, NY. Ako zdroj dát sa uvádza Johannsen, W. (1926). Elemente der exakten Erblichkeiten. 3. vydanie, Gustav Fisher, Jena.

pretože o nezávislosti segregácie faktorov pre dva znaky (demonštrované pomerom 9 : 3 : 3 : 1 v generácii F_2 pri dihybridnom krížení) sa práce zmieňujú iba okrajovo, alebo vôbec nie. Otázne tiež je, či všetci traja skutočne objavili pravidlá dedičnosti bez toho, aby o Mendelovej práci vedeli vopred. Na druhej strane však Mendelova práca bola biológom k dispozícii, či už v pôvodnej verzii, alebo vo forme odkazov v botanických monografiách. Je to práve fakt, že ju v kontexte svojich výsledkov naraz dostali do povedomia vedeckej komunity, ktorý hlavným predstaviteľom tejto kapitoly oprávnene zaručuje miesto aj v tejto knihe.

JE DÔLEŽITÉ ZDÔRAZNIŤ, ŽE ZNOVUOBJAVENIE Mendelových pravidiel neznamenalo ich okamžité prijatie. A to napriek tomu, že jeho pokusy boli viackrát zopakované s rovnakým výsledkom (**Tabuľka 2**).[46] V literatúre sa hromadili údaje o intermediárnej dedičnosti, resp. o dedičnosti, pri ktorej boli znaky v generáciách potomkov kontinuálne rozložené a neboli interpretované pomocou diskrétnych dedičných faktorov popísaných Mendelom a jeho nasledovníkmi.[47] V prvých dvoch dekádach 20. storočia tak existovali dve skupiny biológov: biometrici (reprezentovaní napríklad Karlom Pearsonom, Walterom F. R. Weldonom a Darwinovým bratrancom[48] Francisom Galtonom) a tzv. mendelisti, ktorých najvýznamnejším predstaviteľom bol William Bateson (1861 – 1926).[49] Bateson bol pôvodne embryológ, ktorý sa začal zaujímať o mechanizmy dedičnosti po pobyte na Univerzite Johnsa Hopkinsa v Baltimore a po prečítaní prác v *Berichte* sa stal hlavným propagátorom mendelizmu. V roku 1902 uverejnil útlu knižku *Mendel's Principles of Heredity: A Defence*, ktorú rozposlal na všetky dôležité inštitúcie. So svojimi študentmi dokázal, že Mendelove pravidlá neplatia iba pre rastliny, ale aj pre živočíchy. Okrem toho zistil, že pri niektorých dihybridných kríženiach dochádza k odchýlkam od pomeru 9 : 3 : 3 : 1 a na základe týchto výsledkov formuloval koncepciu interakcií medzi dedičnými faktormi. Ako prvý si všimol, že niektoré znaky majú tendenciu dediť sa spoločne,[50] zaviedol sériu termínov, ktoré používame dodnes (napr. alela, homozygot, heterozygot)[51] a má veľkú zásluhu na tom, že genetika sa

---

[46] Pomery fenotypov, ktoré Mendel získal, sa niektorým štatistikom (predovšetkým Ronaldovi A. Fisherovi (1890 – 1962) zdali príliš podozrivo podobné očakávaným výsledkom (Fisher, R.A. (1936). Has Mendel's work been rediscovered? *Ann. Sci.* 1: 115 – 137). Doteraz sa sporadicky v literatúre objavujú práce, ktoré sa zaoberajú týmto virtuálnym sporom medzi Fisherom a Mendelom.

[47] Dnes vieme, že tento typ dedičnosti je zabezpečený efektom viacerých génov s tzv. malým účinkom a zaoberá sa ním kvantitatívna genetika.

[48] Presnejšie bratrancom z druhého kolena. S Charlesom Darwinom mal Galton spoločného starého otca Erasma Darwina.

[49] Tento konflikt často prerastal až do osobnej animozity a bývalí veľkí priatelia, akými boli Weldon a Bateson sa ku koncu kariér už nemohli vystáť. Ako to býva, obidve strany mali časť pravdy; biometrická škola stála pri zrode kvantitatívnej genetiky.

[50] O pár rokov neskôr Morganovo laboratórium poskytlo dôkaz o väzbe génov (kapitola 2.3).

[51] Autorom termínov *genotyp* a *gén* je Dán Wilhelm Johannsen (1857 – 1927), ktorý študoval dedičnosť veľkosti fazule a ako jeden z prvých upozornil na interakciu genetických faktorov a prostredia na celkovej variabilite znaku v populácii. Termín gén (z roku 1909) je skrátenou verziou de Vriesovho pangénu.

stala rešpektovanou vednou disciplínou, ktorá sa netýka iba „exotických" znakov ako farba či tvar semien hrachu. Paradoxné je, že napriek evidentnej intuícii bol Bateson veľmi dlho skeptický k tomu, že gény sú lokalizované na chromozómoch. V súčasnosti sa nám to môže zdať nepochopiteľné, ako taký bystrý človek mohol byť rezistentný k dnes už učebnicovej predstave. Začiatkom 20. storočia však bola rodiaca sa genetika plná protichodných a neintuitívnych pozorovaní, v ktorých nebolo ťažké stratiť sa. Ako nám ukáže ďalšia kapitola, platí to aj pre hlavného strojcu tzv. chromozómovej teórie dedičnosti, ktorého výsledky nakoniec presvedčili aj Batesona, či iných skeptikov.

OTÁZKY NA ZAMYSLENIE

1. Bateson a jeho spolupracovníci popísali niekoľko typov dihybridných krížení, pri ktorých sa pomery fenotypov odlišujú od 9 : 3 : 3 : 1. V jednom krížení farebných a albinotických zvierat získal v generácii F_2 pomer 15 (farebných) : 1 (albínov). Skúste vysvetliť, o aký typ interakcie génov v tomto prípade ide.
2. Analyzujte údaje v Tabuľke 2 pomocou štatistického (napr. χ^2) testu a testujte, ako sa líšia od očakávaného výsledku.

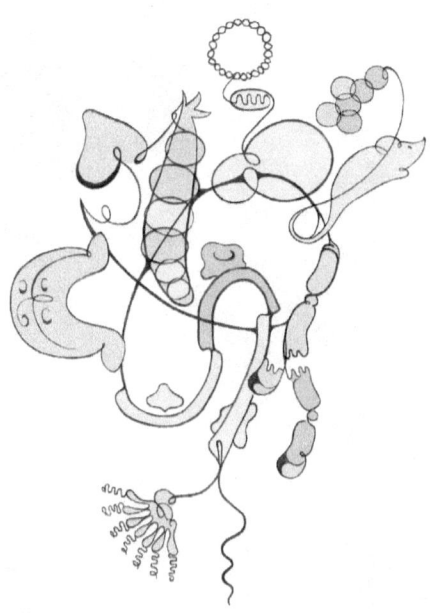

Morgan, T.H. (1910). Sex limited inheritance in *Drosophila*. **32:**·120 – 122.[52]

Thomas Hunt Morgan[53]
(25. 9. 1866 – 5. 12. 1946)

[52] http://192.211.16.13/curricular/m2o2002/morgan.pdf
[53] http://en.wikipedia.org/wiki/Thomas_Hunt_Morgan

KAPITOLA 2.3.
Gény sú lokalizované na chromozómoch

„That the fundamental aspects of heredity should have turned out to be so extraordinarily simple supports us in the hope that nature may, after all, be entirely approachable. Her much-advertised inscrutability has once more been found to be an illusion due to our ignorance. This is encouraging, for, if the world in which we live were as complicated as some of our friends would have us believe we might well despair that biology could ever become an exact science."

Thomas H. Morgan[54]

EXISTENCIA DEDIČNÝCH FAKTOROV BOLA DOKÁZANÁ vďaka biológom, ktorí sa venovali kríženiu rôznych odrôd rastlín. To, kde sa tieto dedičné faktory nachádzajú, však ostávalo nezodpovedanou otázkou. Odpoveď na ňu sa rodila veľmi dlho a zásluhu na nej má pomerne rozsiahla skupina cytológov a embryológov. Pravdaže podstatným predpokladom pre ich úspech bolo všeobecné akceptovanie faktu, že všetky organizmy sa skladajú z buniek, v ktorých prebiehajú základné životné funkcie, a ktoré môžu vznikať jediným spôsobom: bunkovým delením. Dnes sa nám tieto postuláty tzv. *bunkovej teórie* zdajú triviálne, ale v polovici 19. storočia to boli ešte relatívne kontroverzné tvrdenia. Pojem bunka bol síce známy vďaka Robertovi Hookeovi (1635 – 1702) od roku 1665, kedy publikoval svoju monografiu *Micrographia*, v ktorej okrem iného popísal mikroskopickú štruktúru korku, ale v nasledujúcich desaťročiach bola predstava bunky stotožňovaná s nádobkou naplnenou vzduchom a tekutinou. Ani Antonie van Leeuwenhoek (1632 – 1723), mimoriadne zručný

---

[54] „Fakt, že základné princípy dedičnosti sú také extrémne jednoduché nám dáva nádej, že príroda môže byť v konečnom dôsledku uchopiteľná. Jej doterajšia zdanlivá neprístupnosť je skôr ilúziou vyplývajúcou z našej nevedomosti. To je veľmi povzbudzujúca správa, pretože ak by svet bol tak komplikovaný, ako sa domnievajú niektorí naši kolegovia, museli by sme sa vzdať myšlienky, že by sa biológia mohla stať exaktnou vedou". Morgan, T.H. (1919). The physical basis of heredity. Philadelphia, London, J.B. Lippincott.

technik, ktorého mikroskop dosahoval 200 – 300 násobné zväčšenie[55], nedospel k záveru, že živé organizmy sú zložené z buniek, hoci jeho *animalcules* by dnes aj pre prírodovedca – laika predstavovali módnu prehliadku buniek rôznych typov. Aj to ukazuje, že koncepcia bunky ako základnej stavebnej a funkčnej jednotky živých tiel vôbec nie je triviálna. Predtým, ako sa dostaneme k experimentu, ktorý dedičné faktory (gény) definitívne umiestnil na chromozómy, zrekapitulujme si podstatné objavy, ktoré chromozómovej teórii dedičnosti predchádzali.

JE ZAUJÍMAVÉ, ŽE JEDNA Z PRVÝCH ZMIENOK o bunkovej povahe života pochádza od Jeana-Baptistu Lamarcka[56] (1744 – 1829). Lamarck je síce známy predovšetkým ako autor jednej z predstáv o mechanizme biologickej evolúcie, ale bol to všeobecne nadaný prírodovedec.[57] Vychádzal z prác mladého anatóma Marieho Bichata (1771 – 1802), ktorý počas Francúzskej revolúcie pomocou (na tú dobu) veľmi jemných nástrojov separoval orgány na tenké vrstvy, ktoré nazval tkanivá.[58] Bohužiaľ, svoje pozorovania nestihol rozšíriť, pretože zomrel na následky infekcie, ktorú dostal počas chirurgických zákrokov, ktoré boli v tom období riskantné nielen pre pacienta, ale aj pre lekára. Lamarck prehodnotil význam buniek pre tkanivá a tvrdil, že „žiadne telo nemôže byť vytvorené bez tkanív tvorených bunkami". Lamarck jasne pochopil hierarchickú organizáciu tiel (orgány – tkanivá – bunky), nebolo mu však jasné, ako bunky vznikajú.

Lamarck svoju *Philosophie Zoologique*, z ktorej je aj citovaná pasáž, publikoval v roku 1809. Po ňom k podobným záverom prišlo viacero ďalších biológov (napr. Charles-Francois Brisseau de Mirbel, René Joachim Henri Dutrochet, alebo Franz Julius Ferdinand Meyen). Ako autori prvej verzie bunkovej teórie sú však oficiálne uvádzaní Matthias Schleiden (1804 – 1881) a Theodor Schwann (1810 – 1882). Historici vedy často špekulujú, prečo oficiálny kredit získali práve títo dvaja Nemci. Elof Carlson sa domnieva, že je to predovšetkým zásluhou nekonformného charakteru Schleidenovej osobnosti.[59] Schleiden začal svoju kariéru ako právnik, ale po krátkom čase jeho firma skrachovala. Neúspešne sa pokúsil o samovraždu a po zotavení sa stal lekárom; opäť neúspešným. Nakoniec zmenil zameranie na botaniku a vďaka svojmu spisovateľskému nadaniu sa stal veľmi známym predovšetkým ako jej popularizátor. Zoológ Schwann sa so Schleidenom náhodne stretol na vlakovej stanici, kde pri diskusii zistili, že majú spoločný záujem o mikroskopický svet a následne vypracovali prvú verziu bunkovej teórie. Jej hlavnou slabinou bola

---

[55] Hookeov mikroskop dosahoval 30-násobné zväčšenie. Aj z tohto dôvodu je jeho *Micrographia* majstrovským dielom spájajúcim umenie a predstavivosť.
[56] Plným menom Jean-Baptiste Pierre Antoine de Lamarck Chevalier de Monet.
[57] Lamarck napríklad zaviedol termín biológia, a tak zjednotil vedy zamerané na štúdium všetkých živých organizmov.
[58] Bichat je považovaný za zakladateľa histológie.
[59] Carlson, E.A. (2004). Mendel's legacy. The origin of classical genetics. Cold Spring Harbor Laboratory Press, Cold Spring Harbor, NY.

predstava o vzniku buniek. Obaja si ho predstavovali ako následok rastu pôvodnej (materskej) bunky, ktorej obsah sa premení (napr. kryštalizáciou) na bunky dcérske.[60] Hlavným kritikom tejto predstavy bol Robert Remak (1815 – 1867), ktorý v roku 1849 navrhol, že embryo rastie vďaka bunkovému deleniu, pričom rozhodujúcu úlohu zohráva bunkové jadro.[61] Ani Remak si svojou intuíciou nevybojoval miesto v učebniciach. S podobným záverom ako on prišiel Rudolf Virchow (1821 – 1902), ktorý ho síce publikoval až o 6 rokov neskôr[62], bol však takou veľkou autoritou, že za autora modernej verzie bunkovej teórie je považovaný práve on. Na druhej strane treba priznať, že práve Virchowov vplyv pomohol bunkovej teórii získať všeobecný rešpekt a čoraz viac ľudí sa začalo zaujímať o mechanizmus bunkového delenia.

NEČAKANÚ POMOC NA CESTE K HĽADANIU mechanizmov delenia buniek poskytol textilný priemysel, v ktorom sa začali používať rôzne typy textilných farbív. Niektoré z nich selektívne farbili rôzne časti buniek a tak (často aj s dávkou šťastia)[63] postupne odkrývali tajomstvá bunkovej cytoplazmy, ktorá prestala byť beztvarou hmotou, ale priestorom obsahujúcim široký repertoár rôznych štruktúr. Práve pomocou takýchto farbičiek (konkrétne derivátov anilínu) Walther Flemming (1843 – 1905) zafarbil materiál v bunkovom jadre, ktorý bol nazvaný chromatín. Sledovaním buniek z tkanív, v ktorých prebieha intenzívne bunkové delenie (koža, črevný epitel, kostná dreň, či chvostová plutva mloka) Flemming zrekonštruoval delenie bunkového jadra (ktoré nazval mitóza) a detailne popísal rozdelenie chromatínových vlákien do dcérskych buniek.[64] Hoci neprišiel na to, že bunky si zachovávajú konštantný počet chromozómov, jeho výsledky podporovali staršiu predstavu Ernesta Haeckela (1834 – 1919), že dedičný materiál sa nachádza v bunkovom jadre.[65] Centrálnu úlohu jadra následne podporili aj výsledky embryológov Oscara Hertwiga (1849 – 1922) a Hermanna Fola (1845 – 1892), ktorí dokázali, že vzniku embrya ježoviek predchádza fúzia jadra spermie s jadrom vajíčka.[66] K rovnakému záveru dospel

---

[60] Schleiden a Schwann mali odlišné predstavy o mechanizme vzniku nových buniek. Ani jeden z nich však neuvažoval o bunkovom delení. Nakoniec sa rozišli v zlom, pretože svoje práce publikovali samostatne (Schleiden v roku 1838 a Schwann v roku 1840), a predovšetkým Schwann mal pocit, že ho Schleiden obral o prioritu.

[61] Fakt, že jadro je typickou organelou buniek rastlín a živočíchov ako prvý popísal v roku 1833 Škót Robert Brown (1753 – 1858), známy tiež objavom náhodného pohybu častíc, ktorý sa podľa neho nazýva Brownov pohyb.

[62] Virchow, R. (1855). Cellular Pathologie. *Virchow's Archiv für Pathologische Anatomie und Physiologie* 8: 1.

[63] Napríklad istý Joseph von Gerlach prišiel na to, že keď je vzorka tkaniva zahriata, farbia sa bunkové štruktúry oveľa intenzívnejšie. Prišiel na to náhodou, keď na noc omylom položil mikroskopické sklíčka na teplú platňu. (Z toho plynie aj všeobecné poučenie: experiment sa oplatí dokončiť, aj keď si človek myslí, že urobil fatálnu chybu. Niekedy práve zmena v rutinnom postupe vedie k zaujímavému objavu)

[64] Termín chromozóm zaviedol v roku 1888 Heinrich W.G. von Waldeyer-Hartz (1836 – 1921).

[65] Haeckel vychádzal z toho, že bunky spermií sú tvorené takmer exkluzívne jadrom.

[66] Fol analyzoval patologické následky fúzie viacerých jadier spermie s jadrom vajíčka (pri polyspermii, t.j. oplodnení vajíčka viacerými spermiami) a správne dedukoval, že na oplodnenie je potrebná fúzia práve jedného jadra z každej gaméty).

botanik Eduard Strasburger (1844 – 1912), ktorý študoval oplodnenie u orchideí. Ani jeden z nich však nespojil dedičný materiál v jadre s chromatínovými vláknami pozorovanými Flemmingom. Prvým, komu táto asociácia napadla, bol Edouard van Beneden (1846 – 1910), ktorý študoval bunkové delenie a embryogenézu u červa *Ascaris megalocephala*. Výhoda tohto živočícha spočíva v tom, že telové bunky majú iba štyri chromozómy a van Beneden si všimol, že spermie a vajíčka obsahujú iba dva. Zároveň sa však mylne domnieval, že počas redukcie počtu chromozómov sa do jadra vajíčka dostávajú iba materské chromozómy, zatiaľ čo otcovské chromozómy ostávajú v tzv. polárnych telieskach. Túto nepresnosť korigoval August Weismann (1834 – 1914), jeden z najvplyvnejších prírodovedcov konca 19. storočia,[67] ktorý pochopil význam meiózy pre produkciu dedičnej variability esenciálnej pre darwinovskú evolúciu. Nemal síce ešte detailnú predstavu o mechanizme segregácie chromozómov (v tom období ešte neboli popísané homologické chromozómy alebo sesterské chromatidy), ale z jeho správnych dedukcií bolo evidentné, že chromozómy zohrávajú dôležitú úlohu v prenose dedičných faktorov.

ÚLOHA CHROMOZÓMOV V PRENOSE DEDIČNÝCH ZNAKOV začala byť jasná vďaka štúdiu determinácie pohlavia u viacerých organizmov, predovšetkým hmyzu. Hlavnú zásluhu na tom má niekoľko významných entomológov. Prvým z nich bol Hermann Henking (1858 – 1942), ktorý študoval bzdochy *Pyrrhocoris apterus* (cifruša bezkrídla, alebo ľudovo „električka"). Keď farbil ich spermie[68] zistil, že niektoré obsahujú okrem 11 chromozómov samostatný element, ktorý označil X (neznámy). Zároveň si všimol, že na rozdiel od chromozómov sa element X počas meiózy správa ako samostatná jednotka. Henking si však nemyslel, že element X je chromozóm a stotožňoval ho skôr s jadierkom. Tiež mu nenapadlo, že by nejakým spôsobom mohol súvisieť s určením pohlavia.

Američan Clarence Ervin McClung (1870 – 1946) identifikoval podobný farbiteľný útvar v spermiách kobylky *Xiphidium fasciatum* (dnes správne *Conocephalus fasciatus*) a nazval ho prídavný (angl. *accessory*) chromozóm. Na rozdiel od Henkinga mu napadlo, že môže zohrávať úlohu pri determinácii pohlavia a (mylne) hypotetizoval, že ho získavajú samce, inými slovami, že samce vznikajú fúziou vajíčok so spermiou obsahujúcou chromozóm X.

Významnú úlohu v rozlúštení úlohy prídavného chromozómu X v determinácii pohlavia a všeobecne vo formulovaní základov chromozómovej teórie dedičnosti zohral Edmund Beecher Wilson (1856 – 1939). Jeho monografia *The Cell in Development and Inheritance* sa stala pre študentov na dlhé roky

---

[67] Jednou z najvýznamnejších Weismannových koncepcií je predstava tzv. zárodočnej hmoty (angl. *germ plasm*), ktorá je oddelená od tela (*soma*). Táto koncepcia spochybnila lamarckovskú dedičnosť získaných vlastností (bolo ťažko predstaviteľné, ako by sa skúsenosť tela preniesla do zárodočnej hmoty, z ktorej vznikajú pohlavné bunky).

[68] Väčšina štúdií zameraných na popísanie mechanizmov meiózy bola uskutočnená na spermiách, resp. spermatocytoch, pretože štúdium oogenézy bolo technicky oveľa náročnejšie.

základným cytologickým textom. Wilson podobne ako McClung študoval spermatogenézu u hmyzu. U niektorých druhov pozoroval rovnaký fenomén ako Henking a McClung (prítomnosť jedného chromozómu navyše), u iných druhov (napr. *Lygaeus turcicus*) si však všimol, že prekurzory spermií obsahovali niekoľko párov chromozómov s rovnakou dĺžkou a jeden pár, v ktorom bol jeden z partnerov oveľa menší. Tieto nerovnaké chromozómy nazval idiochromozómy a následne ich pozoroval aj u predstaviteľov ďalších rodov hmyzu (*Euchistus, Brochymena, Podisus, Trichopepla*). U rodu *Nezara* Wilson síce nenašiel pár chromozómov s rozdielnou veľkosťou partnerov, ale predpokladal, že aj v tomto druhu sa nachádzajú u samcov idiochromozómy, ktoré sa síce nelíšia dĺžkou, ale funkciou. Do istej miery vizionársky predpokladal, že typ idiochromozómov u *Nezara* je evolučne najstarší a u ďalších druhov došlo buď k skráteniu, alebo úplnej strate jedného z partnerov.

Nezávisle od Wilsona získala podobné výsledky Nettie M. Stevensová (1861 – 1912), ktorá študovala meiózu najprv u muchy domácej (*Musca domestica*) a následne aj u ďalších dvojkrídlovcov včítane *Drosophila melanogaster* (vtedy mal tento druh názov *D. ampelophila*). Vo všetkých prípadoch identifikovala okrem párov homologických chromozómov aj dva nerovnaké chromozómy (označovala ich ako heterochromozómy h1 a h2) a správne dedukovala, že spermie obsahujúce menší heterochromozóm sú (po splynutí s vajíčkom) zodpovedné za produkciu samcov.

Wilson v následných prácach zosyntetizoval výsledky Henkinga, McClunga a predovšetkým svoje a Stevensovej a výsledkom bola predstava, ktorú dodnes ponúkajú učebnice genetiky: v jadrách buniek študovaných druhov hmyzu sa nachádza niekoľko párov homologických chromozómov a jeden pár pohlavných chromozómov (gonochromozómov, gonozómov). Gonozómy sú u samíc reprezentované dvoma chromozómami X, gonozómy samcov sú tvorené jedným X a jedným Y chromozómom. Samice sú tzv. homogametickým (XX) pohlavím, ktoré v meióze tvorí iba jeden typ vajíčok (X), samce heterogametickým (XY) pohlavím, ktoré tvorí dva typy spermií (X a Y).[69]

ZDALO BY SA, ŽE OD OBJAVU POHLAVNÝCH CHROMOZÓMOV je iba malý krok k umiestneniu génov na tieto jadrové štruktúry. Predsa však nás od rozhodujúceho objavu delí ešte jedna celá dekáda spojená s intenzívnou prácou predovšetkým štyroch biológov: Theodora Boveriho, Williama Cannona, Waltera Suttona a Edmunda Wilsona.

Theodor Boveri (1862 – 1915) bol geniálny embryológ a cytológ, ktorého objavy v mnohom predbehli dobu.[70] V našom príbehu je dôležitý predovšetkým nasledovný experiment, ktorý uskutočnil v roku 1902. U ježoviek experimentálne

---

[69] V extrémnom prípade samce nemajú chromozóm Y (X0).

[70] Bol napríklad prvý, kto naznačil vzťah medzi zmenami chromozómov a nádorovou transformáciou buniek.

navodil mnohonásobné oplodnenie. Výsledkom bolo napríklad oplodnenie vajíčka dvomi spermiami, a teda triploidná zygota. Keď sledoval následné mitózy zistil, že vznikajú aberantné mitotické vretienka a do dcérskych buniek sa dostávajú rôzne kombinácie chromozómov. Výsledkom bolo, že už v štvorbunkovom štádiu väčšina buniek neprežívala. Naopak, štyri bunky vzniknuté normálnou segregáciou chromozómov mitotickým delením normálnej diploidnej zygoty boli plne životaschopné. Boveri správne dedukoval, že pre normálny vývin je nevyhnutná konkrétna kombinácia chromozómov, a tak naznačil (hoci sa takto priamo nevyjadril), že na rôznych chromozómoch sa nachádzajú dedičné faktory, ktorých prítomnosť je nevyhnutná pre bunkové prežívanie a ontogenézu.

William Austin Cannon (1870 – 1958) bol botanik, ktorý študoval meiózu u bavlny a hrachu a bol prvý, ktorý naznačil, že Mendelove dedičné faktory by mohli byť lokalizované na chromozómoch. Vo svojej práci A cytological basis for the Mendelian laws vysvetlil fenotypový pomer 3 : 1 v monohybridnom krížení tak, že umiestnil faktor A, resp. a na chromozómy. Pomer 9 : 3 : 3 : 1 sa mu v tejto práci vysvetliť nepodarilo, pretože sa mylne domnieval, že otcovské, resp. materské chromozómy sú v meióze priťahované na rovnaký pól bunky. Uvedomil si tiež, že keď budú dva faktory umiestnené na tom istom chromozóme, budú dedené spoločne.

Walter Sutton (1877 – 1916) študoval správanie sa chromozómov počas meiózy u koníkov Brachystola magna. Dokázal, že otcovské a materské chromozómy tvoria páry, ktoré sú v prvých fázach meiózy vo fyzickom kontakte. Podstatným príspevkom Suttona bol dôkaz, že umiestnenie homologických párov chromozómov v metafáze meiózy I je náhodné. V tom sa jeho predstava segregácie chromozómov odlišovala od Cannona a pomohla mu vysvetliť segregáciu dedičných faktorov v dihybridnom krížení. To zároveň ukázalo, aký obrovský potenciál pre tvorbu genetickej variability má nezávislá segregácia paternálnych a maternálnych chromozómov.[71]

Podobne ako v prípade pohlavných chromozómov, Wilson na seba zobral úlohu syntetika.[72] Všetky výsledky podporujúce hypotézu, že Mendelove dedičné faktory sú lokalizované na chromozómoch, zosumarizoval v krátkej práci v časopise Science, a tak uzavrel prvú kapitolu formovania chromozómovej teórie dedičnosti.[73]

NA ZAČIATKU 20. STOROČIA BOLO EVIDENTNÉ, že Mendelove dedičné faktory (gény) majú priamy vzťah k chromozómom, detailné štúdium tejto asociácie však nebolo možné, pretože nebol k dispozícii vhodný modelový organizmus. Až kým Thomas Morgan a jeho študenti nezačali experimentovať s drozofilou. Treba však

---

[71] Napríklad pre 10 párov chromozómov získame 1024 kombinácií, pre 20 chromozómov 1048576 kombinácií.

[72] Cannon a Sutton boli jeho študenti, Boveri jeho priateľ.

[73] Často sa používa označenie Sutton – Cannon – Boveri – Wilson chromosome theory of heredity.

podčiarknuť, že pri voľbe vínnej mušky ako modelu pre štúdium mechanizmov dedičnosti zohrala veľkú úlohu náhoda.

Thomas Hunt Morgan (1866 – 1945) sa narodil v Lexingtone v americkom štáte Kentucky. Jeho otec bol istý čas konzulom na americkej ambasáde v Taliansku, ale počas občianskej vojny slúžil so svojím bratom, generálom Johnom Huntom Morganom, v uniforme Konfederácie.[74] Mladý Thomas sa po vojne stal študentom Univerzity v Kentucky a následne na Univerzite Johnsa Hopkinsa v Baltimore,[75] kde sa dostal do laboratória významného embryológa Williama Keitha Brooksa (1848 – 1908).[76] Podstatnú časť kariéry Morgan strávil štúdiom rôznych otázok ontogenézy živočíchov a ako embryológ získal slušné renomé. Je zaujímavé, že na prelome storočí bol vehementným odporcom mendelizmu a vôbec mu nevoňala ani chromozómová teória dedičnosti. O determinácii pohlavia prostredníctvom chromozómov sa vyjadroval s veľkým skepticizmom. V tomto období dokonca spochybňoval hypotézu, že dedičný materiál je uložený v jadre. A to všetko pár rokov od objavu, ktorý všetky vyššie uvedené hypotézy potvrdil a Morganovi priniesol Nobelovu cenu!

Rozhodujúcim v Morganovej ďalšej kariére bolo stretnutie s de Vriesom.[77] Obaja sa domnievali, že Darwinova predstava o postupných malých adaptáciách ako hnacej sile evolúcie je chybná a pripisovali význam veľkým dedičným zmenám.[78] Zatiaľ čo de Vries testoval túto predstavu u rastlín Oenothera lamarckiana, Morgan sa rozhodol pre živočíšny model. Po neúspešných pokusoch s hlodavcami a kurčatami sa v jeho laboratóriu na Kolumbijskej univerzite v New Yorku konečne objavila prvá populácia drozofíl.[79]

Morganovým cieľom bolo identifikovať mutanta vykazujúceho dramatickú zmenu fenotypu, ktorá by ho klasifikovala za nový druh drozofily. V priebehu dvoch rokov (1908 – 1910) veľmi prácnym spôsobom sám v laboratóriu rozmnožoval populácie mušiek a výsledkom boli tri veľmi pofidérne mutanty (white, so zmeneným sfarbením hrude; olive s jemne zmenenou farbou tela; a speck s tmavou škvrnou v spoji medzi krídlom a hruďou). Všetky tri mutanty však vykazovali značnú variabilitu a výsledky kríženia nebolo možné zmyslupine interpretovať.

V máji 1910 Morgan v jednej skúmavke zbadal samca, ktorý mal namiesto červených biele oči. Po niekoľkých kolách kríženia získal čistú mutantnú líniu

---

[74] Nestali sa však hrdinami, skôr naopak. Boli známi ako Morgan's Raiders, ktorí plienili farmy v štáte Indiana.

[75] Práve na tejto univerzite vznikla americká tradícia PhD. štúdia vo forme, v akej ju poznáme dnes.

[76] Brooks bol študentom ďalšieho významného biológa Louisa Agassiza (1807 – 1973), taxonóma a anatóma, ktorý bol mimochodom veľkým oponentom Darwinovej evolučnej teórie.

[77] Kapitola 2.2.

[78] de Vries tieto veľké zmeny nazval mutácie, označovali sa tiež ako sports, alebo monštrozity a považoval ich za hlavný mechanizmus vzniku nových druhov (kapitola 3.1.).

[79] Dodnes nie je celkom jasné, ako sa Morgan dostal k prvým drozofilám. Existujú tri verzie tohto príbehu (Carlson, E.A. (2004). Mendel's legacy. The origin of classical genetics. Cold Spring Harbor Laboratory Press, Cold Spring Harbor, NY).

white, v ktorej samce i samice mali biele oči. Keď následne krížil mutantné mušky *white* s normálnymi drozofilami, dospel k prekvapivému výsledku (**Obrázok 2**).

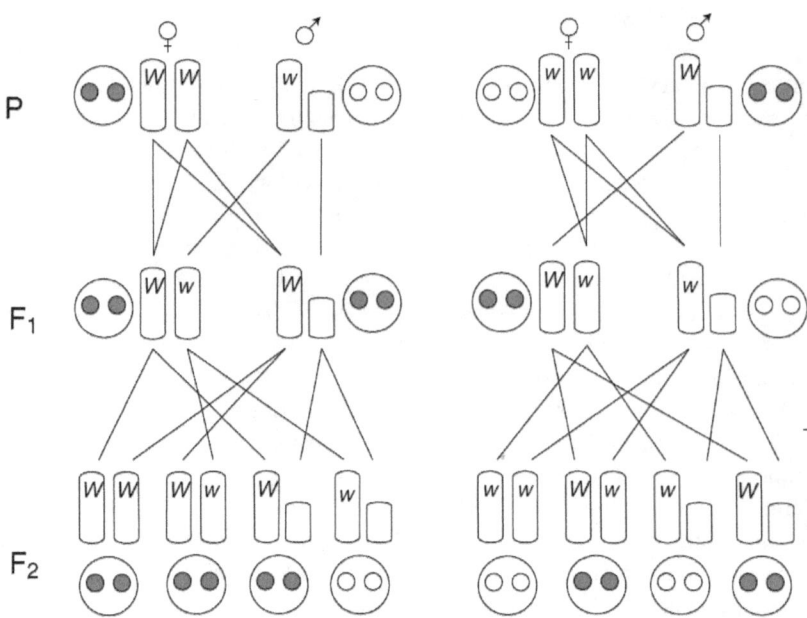

Obrázok. 2. Dedičnosť do kríža ako modifikovaná forma mendelovskej dedičnosti. Recipročné kríženia mutantných (*white, w*) a štandardných (*W*) mušiek dávajú odlišné výsledky. Čiary naznačujú pôvod chromozómov u potomkov.

Ak boli na kríženie použité samce *white* a štandardné samice, všetky mušky v generácii F₁ mali červené oči. V generácii F₂ bol fenotypový pomer 3 (červené) : 1 (*white*), pričom všetky dcéry mali štandardné oči a polovica synov mala biele oči. Pri recipročnom krížení však bola situácia iná. Krížením samičiek *white* so štandardnými samcami sa v generácii F₁ objavili (iba) štandardné samičky a (iba) samce *white*. V generácii F₂ bol fenotypový pomer pre obe pohlavia rovnaký 1 (červené oči) : 1 (*white*). Morgan tento fenomén nazval dedičnosť do kríža (angl. *crisscross inheritance*) a výsledok rýchlo spísal do svojej prvej publikácie o dedičnosti u drozofily.[80] Ani v nej sa však neodhodlal prekonať svoju rezistenciu k chromozómovej teórii dedičnosti. Bol to Edmund Wilson, ktorý Morganovi navrhol, že dedičnosť do kríža by bolo možné vysvetliť lokalizáciou génu *white* na chromozóme X. Wilson dokonca hypotetizoval, že podobným

---

[80] Morgan, T.H. (1910). Sex limited inheritance in *Drosophila*. *Science* 32: 120 – 122

spôsobom by sa dala vysvetliť aj dedičnosť farbosleposti, ktorá sa v drvivej väčšine vyskytuje u mužov. Morgan túto myšlienku zavrhol ako špekuláciu.[81]

ODPOR VOČI CHROMOZÓMOVEJ TEÓRII DEDIČNOSTI Morgan zlomil až potom, ako v lete 1910 izoloval ďalších päť mutantov: *beaded, rudimentary, truncate* a *miniature wings* mali zmenené krídla; *pink* mal ružové oči. Niektoré z nich (napr. *rudimentary*) vykazovali dedičnosť do kríža. V januári Morganova asistentka Elizabeth M. Wallaceová našla mutanta *yellow* so žltým sfarbením, ktorý sa v kríženiach tiež správal ako mutanty *white* a *rudimentary*. Bolo evidentné, že výsledok z mája nebol náhodný, a že tak, ako správne predpokladal Wilson, gény, ktoré determinujú tri nezávislé vlastnosti (farba očí, veľkosť krídel, farba tela), sa nachádzajú na chromozóme X. To presvedčilo aj Morgana, ktorý postupne konvertoval z odporcu chromozómovej teórie dedičnosti na jej hlavného propagátora. Čoskoro si uvedomil, že vzdialenosť génov na chromozóme bude ovplyvňovať pravdepodobnosť, s akou sa budú spoločne dediť. Inšpiráciou bola pre neho práca Fransa Alfonsa Janssensa (1865 – 1924), ktorý si pri štúdiu meiózy mlokov všimol, že chromozómy v meióze I tvoria prekríženia (dnes známe ako *chiasmata*). Morgan hypotetizoval, že pre segregáciu chromozómov v anafáze je nevyhnutné, aby v prekríženiach došlo k zlomu a znovuspojeniu, čo vedie k výmene častí chromozómov. Čím sú gény bližšie pri sebe (t. j. sú vo „väzbe"), tým je menšia pravdepodobnosť, že medzi nimi dôjde k zlomu a následnej rekombinácii. Túto svoju predstavu testoval aj krížením trojitého mutanta *white, yellow, rudimentary* a dokázal, že gény *white* a *yellow* sú veľmi blízko seba, zatiaľ čo *rudimentary* sa od nich nachádza v pomerne veľkej vzdialenosti.[82]

V tomto období už Morgan nepracoval sám, ale v jeho laboratóriu nazývanom aj *Fly Room* sa stretla skupina veľmi talentovaných a ambicióznych mladíkov, ktorí spolu s Morganom predstavujú zakladateľov (nielen) klasickej cytogenetiky. Ich prvotná motivácia pracovať s Morganom bola výsledkom náhody. V roku 1910 Morgan zastupoval svojho kolegu Jamesa MacGregora na kurze zoológie,[83] v ktorom sa zmienil o aktuálnych problémoch dedičnosti. To oslovilo dvoch študentov v auditóriu, Alfreda Sturtevanta a Calvina Bridgesa, ktorí sa spolu s Hermannom Mullerom (ten sa k nim pripojil o niečo neskôr, kapitola 3.1.) postupne stali Morganovými rovnocennými partnermi.[84]

---

[81] Wilson sa však nezdráhal a túto hypotézu publikoval. Wilson, E.B. (1911). The sex chromosomes. *Archiv für Mikroskopische Anatomie* 77: 249 – 271.

[82] Na cytogenetickej mape chromozómu X sa *white* nachádza v pozícii 0,0 centimorganov (cM), *yellow* v pozícii 1,5 cM a *rudimentary* 54,5 cM.

[83] Bol to jediný základný kurz, ktorý Morgan učil za 24 rokov na Kolumbijskej univerzite.

[84] Významným príslušníkom Morganovej školy bol aj Edgar Altenburg (1888 – 1967), do užšieho kruhu spolupracovníkov sa však nedostal (kapitola 3.1.). V roku 2014 Alexis Gambis natočil film *Fly Room*, ktorý vychádza zo spomienok Bridgesovej dcéry Beatsy; http://www.theflyroom.com.

Alfred Henry Sturtevant (1891 – 1970) sa narodil v rodine farmára.[85] Zaujímal sa o dedičnosť rôznych znakov u koní a zozbieral veľké množstvo údajov z rodokmeňov, ktoré ukázal Morganovi. Toho tak nadchla Sturtevantova schopnosť analyticky pracovať, že mu nielen poskytol možnosť pracovať v laboratóriu, ale z vlastných peňazí mu platil aj štipendium.[86] Práve analytické schopnosti vtedy 19-ročného Sturtevanta viedli k ďalšiemu dôležitému objavu z Morganovho laboratória: konštrukcii prvej genetickej mapy. Sturtevant si uvedomil, že pomocou frekvencie rekombinácií medzi genetickými markermi je možné stanoviť ich poradie a vzdialenosť medzi nimi. Ako jednotku vzdialenosti, na základe Mullerovho návrhu, zvolil percento prekríženi (crossing-over) medzi markermi.[87]

Konštrukcia genetickej mapy bola síce najpodstatnejším, ale zďaleka nie jediným Sturtevantovým príspevkom do učebníc genetiky. Okrem iného formuloval predstavu mnohonásobného alelizmu, [88] venoval sa štúdiu evolučných mechanizmov pomocou porovnania genetických máp príbuzných druhov drozofíl (D. melanogaster a D. simulans), a na základe analýzy výsledkov niektorých kríženi objavil inverziu ako jednu z foriem prestavby chromozómov. Môžeme len špekulovať, prečo nezískal Nobelovu cenu spolu s Morganom.

TO ISTÉ PLATÍ AJ O CALVINOVI BLACKMANOVI BRIDGESOVI (1889 – 1938), rodákovi z New Yorku, ktorý podobne ako Sturtevant nemal dostatok financií na podporu štúdia. Rovnako ako v Sturtevantovom prípade, Morgan Bridgesovi poskytol prácu v laboratóriu s možnosťou privyrobiť si umývaním skla a prípravou krmiva pre drozofily. Táto investícia sa Morganovi vyplatila. Bridges zaviedol mnohé modifikácie postupov, ktoré značne uľahčili prácu s drozofilou.[89] Technické vylepšenia však zďaleka neboli jediným príspevkom Bridgesa do klasickej genetiky. Nezávisle od Reginalda Gatesa[90] objavil aneuploidiu. Podarilo sa mu to vďaka (vtedy) nekonvenčnej interpretácii výsledkov kríženia bielookých (white) samíc s červenookými samcami. Za štandardných okolností (**Obrázok 2**)

---

[85] Sturtevant trpel vážnou formou farbosleposti, a keďže nebol schopný odlíšiť zelenú a červenú, pri zbere jahôd sa príliš neuplatnil.

[86] Morganova veľkorysosť nebola limitovaná iba na Sturtevanta. Svojich študentov bral ako kolegov, resp. takmer rodinných príslušníkov. Možno aj preto medzi nimi (predovšetkým medzi Sturtevantom a Bridgesom na jednej a Mullerom na druhej strane) vznikali podobné spory, ako sa vyskytujú u súrodencov. Štvorica spísala zásadný text, ktorý ovplyvnil genetiku na veľa rokov dopredu; Morgan, T.H., Sturtevant, A.H., Muller, H.J., Bridges, C.B. (1915). The mechanism of mendelian heredity. Henry Holt, New York.

[87] Sturtevant, A.H. (1913). The linear arrangement of six sex-linked factors in Drosophila, as shown by their mode of association. J. Exp. Zool. 14: 43 – 59. Označenie centiMorgan (cMo, cM) o niečo neskôr navrhol britský biológ J. B. S. Haldane.

[88] Existencia viacerých foriem toho istého génu. Prvýkrát táto predstava Sturtevantovi napadla, keď čítal článok o sfarbení králikov, definitívne dôkazy poskytla analýza viacerých mutantov drozofily s rôznym sfarbením očí (napr. white, red, eosin).

[89] Napríklad, Bridges začal používať éter na uspanie múch, namiesto popučených banánov pripravil živné médium s agarom, ktoré nalieval do skúmaviek, zaviedol používanie štetcov; všetko drobné vylepšenia, ktoré však veľmi urýchlili manipuláciu.

[90] Gates študoval niektoré druhy rastliny Oenothera.

by v potomstve takýchto rodičov mali byť exkluzívne bielooké (*white*) samce. V jednom z tisíc prípadov však Bridges identifikoval v generácii potomkov červenookého samca, ktorý bol sterilný. V recipročnom krížení s podobnou frekvenciou nachádzal bielookých samcov, ktorí boli tiež sterilní. Bridges s pomocou ďalších členov laboratória nakoniec našiel riešenie tejto záhady. Správne predpokladal, že v dôsledku tzv. *nondisjunkcie* (neoddelenia homologických chromozómov) počas meiózy u samcov vznikajú gaméty s obomi pohlavnými chromozómami (XY). Ak tieto spermie splynú s vajíčkom nesúcim jeden chromozóm X, výsledkom bude samica s genotypom XXY. Takáto samica môže teoreticky produkovať štyri typy gamét (X, XY, XX a Y) podľa toho, ako sú segregované tri pohlavné chromozómy počas meiózy. To, aké budú fenotypy jednotlivých pohlaví, závisí od toho, aká alela (štandardná, alebo *white*) sa nachádza na chromozóme X.[91]

Bridges bol extrémne pracovitý experimentátor, veľmi dlho mu však trvalo, kým sa odhodlal svoje výsledky spísať. To je jeden z dôvodov, prečo po sebe nezanechal viac publikácií.[92] Výraznou mierou sa však podieľal na ďalších príspevkoch Morganovho laboratória,[93] popisujúcich rôzne typy chromozómových aberácií (okrem spomínaných inverzií aj delécií, duplikácií a translokácií),[94] vysvetlil mechanizmus vzniku tzv. gynandromorfov[95] a pokračoval v identifikácii ďalších mutantov, z ktorých mnohé sú dodnes využívané v genetických laboratóriách. Malý projekt, realizovaný s pôvodne úplne iným zámerom človekom, ktorý neveril významu chromozómov v dedičnosti, sa stal základom výskumu vedúceho nielen k objavu základných pilierov modernej genetiky, ale aj k ďalším objavom odhaľujúcim záhady prírody.

OTÁZKY NA ZAMYSLENIE

1. Skúste vysvetliť, prečo väčšina mutantov, ktoré Morgan izoloval, vykazovala dedičnosť viazanú na pohlavný chromozóm X?

---

[91] Bridges spísal tieto výsledky do publikácie, ktorú poslal do časopisu *Journal of Genetics* založeného Williamom Batesonom. Článok bol odmietnutý. Reakciou na to bolo, že Morgan sa spojil s ďalšími kolegami a založili nový časopis *Genetics*, ktorý je dodnes jedným z najvplyvnejších genetických časopisov (je oficiálnym časopisom *Genetic Society of America*). Bridgesov príspevok z januára 1916 je prvým článkom, ktorý bol v *Genetics* uverejnený. Bridges, C.B. (1916). Non-disjunction as proof of the chromosome theory of heredity. *Genetics* 1: 1 – 52.

[92] Ďalší dôvod je, že zomrel relatívne mladý (49-ročný). Žil však naplno, nielen v laboratóriu, ale aj mimo neho. Bol známy bohémskym spôsobom života a púšťal sa do mnohých milostných avantúr. (Jeho účasť na niektorých konferenciách bola podmienená prísľubom, že na nich nebude zvádzať manželky kolegov; cit. v Schwartz, J. (2008). In Pursuit of the Gene. From Darwin to DNA. Harvard University Press.

[93] Po 24 rokoch na Kolumbijskej univerzite sa laboratórium presťahovalo na Kalifornský technologický inštitút (*California Institute of Technology, Caltech*).

[94] Pri týchto objavoch boli okrem kríženia využívané analýzy prúžkov gigantických (polyténnych) chromozómov, ktoré identifikoval Theophilus S. Painter (1889 – 1969) v slinných žľazách drozofíl.

[95] Hermafrodity, ktoré u drozofíl vykazujú tzv. segmentálnu symetriu, t.j. jedna strana tela je samčia a druhá samičia.

2. Pokúste sa špekulovať, prečo sa Morganovi dva roky nedarilo izolovať žiadneho mutanta a zrazu v lete 1910 ich identifikoval 5 v priebehu 3 mesiacov?

3. Skúste nakresliť schému kríženia, pomocou ktorých Bridges odhalil nondisjunkciu ako príčinu aneuploidie u drozofíl.

3. Mechanizmy tvorby genetickej variability

Muller, H.J. (1928). Artificial transmutation of the gene. *Science* 66: 84 – 87.[96]

Hermann Joseph Muller[97]
(21. 12. 1890 – 5. 4. 1967)

[96] http://www.esp.org/foundations/genetics/classical/holdings/m/hjm-1927a.pdf
[97] http://en.wikipedia.org/wiki/Hermann_Joseph_Muller

KAPITOLA 3.1.
Mutácie je možné indukovať žiarením

„The central problem of biological evolution is the nature of mutation, but hitherto the occurrence of this has been wholly refractory and impossible to influence by artificial means, although a control of it might obviously place the process of evolution in our hands."

Hermann J. Muller[98]

GENETIKA, TAK AKO JU V ROKU 1905 DEFINOVAL William Bateson,[99] je veda o dedičnosti a premenlivosti. Zatiaľ čo vďaka Mendelovi a jeho nasledovníkom zo začiatku 20. storočia začali základné princípy dedičnosti nadobúdať aspoň hmlisté kontúry, o spôsobe vzniku dedičnej variability nebolo známe takmer nič. Skôr naopak. Hoci pojem *mutácia* bol zásluhou Huga de Vriesa biológom známy od roku 1901, ten istý de Vries svojou mutačnou teóriou[100] ilustrovanou na vzniku „nových druhov" u *Oenothera* (pupalka) spôsobil zmätok, ktorý na relatívne dlhý čas spomalil pokrok v tejto oblasti. Hugo de Vries sa domnieval, že nové druhy vznikajú *de novo* skokovo (saltatoricky) v dôsledku veľkých zmien (mutácií), ktoré nazýval *sports*. Vychádzal z pozorovania, že v populácii pupaliek sa vyskytujú formy, ktoré sa výrazne odlišujú od svojich rodičov. Domnieval sa, že vzhľadom na tieto odlišnosti ide o odlišné druhy, ktoré vznikajú diskontinuitne na rozdiel od Darwinovej predstavy o postupnej akumulácii malých odchýlok, z ktorých selekcia vyberá reprodukčne najzdatnejšie varianty.

---

[98] „Centrálny problém biologickej evolúcie je podstata mutácií a aj keď ich vznik nebolo doteraz možné pozorovať ani prostredníctvom umelých prostriedkov, ich kontrola by nám pomohla zobrať proces evolúcie do vlastných rúk." Citovaná časť prednášky H. J. Mullera z roku 1916: Carlson, E.A. (1971). An unacknowledged founding of molecular biology: H. J. Muller contribution to gene theory, 1910 – 1936. *J. Hist. Biol.* 4: 160 – 161.

[99] Kapitola 2.2.

[100]de Vries, H. (1901). Die Mutationstheorie. Versuche und Beobachtungen über die Entstehung von Arten im Pflanzenreich; https://archive.org/details/diemutationstheo01vrie

V priebehu pár rokov však bolo jasné, že de Vriesove predstavy o vzniku druhov v dôsledku veľkých genetických zmien sú nesprávne, a že varianty jeho pupaliek sú spôsobené veľkými zmenami v štruktúre chromozómov. Na zdiskreditovaní mutačnej teórie de Vriesa sa významnou mierou podieľal aj hlavný protagonista tejto kapitoly Hermann J. Muller. A nielen to. Muller sa stal hlavným strojcom modernej verzie mutačnej teórie. Jeho genialita, intuícia a dodnes využívaná experimentálna stratégia mu v roku 1946 priniesla Nobelovu cenu.

JOSEPH HERMANN MULLER, jeden z hlavných predstaviteľov klasickej genetiky, sa narodil v New Yorku do rodiny živiacej sa produkciou kovových artefaktov. Hoci jeho otec zomrel, keď mal Hermann iba 10 rokov, stihol v ňom prebudiť záujem o prírodné vedy. Mullerovi sa podarilo dostať na prestížnu Kolumbijskú univerzitu vďaka štipendiu, ktoré dostal na základe výsledkov vstupných testov. Na univerzite ho vďaka brilantným pedagógom fascinovala biológia a v roku 1909 založil študentský biologický klub, ktorého členmi sa stali ďalší neskorší velikáni genetiky Alfred H. Sturtevant a Calvin B. Bridges (a aj ich prostredníctvom sa dostal do dnes už mýtizovanej *Fly Room* Thomasa H. Morgana). [101] V nej výraznou mierou prispel k formulovaniu dnes už učebnicových genetických princípov, čo ilustruje fakt, že bol spoluautorom klasickej monografie sumarizujúcej základy mendelovskej genetiky.[102] Je pritom zaujímavé, aký odlišný pohľad na roky strávené v Morganovej skupine majú jej protagonisti. Zatiaľ čo Sturtevant vyzdvihuje otvorenú priateľskú atmosféru, ktorá viedla k zdieľaniu ideí a spolupatričnosti[103], Muller sa cítil neuznaný a odstrkovaný a kritizoval Morganov nepotizmus smerom k Sturtevantovi a Bridgesovi.[104] Aj kvôli týmto nezhodám Muller z Kolumbijskej univerzity odišiel a niekoľko rokov strávil na amerických i európskych pracoviskách, na ktorých spolupracoval s ďalšími zakladateľmi modernej genetiky, ako boli Nikolaj Timoféeff-Ressovsky (1900 – 1981) alebo Nikolaj Vavilov (1887 – 1943). Zaujímavosťou je, že spolupráca so sovietskymi genetikmi vyplývala nielen z veľkého rešpektu Mullera k týmto významným biológom, ale aj z jeho sympatiám k sovietskemu komunistickému režimu. Až lysenkovská likvidácia genetiky (včítane fyzickej likvidácie genetikov ako bol Vavilov) [105] pretransformovali Mullera na antikomunistu. Jeho často extrémistické politické názory spolu s veľmi zložitou a konfliktnou povahou[106] z neho napriek nespornej

---

[101] Kapitola 2.3.

[102] Morgan, T.H., Sturtevant, A.H., Muller, H.J., Bridges, C.B. (1915). The mechanism of mendelian heredity. New York: Henry Holt; https://archive.org/details/mechanismofmende00morgiala.

[103] Sturtevant, A.H. (1965). A history of genetics. Cold Spring Harbor Laboratory Press, Cold Spring Harbor, NY, USA.

[104] Carlson, E.A. (2004). Mendel's legacy. The origin of classical genetics. Cold Spring Harbor Laboratory Press, Cold Spring Harbor, NY, USA; Schwartz, J. (2008). In pursuit of the gene. From Darwin to DNA. Harvard University Press. Cambridge, MA, USA.

[105] Kapitola 3.2.

[106] Demonštruje to aj fakt, že sa Muller v roku 1932 v dôsledku osobnej krízy neúspešne pokúsil o samovraždu.

genialite urobili „nezamestnateľného" človeka. Permanentnú pozíciu získal až v roku 1945 na Indianskej univerzite v Bloomingtone[107]. Vtedy už mal povesť vizionára, ktorý napríklad ako jeden z prvých jasne formuloval predstavu o vlastnostiach génu, či o význame vírusov pre pochopenie molekulárnych základov dedičnosti. Najviac ceneným sa však stal Mullerov objav mutagénnych účinkov röntgenového (ďalej RTG) žiarenia, ktorý podrobnejšie popisuje táto kapitola.

NIEKOĽKO ROKOV PREDTÝM, ako sa Mullerovi podarilo uskutočniť dnes už klasický experiment, napísal svojmu bývalému tútorovi Julianovi Huxleymu: „We simply know that mutation occurs, and occurs ,rarely', whatever that means, though in fact on its rate and mode of incidence depend evolution."[108] Frekvencia vzniku mutácií bola podľa vtedajších odhadov veľmi nízka (približne 1 mutácia na 50000 mušiek); príliš nízka na systematické štúdium mechanizmu ich vzniku.[109] Muller sa domnieval, že problém by mohla vyriešiť experimentálna stratégia umožňujúca sledovať frekvenciu recesívne letálnych mutácií viazaných na chromozóm X.[110] Jeho argumentácia spočívala v tom, že recesívne letálna mutácia na chromozóme X bude viesť k zníženiu frakcie samčekov pochádzajúcich z kríženia heterozygotných samičiek nesúcich recesívne letálnu mutáciu s normálnymi samčekmi. Výpočet frekvencie recesívnych letálnych mutácií bol tak založený na analýze zmeny pomeru pohlaví. Túto verziu experimentu uskutočnil v rokoch 1918 – 1919 Mullerov dlhoročný spolupracovník Edgar Altenburg (1888 – 1967), ďalší odchovanec Morganovej Fly Room. Výsledkom bola prvá kvantifikácia frekvencie spontánnych mutácií.[111]

PROBLÉM BOL, ŽE VZHĽADOM NA RELATÍVNE NÍZKU FREKVENCIU mutácií bolo potrebné analyzovať a prácne štatisticky vyhodnocovať výsledky tisícov krížení. Magický moment nastal v lete v roku 1920. Muller s Altenburgom pri kríženiach využívali mušky, ktoré na chromozóme X niesli dominantnú mutáciu Bar spôsobujúcu úzke oči. Za normálnych okolností by v potomstve samičky heterozygotnej pre Bar a normálneho samčeka mala byť polovica samičiek a polovica samčekov s fenotypom Bar. Muller však pri počítaní mušiek narazil na skúmavku, v ktorej nenašiel žiadneho samčeka s úzkymi očami Bar. Zároveň zistil, že medzi chromozómami X samičky nedochádzalo ku crossing-overu.

[107] Muller pôsobil na Indianskej univerzite v čase, keď na nej študoval James D. Watson (1947 – 48), ktorý priznáva veľký vplyv Mullera na jeho budúcu kariéru (Judson, H.F. (1996). The eight day of creation: The makers of the revolution in biology. Cold Spring Harbor Laboratory Press, Cold Spring Harbor, NY, USA).
[108] „Vieme, že mutácie vznikajú a že vznikajú zriedkavo, hoci v skutočnosti na rýchlosti a spôsobe ich výskytu závisí evolúcia."
[109] V tomto kontexte je pozoruhodné, koľko spontánnych mutantov sa podarilo Morganovej škole identifikovať.
[110] Dominantné letálne mutácie často vedú k úmrtiu embrya, preto nie sú na takýto typ analýzy vhodné.
[111] Muller, H.J., Altenburg, E. (1919). The rate of change of hereditary factors in Drosophila. Proc. Soc. Exp. Biol. Med. 17: 10 – 14.

Následná genetická analýza odhalila, že absencia samčekov *Bar* je spôsobená recesívne letálnou mutáciou *l*. Inými slovami, na chromozóme X sa u tejto línie ocitli 3 genetické markery: (1) lokus *C*, ktorý v dôsledku dlhej inverzie potláča *crossing-over*, a tak spôsobuje, že chromozóm X s touto štruktúrnou zmenou u samičiek nerekombinuje s normálnym chromozómom; (2) *l* je recesívne letálna alela, ktorá spôsobuje úmrtie samčekov a (3) **B** je dominantná mutácia viazaná na X chromozóm spôsobujúca úzke (*Bar*) oči. Vzhľadom na to, že chromozóm C*l*B nerekombinuje, je možné pomocou fenotypu *Bar* identifikovať samičky, ktoré nesú chromozóm s recesívne letálnou alelou *l*. Ak by takáto samička niesla na druhom chromozóme X ďalšiu recesívne letálnu mutáciu (nealelickú s *l*), kríženie s normálnym samčekom by viedlo k potomstvu zloženému exkluzívne zo samičiek. Experimentátor by tak už nemusel pracne počítať a štatisticky vyhodnocovať zmenu v pomere pohlaví, stačilo by hľadať skúmavky, v ktorých chýbajú samčekovia.

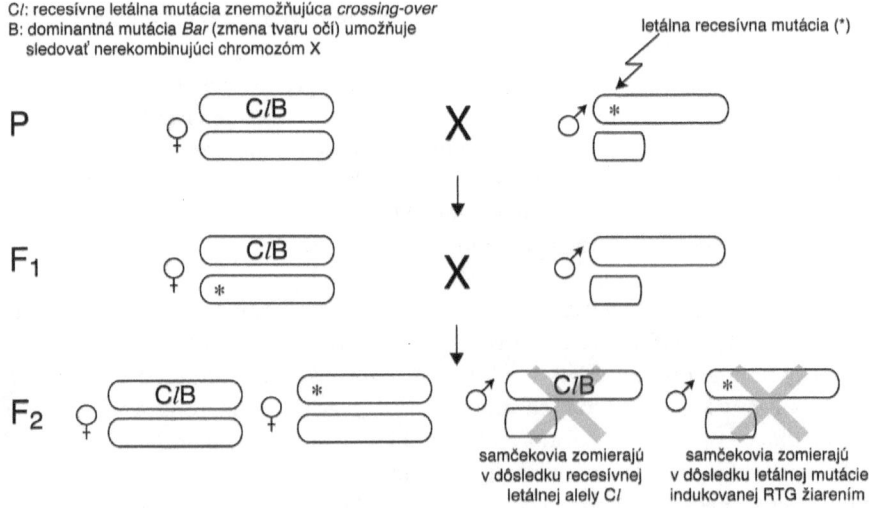

Obrázok 3. Test C*l*B na detekciu recesívnych letálnych mutácií. Samčekovia po ovplyvnení mutagénom (alebo bez ovplyvnenia) sa krížia s heterozygotnými samičkami nesúcimi jeden chromozóm X s markermi C*l*B. Samičky generácie F$_1$ s fenotypom *Bar* sa krížia s normálnymi samčekmi. Ak u samčeka v parentálnej generácii (P) došlo v príslušnej gaméte k vzniku recesívnej letálnej mutácie viazanej na chromozóm X, v generácii F$_2$ budú samčekovia úplne chýbať.

PREJDIME SI CELÚ EXPERIMENTÁLNU STRATÉGIU EŠTE RAZ. Predpokladajme, že v pohlavnej bunke samčeka sa objaví na chromozóme X recesívna mutácia. Dcéry normálnych samčekov nesúcich v pohlavných bunkách chromozóm X s recesívnou letálnou mutáciou a samičiek s fenotypom *Bar* budú mať chromozóm C*l*B od matky a chromozóm s recesívnou letálnou mutáciou od otca. Kríženie takýchto samičiek s normálnymi samčekmi môže viesť k štyrom rôznym výsledkom (**Obrázok 3**): (1) samičkám *Bar* (nesúcim jeden normálny chromozóm X a jeden chromozóm C*l*B), (2) samičkám nesúcim jeden normálny chromozóm X a jeden chromozóm s recesívnou letálnou mutáciou, (3) samčekom s chromozómom C*l*B a (4) samčekom s chromozómom nesúcim recesívnu letálnu mutáciu. Výsledkom takéhoto kríženia je tak absencia samčekov v generácii F_2. Genialita tohto experimentu spočíva v jeho jednoduchosti: pri vyhodnocovaní frekvencie recesívnych letálnych mutácií stačí počítať skúmavky, v ktorých chýbajú samčekovia.

AKONÁHLE MAL MULLER K DISPOZÍCII experimentálny nástroj na kvantifikáciu frekvencie mutácií, bol pripravený na postavenie základov novej mutačnej teórie, ktorú predstavil v roku 1921: *„Beneath the imposing building called heredity there has been a dingy basement called Mutation"*,[112] to bol dramatický úvod jeho septembrovej prednášky v New Yorku.[113] V decembri toho istého roku Muller predniesol jednu zo svojich najdôležitejších prednášok, v ktorej veľmi presne popísal základné vlastnosti génu; bez toho, že by mal akékoľvek vedomosti o jeho chemickom základe![114] Muller vyzdvihol fakt, ktorý sa nám dnes možno zdá triviálny, ale v tom čase bol revolučný: *„Variation and heredity do not represent two separate components of the evolutionary path: Inheritance without variation could not result in evolutionary change, and, likewise, variation made no lasting impression unless it was heritable."*[115] V evolúcii teda nezohrávajú úlohu dedičnosť a premenlivosť, ale dedičná premenlivosť. Z toho vyplývali aj Mullerom formulované vlastnosti génu, teda schopnosť (1) produkovať svoje kópie, (2) podliehať zmenám a (3) tieto zmeny reprodukovať. Bolo evidentné, že pochopenie podstaty mutácií pomôže poodhaliť aj tajomstvo génov. Bez zvýšenia ich frekvencie však systematický výskum mutácií stále nebol možný.

V POLOVICI 20. ROKOV Muller pomocou testu C*l*B dokázal, že zvýšená teplota zvyšuje frekvenciu mutácií, čo bol prvý dôkaz, že nejaký špecifický faktor ovplyvňuje rýchlosť vzniku mutácií. Skutočne prelomový experiment mal pritom ešte len nasledovať. Už v roku 1917 Morganov bývalý študent Harold Plough (1892 – 1985) skúmal efekt rádia a zistil, že tento rádioaktívny prvok zvyšuje frekvenciu *crossing-overu* u drozofíl. James Mavor (1854 – 1925) nezávisle od Plougha zistil, že RTG žiarenie tiež zvyšuje frekvenciu rekombinácií medzi chromozómami. Ani Plough, ani Mavor sa však nevenovali problému mutácií.

---

[112] „Pod impozantnou budovou nazývanou dedičnosť je špinavý suterén označovaný *Mutácia*."
[113] Citované v Schwartz, J. (2008). In pursuit of the gene. From Darwin to DNA. Harvard University Press. Cambridge, MA, USA.
[114] Muller, H.J. (1922). Variation due to change in the individual gene. *Am. Naturalist* 56: 35. V tejto prednáške Muller tiež navrhol, že bakteriálne vírusy by mohli byť nástrojom na odhalenie molekulárnej podstaty génu.
[115] „Premenlivosť a dedičnosť nepredstavujú dve oddelené zložky evolúcie: Dedičnosť bez premenlivosti nemôže viesť k evolučnej zmene a podobne premenlivosť nemôže zanechať žiadne stopy, pokiaľ nie je dedičná."

Muller predpokladal, že ak RTG žiarenie spôsobuje zmeny na úrovni chromozómu, jeho efekt nebude limitovaný na ovplyvnenie *crossing-overu*, ale mohlo by ovplyvniť samotný gén. V rokoch 1926 – 1927 preto uskutočnil test C*l*B u mušiek vystavených RTG žiareniu. Zrekapitulujme si jeho logiku (**Obrázok 3**). Predpokladal, že ak je RTG žiarenie skutočne mutagén a ovplyvní ním normálne samčeky, dôjde v niektorých prípadoch k indukcii letálnej recesívnej mutácie na (jedinom) chromozóme X. Dcéry ožiarených samčekov a neožiarených samičiek s fenotypom *Bar* budú mať chromozóm C*l*B od matky a ožiarený chromozóm X od otca. Výsledkom takéhoto kríženia je potom absencia samčekov v generácii F2. Po spočítaní skúmaviek bez samčekov a porovnaním s frekvenciou recesívnych letálnych mutácií v kontrolných kríženiach bez ožiarenia Muller odhalil takmer 150-násobné zvýšenie frekvencie mutácií!

VĎAKA OBJAVU MUTAGÉNNEHO ÚČINKU RTG ŽIARENIA mohol Muller výrazne zvýšiť pravdepodobnosť identifikácie životaschopných mutantov so zaujímavým fenotypom. V priebehu pár mesiacov našiel toľko mutantov drozofily, koľko bolo identifikovaných celou komunitou genetikov v priebehu vyše 15 rokov. Kolujú chýry, že Muller v tomto období trávil v laboratóriu celé noci a vždy, keď identifikoval nového mutanta, zvestoval cez okno túto novinu kolegovi Buchholtzovi, ktorý mal pracovňu pod ním.[116] Mullerovo nadšenie však lepšie vyjadruje časť jeho prednášky z roku 1929: „*All types of mutations, large and small, ugly and beautiful, burst upon the gaze. Flies with bulging eyes or with flat or dented eyes; flies with white, purple, yellow, or brown eyes; flies with curly hair, with ruffled hair, with parted hair, with fine and with coarse hair, and bald flies; flies with swollen antennae, or extra antennae, or legs in place of antennae [...]. The roots of life – the genes – had indeed been struck, and had yielded.*"[117]

Muller sa rozhodol svoje výsledky prvýkrát zverejniť v časopise *Science* v roku 1927 v podobe netradičnej publikácie postrádajúcej akékoľvek dáta. Táto publikácia je však zároveň považovaná za teoretický základ modernej mutačnej teórie a právom patrí do zoznamu klasických genetických experimentov.[118] Mullerova prednáška na piatom Medzinárodnom genetickom kongrese v Berlíne v roku 1927 bola verejným vystúpením, v ktorom bola prvýkrát naznačená možnosť manipulácie s genetickým materiálom. Stala sa míľnikom genetiky a Mullerovi otvorila cestu do Štokholmu. Paradoxne, bol jediný z Morganových žiakov, ktorému sa to podarilo napriek tomu, že sám Morgan mal k Mullerovi veľké výhrady. Snáď aj preto, že podľa všetkého cítil, že ho Muller prerástol. To

---

[116] Citované v Schwartz, J. (2008). In pursuit of the gene. From Darwin to DNA. Harvard University Press. Cambridge, MA, USA.

[117] „Všetky typy mutácií, veľké či malé, škaredé či nádherné, sa objavujú pred očami. Muchy s obrovskými, plochými, či preliačenými očami; muchy s bielymi, ružovými, žltými, alebo hnedými očami; muchy s kučeravými, vlnitými, rozlomenými, jemnými, hrubými, či žiadnymi chlpmi; muchy s napuchnutými tykadlami, alebo tykadlami navyše, alebo nohami namiesto tykadiel [...]. Základy života – gény – boli skutočne zasiahnuté a prejavili sa."

[118] Muller, H.J. (1928). Artificial transmutation of the gene. *Science* 66: 84 – 87.

je však, na rozdiel od objavu mutagénnych účinkov RTG žiarenia, úplná špekulácia.

OTÁZKY NA ZAMYSLENIE

1. Ako by dopadlo kríženie (t. j. aký by bol teoretický pomer pohlaví v skúmavke v generácii F_2) ilustrované na obrázku, ak by ožiarením chromozómu X u samčeka nevznikla recesívne letálna mutácia?
2. Vzhľadom k vašim súčasným vedomostiam o mechanizme účinku RTG žiarenia na DNA, aký typ mutácií bol s najvyššou pravdepodobnosťou indukovaný v Mullerovom experimente?

Luria, S.E., Delbrück, M. (1954). Mutations of bacteria from virus sensitivity to virus resistance. *Genetics* 28: 491 – 511.[119]

Max Ludwig Henning Delbrück
(4. 9. 1906 – 9. 3. 1981) (vľavo)
&
Salvador Edward Luria
(13. 8. 1912 – 6. 2. 1991)[120]

[119] http://www.genetics.org/content/28/6/491.full.pdf+html
[120] http://profiles.nlm.nih.gov/ps/access/QLBBJF_.jpg

KAPITOLA 3.2.
Mutácie vznikajú náhodne I: Fluktuačný test

„Luria and Delbrück did for bacterial genetics what Mendel had done for genetics – namely to show for the first time what kind of experimental arrangements, what kind of data treatment, and above all, what kind of sophistication are required for obtaining meaningful and unambiguous results."[121]

Peter Sherwood
(hovorca *Cold Spring Harbor Laboratory*)[122]

PRE BIOLOGICKÚ EVOLÚCIU MAJÚ MUTÁCIE ZÁSADNÝ VÝZNAM – sú jedným z mechanizmov zabezpečujúcich genetickú variabilitu, ktorá je základom pre rozšírenie repertoáru fenotypov. Z nich prírodný výber (selekcia) vyberá varianty, ktoré sú lepšie adaptované na dané podmienky prostredia, a preto produkujú viac potomkov. Principiálne existujú dve možnosti interakcie prostredia a genotypov. Prvá spočíva v náhodnom generovaní mutácií, druhá v aktívnej participácii prostredia na tvorbe genetických variantov, ktoré sú na toto prostredie adaptované. Lamarck ako prvý formuloval hypotézu, že prostredie riadi tvorbu znakov, ktoré sú pre organizmus prospešné, pričom tieto znaky sa stávajú následne dedičné. Klasickým príkladom tohto spôsobu evolúcie je predstava vzniku dlhého krku žirafy: zviera, ktoré aktívne naťahuje krk, aby dosiahlo na vyššie konáre, tento znak (dlhý krk) prenesie na svojich potomkov. Táto, inak celkom racionálna hypotéza, bola síce Darwinom spochybnená, ale veľmi sa hodila sovietskym ideológom. Umožňovala totiž aktívnym spôsobom riešiť potravinovú krízu, ktorá nastala v Sovietskom zväze v 30. rokoch minulého

---

[121] „Luria a Delbrück urobili pre bakteriálnu genetiku to, čo urobil Mendel pre genetiku – menovite prvýkrát ukázali ako plánovať experiment, ako narábať s dátami a nadovšetko akú sofistikovanosť treba, aby ste získali správne a jednoznačné výsledky."

[122] Stent, G., Calendar, R. (1978). Molecular Genetics – An Introductory Narrative. W. H. Freeman and Company, San Francisco.

storočia. To bol dôvod rýchleho kariérneho postupu agronóma Trofima Denisoviča Lysenka (1898 – 1976), ktorý odmietal nielen mendelovskú genetiku, ale aj Darwinovu evolučnú teóriu a zaslúžil sa o fyzickú likvidáciu celej (medzinárodne uznávanej) sovietskej genetickej školy na čele s Nikolajom Ivanovičom Vavilovom (1887 –1943). Trvalo takmer 30 rokov, kým boli Lysenkove práce v Sovietskom zväze v roku 1964 oficiálne odsúdené.

ROZPOR MEDZI ZÁSTANCAMI NÁHODNÉHO, resp. riadeného vzniku mutácií, nemal iba tento tragický rozmer, ale viedol k sérii pozoruhodných experimentov, z ktorých niektoré sú dnes považované za klasické. Ich cieľom bolo jednoznačne dokázať, či zmeny u organizmov vznikajú v dôsledku náhodných mutácií, ktoré niekedy môžu mať adaptívny charakter, alebo vznikajú adaptáciami, t. j. že prostredie indukuje vznik adaptívnych dedičných zmien. Debatu na túto tému rozvírili aj niektoré pozorovania u baktérie *Escherichia coli*. Štandardný kmeň *E. coli* je citlivý voči virulentnému bakteriofágu T1. Ak je kultúra štandardného kmeňa *E. coli* inokulovaná do média, v ktorom sa v nadbytku nachádza fág T1, väčšina baktérií zahynie. Napriek tomu niekoľko z nich prežije a vytvorí kolónie, ktoré sú rezistentné voči infekcii fágom. Rezistencia voči fágom je dedične podmieneným znakom a je spôsobená zmenou na povrchu bakteriálnej bunky, ktorá bráni väzbe fágových častíc. Podporovatelia adaptačnej teórie argumentovali, že k rezistencii dochádza v dôsledku prítomnosti fága T1 v prostredí. Zástancovia mutačnej teórie oponovali, že mutácie sa vyskytujú náhodne, a preto v hocijakom čase v dostatočne veľkej populácii buniek môžu niektoré bunky zmutovať tak, že sa stanú rezistentnými voči fágovi T1 aj napriek tomu, že sa s fágom nikdy nestretli. V roku 1934 mikrobiológ J. M. Lewis napísal: *„The subject of bacterial variation and heredity has reached an almost hopeless state of confusion... There are many advocates of the Lamarckian mode of bacterial inheritance, while others hold to the view that is essentially Darwinian".*[123] Ešte aj v roku 1942 sa niektorí vedci domnievali, že baktérie nemajú žiadne gény.

SALVADOR LURIA A MAX DELBRÜCK V ROKU 1943 navrhli jednoduchý experiment, ktorý je dnes známy ako fluktuačný test. Tento test znamenal historický míľnik, vďaka ktorému sa podarilo preukázať náhodný pôvod mutácií vedúcich k rezistencii voči fágovi T1.

Max Delbrück sa narodil v Berlíne. Astrofyziku a teoretickú fyziku študoval na Gottingenskej univerzite. Počas doktorandského štúdia sa stretol s Wolfgangom Paulim (1900 – 1958) a Nielsom Bohrom (1885 – 1962), ktorí v ňom vzbudili záujem o biológiu. V roku 1937 odišiel do USA na Kalifornský technologický inštitút, kde začal pracovať s fágmi a stretol sa s Luriom. Viacerí významní biológovia sa zhodujú, že Delbrück bol spolu s Francisom Crickom

---

[123] „Problematika variability a dedičnosti baktérií sa dostala do stavu beznádejného zmätku... Existuje veľa zástancov lamarckovského spôsobu bakteriálnej dedičnosti, zatiaľ čo iní podporujú Darwinove predstavy."

najvplyvnejšou osobnosťou zlatej éry rodiacej sa molekulárnej biológie. Z jeho tzv. fágovej školy vyšlo niekoľko výnimočných vedcov, vrátane Jamesa Watsona. Je však zaujímavé, že v mnohých prípadoch bol Delbrück skeptický k niektorým najdôležitejším objavom, napríklad aj k objavu dvojzávitnicovej štruktúry DNA alebo semikonzervatívneho spôsobu jej replikácie. Možno však práve tento jeho skepticizmus, samozrejme podporený racionálnymi argumentmi, katalyzoval dizajn rigoróznejších experimentálnych testov, ktoré ho nakoniec presvedčili.[124]

Salvador Edward Luria sa narodil v židovskej rodine v Turíne, kde aj dokončil vysokoškolské štúdium medicíny v roku 1935. Medicíne sa však nechcel ďalej venovať. Ovplyvnený myšlienkami Nielsa Bohra a Erwina Schrödingera (1887 – 1961) sa rozhodol pokračovať v štúdiu biofyziky v Ríme. Mal však problémy s matematikou, a preto jeho záujem o biofyziku zostal skôr v amatérskej rovine. Rok strávený s fyzikmi mal však pre neho zásadný vplyv. Ako sám povedal: „...Yet that year among physicists proved to be the critical turning point in my life. It taught me to think a bit in the way physicists do, a way more analytical than the way of biologists".[125] Na jednej strane sa teda naučil myslieť ako fyzik a na strane druhej sa mohol zoznámiť s radiačnou biológiou a prácou Maxa Delbrücka, ktorý už niekoľko rokov pracoval na kvantovom modeli génovej mutácie na základe Mullerových objavov týkajúcich sa indukcie mutácií u drozofíl pomocou RTG žiarenia.[126]

V roku 1938 dostal Luria jednoročné štipendium do USA. Chcel ho stráviť s Delbrückom, ktorý už tiež začal pracovať s fágmi. V tom čase však Mussolini začal zavádzať protižidovské zákony a Luria ako Žid nemohol štipendium dostať. Kvôli politickej situácii v Taliansku sa Luria rozhodol odísť do Paríža a odtiaľ do USA, kde pôsobil na niekoľkých univerzitách. Jeho experimenty a objavy, ktoré urobil, stáli pri zrode molekulárnej biológie a bakteriológie a prispeli k mnohým následným objavom, napr. objavu restrikčných enzýmov. Luria bol známy aj ako vynikajúci pedagóg. Jeho prvým doktorandom bol James Watson, ktorý neskôr, spolu s Francisom Crickom, popísal štruktúru DNA. Luria bol ovplyvnený aj udalosťami v predvojnovom Taliansku, najmä bojom proti fašizmu, a preto celý život bojoval za spravodlivosť a ľudské práva.

AKO TEDA VZNIKLA SPOLUPRÁCA MEDZI LURIOM A DELBRÜCKOM? Delbrück vydal v roku 1935 s Nikolajom Timoféeffom-Ressovskym (1900 – 1981) a Karlom G. Zimmerom (1911 – 1988) článok,[127] ktorý popisoval krivky závislosti množstva

---

[124] Viac informácií o tomto výnimočnom prírodovedcovi je možné nájsť v monografii vydanej pri príležitosti Delbrückových 60. narodenín; Cairns, J., Stent, G.S., Watson, J.D. (1966). Phage and the Origins of Molecular Biology. Cold Spring Harbor Laboratory Press, Cold Spring Harbor, NY.

[125] Roky strávené v spoločnosti fyzikov boli pre môj život kľúčové. Naučil som sa myslieť tak trochu ako fyzici, teda viac analyticky ako zvyknú biológovia.

[126] Kapitola 3.1.

[127] Timoféeff-Ressovsky, N. W., Zimmer, K. G., Delbrück, M. (1935). Über die Natur der Genmutation und der Genstruktur. *Nachrichten von der Gesellschaft der Wissenschaften zu Göttingen: Mathematische Physikalische Klasse, Fachgruppe VI, Biologie* 1: 189 – 245.

mutácií od dávky žiarenia a navrhol kvantový mechanický model, pomocou ktorého by sa dali tieto výsledky prepojiť. Najdôležitejším záverom tejto práce bolo, že ožiarením genetického materiálu dochádza ku „kvantovému posunu", ktorý sa prejaví ako mutácia. V tomto článku autori zmenili koncepciu génu z abstraktnej entity na makromolekulu. Luria bol myšlienkou génu ako molekuly nadšený a začal uvažovať, ako by mohol túto teóriu otestovať. O genetike a biochémii toho veľa nevedel a nebol si istý ako výskum začať. V tom čase bola využívaným modelovým organizmom vínna muška *Drosophila melanogaster*, ale Luria si myslel, že nejaký menší a jednoduchší model by bol vhodnejší. Ideálne by to mal byť organizmus, na ktorom by bolo možné vplyv radiácie zmerať presne, t. j. mal by to byť organizmus s veľkým počtom jedincov, najlepšie mikroorganizmus. A keďže náhoda zohráva v evolúcii významnú úlohu, pomohla aj tu. Pri jednej ceste trolejbusom vedľa neho sedel bakteriológ Geo Rita, ktorý Luriu pozval na návštevu svojho laboratória. Pracoval v ňom s bakteriofágmi – vírusmi, ktoré infikujú baktérie. Luria sa rozhodol použiť tento model na otestovanie Delbrückových hypotéz.

NA VÝROČNOM STRETNUTÍ AMERICKEJ FYZIKÁLNEJ SPOLOČNOSTI v decembri 1940 Luria konečne osobne stretol Delbrücka a dohodli sa na spolupráci. Začali svoje prvé experimenty, v ktorých chceli zistiť, čo sa vlastne deje odvtedy, ako fág napadne bakteriálnu bunku až po uvoľnenie nových fágových častíc. Treba si uvedomiť, že v tom čase ešte nebola známa štruktúra a funkcia DNA, a preto výsledky experimentov bolo ťažké interpretovať. Tieto experimenty znamenali prvý krok k vývinu nového vedného odboru – molekulárnej biológie.

V zime 1941 – 1942 Luria s biofyzikom Thomasom F. Andersonom (1911 – 1991) urobili prvé elektrón-mikroskopické obrázky bakteriofágov. Delbrück sa k nim neskôr pridal a spolu potvrdili ich predchádzajúcu hypotézu o adsorpcii fága a čase, ktorý fág potrebuje na lýzu bunky a uvoľnenie nových fágových častíc. Ukázali tiež, že celý fág nikdy nepreniká do bunky.[128]

LURIA A DELBRÜCK POTOM UPRIAMILI SVOJU POZORNOSŤ na vznik baktérií rezistentných voči fágom. Bakteriológovia si totiž už dávnejšie všimli, že po napadnutí bakteriálnej kultúry fágom zahynie väčšina buniek v priebehu jedného dňa, avšak pár z nich prežije a dá vznik kultúram, ktoré sú voči fágom rezistentné. Nezodpovedanou bola otázka, či k tomu dochádza v dôsledku priameho vplyvu fága na tieto bakteriálne bunky alebo kvôli spontánnej mutácii, ktorá vznikla ešte pred infekciou.[129]

---

[128] Luria, S.E., Anderson, T.F. (1942). The identification and characterization of bacteriophages with the electron microscope. *Proc. Natl. Acad. Sci. USA* 28: 127 – 130; Luria, S.E., Delbrück, M., Anderson, T.F. (1943). Electron microscope studies of bacterial viruses. *J. Bacteriol.* 46: 57 – 77.

[129] To by okrem iného znamenalo, že baktérie by museli mať gény, ktoré zmutovali. V tom čase však niektorí vedci pochybovali, že by baktérie mali chromozómy a sám Luria označil mikrobiológiu ako „*last bastion of Lamarckism*" („poslednú baštu lamarkizmu"; citované v Judson, H.F. (1996). The eighth day of creation:

Ku kľúčovému momentu došlo na fakultnom plese, kde bol jednou z atrakcií hrací automat. Luria si predstavil analógiu medzi hracím automatom a bakteriálnymi mutáciami. Dobre naprogramovaný hrací automat vracia približne 90 % peňazí do neho vložených, ale distribuuje ich veľmi nerovnomerne – vo väčšine prípadov hráč nevyhrá nič, niektorí vyhrajú malé množstvo peňazí a len málo hráčov vyhrá jackpot. Takýto rozdiel vo výsledkoch nemôže byť spôsobený náhodne. Naopak, v prípade nenaprogramovaného hracieho automatu sú výhry náhodné, približne podobné tzv. poissonovskému rozdeleniu náhodných javov. Luria prirovnal množstvo rezistentných baktérií v experimente k očakávaným ziskom z rozdielnych hracích automatov.

Luriova argumentácia bola nasledovná: ak mutáciu spôsobil fág, potom by všetky bakteriálne bunky mali byť rovnako citlivé ešte pred pridaním fága. Rozdielne kultúry by teda po napadnutí fágom mali mať podobné množstvá rezistentných buniek (kolónií) rovnako ako v prípade výhier na nenaprogramovanom hracom automate. Ak sa ale mutácia nachádzala už pred napadnutím fágom, v niektorých kultúrach bude existovať vysokopočetná populácia rezistentných buniek, na druhej strane v niektorých nebudú žiadne rezistentné bunky (**Obrázok 4**). Znamená to, že počet rezistentných kolónií sa bude meniť („fluktuovať") podobne ako výhry na naprogramovanom hracom automate.

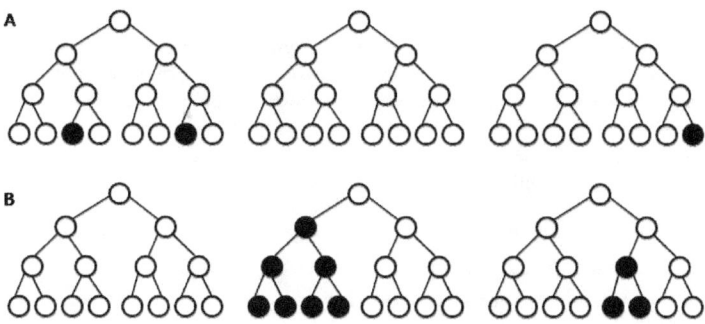

Obrázok 4. Experimentálna stratégia na rozlíšenie pôvodu mutácií. (A) Adaptívne mutácie vyvolané v dôsledku prítomnosti bakteriofága – v každej Petriho miske vznikne približne rovnaký počet rezistentných kolónií. (B) Mutácie vzniknuté spontánne pred selekciou – počet kolónií v Petriho miskách bude rozdielny v závislosti od času, kedy spontánna mutácia vznikla.

Luria okamžite napísal Delbrückovi, ktorý pracoval na matematickom modeli výpočtu mutačnej rýchlosti z pozorovaného počtu mutantov. Ich článok „*Mutations of Bacteria from Virus Sensitivity to Virus Resistance*", v ktorom opísali

The makers of the revolution in biology. (Commemorative Ed.), Cold Spring Harbor Laboratory Press, Cold Spring Harbor, NY, USA).

fluktuačný test, bol publikovaný v časopise *Genetics* a znamenal zrod bakteriálnej genetiky.

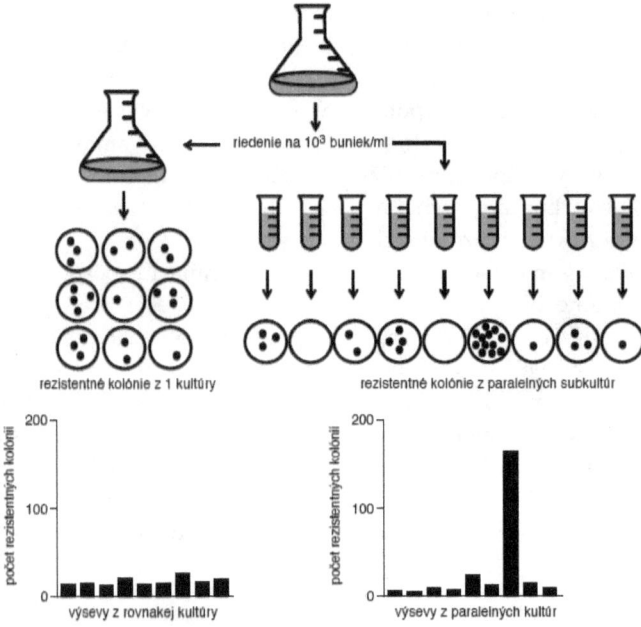

Obrázok 5. Schéma fluktuačného testu. Pôvodná kultúra je nariedená a následne je z nej naočkovaná jedna väčšia subkultúra a viacero menších paralelných subkultúr. Z nich sa na Petriho misky s bakteriofágom T1 vysejú rovnaké množstvá buniek a po inkubácii sa spočíta množstvo rezistentných kolónií na každej miske. V prípade Petriho misiek vysiatych z paralelných subkultúr je možné sledovať väčšie rozdiely v počte rezistentných kolónií (graf vpravo) v porovnaní s miskami vysiatymi z jednej bakteriálnej subkultúry.

SAMOTNÝ EXPERIMENT BOL VEĽMI JEDNODUCHÝ a pozostával z dvoch častí (**Obrázok 5**). Luria a Delbrück najskôr naočkovali bakteriálnu kultúru a nechali ju rozrásť. Z nej vysiali rovnaké množstvá na Petriho misky obsahujúce fág T1 a spočítali počet rezistentných kolónií. Následne celý experiment zopakovali tak, že namiesto jednej bakteriálnej kultúry naočkovali niekoľko paralelných kultúr. Z nich vysiali rovnaké množstvá baktérií na Petriho misky obsahujúce fág T1. Ak by rezistencia voči vírusu nebola podmienená geneticky, ale fyziologickou adaptáciou vyvolanou infekciou fágom T1, potom by každá Petriho miska mala obsahovať približne rovnaký počet rezistentných kolónií, pretože každá bunka má, hoci nízku, predsa však rovnakú pravdepodobnosť vyvinúť si rezistenciu voči fágovi. V takom prípade by počet rezistentných kolónií záležal na počte vysiatych buniek. Naopak, ak by bola rezistencia spôsobená náhodnou mutáciou vzniknutou počas inkubácie pred vysiatím na Petriho misky s fágom T1, každá skúmavka by obsahovala rozdielne množstvo rezistentných buniek. Počet rezistentných buniek by potom závisel od toho, kedy sa mutácia vyskytla

(Obrázok 4). Každá takáto rezistentná bunka na Petriho miske vytvorí samostatnú kolóniu.

ROZDIELY V POČTE REZISTENTNÝCH KOLÓNIÍ medzi jednotlivými kultúrami boli naozaj dramaticky väčšie v paralelných kultúrach ako v prípade misiek z jednej bakteriálnej kultúry. Najjednoduchším vysvetlením týchto rozdielov je, že došlo k náhodnej mutácii, ktorá spôsobila rezistenciu voči fágovi T1. Ak k nej došlo veľmi skoro počas inkubácie, prejavilo sa to veľkým počtom rezistentných kolónií, ak neskôr, narástlo menej rezistentných kolónií, a ak vôbec nedošlo k mutácii, na Petriho miske nenarástli žiadne rezistentné kolónie.

Fluktuačný test nielenže ukázal náhodný pôvod mutácií u baktérií a umožnil zmerať mutačnú rýchlosť s vysokou presnosťou, ale znamenal aj začiatok využívania baktérií v genetickej analýze. Fluktuačný test sa dodnes používa na výpočet mutačnej rýchlosti. Biológ Luria a fyzik Delbrück ukázali, aká prospešná môže byť spolupráca vedcov z rôznych vedných odborov. Za svoje objavy získali Luria a Delbrück spolu s Alfredom Hersheym [130] v roku 1969 Nobelovu cenu za fyziológiu alebo medicínu.

OTÁZKY NA ZAMYSLENIE

1. Každý experiment musí mať kontrolnú vzorku. Ktorý z dvoch variantov (jedna spoločná bakteriálna kultúra alebo viac paralelných kultúr) použili Luria a Delbrück ako kontrolu a prečo?
2. Ako by ste modifikovali experiment Luriu a Delbrücka, keby ste namiesto mutácií vedúcich k rezistencii voči bakteriofágovi T1 sledovali mutácie v géne pre syntézu arginínu?
3. Luria a Delbrück sledovali vo svojom teste spontánne mutácie, ktorých frekvencia je nízka. Ako je možné mutácie cielene indukovať a zvyšovať ich frekvenciu?

---

[130] Kapitola 4.4.

Lederberg, J., Lederberg, E.M. (1954). Replica plating and indirect selection of bacterial mutants. *J. Bacteriol.* 63: 399 – 406.[131]

Esther M. Lederbergová
(18. 12. 1922 – 11. 11. 2006)
&
Joshua Lederberg[132]
(23. 5. 1925 – 2. 2. 2008)

---

[131] http://www.ncbi.nlm.nih.gov/pmc/articles/PMC169282/pdf/jbacter00003-0114.pdf
[132] Esther M. Zimmer Lederberg Memorial Website;
http://www.estherlederberg.com/Q%20JL+EML%20NobelPrize%20ceremony.

KAPITOLA 3.3.
Mutácie vznikajú náhodne II: Pečiatkovacia technika

„I believe I am a person with unusual talents. I think I'd be a liar or stupid if I were to deny that."[133]

Joshua Lederberg[134]

FLUKTUAČNÝ TEST LURIU A DELBRÜCKA [135] bol jedným z prvých presvedčivých dôkazov toho, že mutácie nemajú adaptívnu povahu, ale vznikajú náhodne. V tej dobe išlo o kľúčový experiment, ktorý znamenal definitívne potvrdenie Darwinovej evolučnej teórie, v ktorej rozhodujúcu úlohu zohráva prírodný výber selektujúci z dostupných variantov.

Najmä medzi mikrobiológmi však stále existovali pochybnosti, a preto bolo treba nejakým vhodným spôsobom dokázať neplatnosť Lamarckovej teórie o dedičnosti získaných vlastností. Ďalší dôkaz, že mutácie vznikajú nezávisle od selekcie, poskytli Joshua a Esther Lederbergovci v roku 1952 veľmi elegantným experimentom, ktorý nazvali pečiatkovacia metóda (angl. *replica plating*). Táto metóda im umožnila dokázať, že mutantné bunky rezistentné voči antibiotiku sa v bakteriálnej kultúre nachádzali ešte pred jeho pridaním do kultivačného média.

JOSHUOVI LEDERBERGOVI SA BUDE PODROBNEJŠIE VENOVAŤ kapitola o pohlavnom rozmnožovaní a rekombinácii génov u baktérií. [136] Už ako sedemročný vo svojej domácej úlohe napísal, že by chcel byť ako Einstein a chcel by vo vede niečo objaviť, čo sa mu aj podarilo a roku 1958 získal Nobelovu cenu za objavy týkajúce sa transformácie a organizácie genetického materiálu baktérií.

---

[133] „Som presvedčený, že som neobyčajne talentovaný človek. Myslím, že by som bol klamár alebo hlupák, ak som to popieral."
[134] *21stC: Research at Columbia*, 1995; http://profiles.nlm.nih.gov/ps/retrieve/Narrative/BB/p-nid/29
[135] Kapitola 3.2.
[136] Kapitola 4.2.

V roku 1946 sa oženil s Esther M. Zimmerovou, ich manželstvo vydržalo do roku 1966. O dva roky neskôr sa oženil druhýkrát. Zomrel v roku 2008 na zápal pľúc.

ESTHER MIRIAM ZIMMEROVÁ (LEDERBERGOVÁ) sa narodila v Bronxe v New Yorku. Od malička bola vynikajúcou študentkou. Po skončení strednej školy sa rozhodla študovať biochémiu a genetiku aj napriek varovaniam učiteľov, že vo vede je pre ženy málo možností. V roku 1944 získala štipendium na Stanfordovej univerzite, kde pracovala ako asistentka Georga W. Beadla a spolupracovala s Edwardom Tatumom.[137] Rok 1950 bol jedným z míľnikov jej kariéry, získala doktorát a zároveň objavila bakteriofág lambda. V roku 1946 sa vydala za Joshuu Lederberga. Byť vydatá za takého úspešného vedca nebolo len veľmi stimulujúce, ale znamenalo to aj veľký hendikep. Ako sa píše v nekrológu publikovanom v britskom denníku *The Guardian* – *„She did pioneering work in genetics, but it was her husband who won a Nobel prize."*[138] Kým bola vydatá za Joshuu Lederberga, úspechy jej práce boli pripisované práve jej manželovi.

Stanley Falkow o nej povedal, že bola experimentálne aj metodicky géniom v laboratóriu. Jedinou jej nevýhodou bolo, že bola žena a spolu s inými známymi vedkyňami, akými boli napr. Barbara McClintocková alebo Martha Chaseová[139] to v 50. a 60. rokoch minulého storočia nemali jednoduché. Jej spolupracovník Luigi Luca Cavalli-Sforza po jej smrti napísal: *„Dr. Esther Lederberg has enjoyed the privilege of working with a very famous husband. This has been at times also a setback, because inevitably she has not been credited with as much of the credit as she really deserved. I know that very few people, if any, have had the benefit of as valuable a co-worker as Joshua has had".*[140] Po rozvode v roku 1966 ostala Esther do konca svojej kariéry pracovať na Stanfordovej univerzite. Okrem objavu bakteriofága lambda a pečiatkovacej metódy, spolu s Luigi Cavalli-Sforzom objavila F plazmid.[141] Zomrela v roku 2006 vo veku 83 rokov.

NA ROZDIEL OD INÝCH BIOLOGICKÝCH ODBOROV, v mikrobiológii sa zvyčajne nepracuje s jedným jedincom, ale s populáciou reprezentovanou napríklad kolóniami na Petriho miske. Niekedy je preto potrebné mať na rôznych Petriho miskách kolónie pochádzajúce z tej istej pôvodnej bunky a overiť ich reakciu na rôzne zmeny prostredia, napr. nutričné zmeny alebo zmeny teploty. Otázkou teda bolo, ako získať sériu misiek s kolóniami s rovnakým pôvodom a identicky rozmiestnenými na miske. Niektorí vedci sa na urobenie kópie snažili využiť filtračný papier alebo kovové kefky s krátkymi štetinkami. Iní využívali špáradlá, pomocou ktorých pracne prenášali jednu kolóniu za druhou. A práve vtedy

---

[137] Viď kapitola 4.1.
[138] Je síce autorkou pionierskych prác v genetike, bol to však jej manžel, kto získal Nobelovu cenu.
[139] Kapitola 3.4., resp. 4.4.
[140] „Dr. Esther Lederbergová mala privilégium pracovať s veľmi slávnym manželom. V istých chvíľach to však bola nevýhoda, pretože sa jej nedostalo toľko uznania, ako by si zaslúžila. Poznám veľmi málo ľudí, ak vôbec nejakých, ktorí mali takého cenného spolupracovníka akého mal Joshua."
[141] Kapitola 5.6.

prišla Esther Lederbergová s nápadom, že na urobenie repliky by mohli využiť zamat, pomocou ktorého by urobili odtlačok, t.j. doslova prepečiatkovali kolónie z jednej misky na druhú a získali tak presnú kópiu pôvodnej misky. Sama sa vybrala do obchodu, v ktorom predávali látky a vybrala si niekoľko druhov zamatu, o ktorých si myslela, že by najlepšie vyhovovali jej požiadavkám. Experiment, ktorý Ester a Joshua Lederbergovci spolu uskutočnili, bol, ako väčšina veľkých objavov, v zásade jednoduchý a ľahko reprodukovateľný. Keď sa urobí odtlačok Petriho misky na vysterilizovaný zamat, jemné štetinky látky pôsobia ako malé bakteriologické očká, pomocou ktorých sú bunky prenesené na nové médium.

AKO CELÝ EXPERIMENT PREBIEHAL? Lederbergovci najskôr zriedili bakteriálnu kultúru a vysiali ju na médium v Petriho miskách, ktoré následne inkubovali až pokiaľ jednotlivé bunky nevytvorili na povrchu živného média viditeľné kolónie. Následne urobili odtlačok každej misky na povrch sterilného zamatu pripevneného na valci (**Obrázok 6**). Z každej kolónie sa tak dostalo na zamat niekoľko buniek. Potom na látku jemne pritisli sterilnú misku so selekčným živným médiom, v tomto prípade obsahujúcim streptomycín. Tento postup opakovali s niekoľkými miskami, pričom na každej z nich rástlo približne 200 kolónií. Po následnej inkubácii na selekčnom médiu vyrástli iba kolónie tvorené bunkami rezistentnými voči streptomycínu.

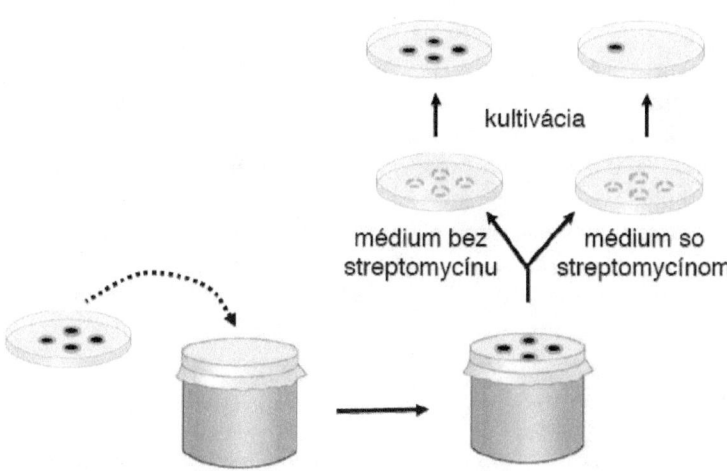

Obrázok 6. Princíp pečiatkovacej metódy. Kolónie narastené na médiu v Petriho miske sa pomocou pečiatky pokrytej zamatom otlačia – prepečiatkujú na médium bez streptomycínu (kontrola) a médium so streptomycínom (selekčné médium). Po vyhodnotení rastu sa identifikujú kolónie z pôvodnej misky, ktoré sú rezistentné voči streptomycínu.

Lederbergovci potom testovali schopnosť pôvodných kolónií (narastených na neselekčných médiach bez streptomycínu) rásť na médiach so streptomycínom. Ich závery jednoznačne ukázali, že kolónie, ktoré rástli aj na selekčných médiach, obsahovali vo väčšine prípadov už na neselekčnom médiu bunky rezistentné voči streptomycínu. Naopak, kolónie, ktoré na selekčných médiach nerástli, obsahovali rezistentné bunky len zriedka (**Obrázok 6**).

Cieľom metódy je teda porovnať pôvodnú Petriho misku s jej kópiou, na ktorej sa zvyčajne nachádza selekčné médium a na základe rastu kolónií získať kolónie s požadovaným fenotypom. Ak sa napríklad bunky z kolónie, ktoré rástli na pôvodnej miske, nebudú deliť na miske, na ktorú bola kolónia prepečiatkovaná, znamená to, že bunky sú citlivé na látku, ktorá sa nachádza v živnom médiu. Najčastejšie fenotypy testované touto metódou zahŕňajú rezistenciu voči antibiotikám alebo auxotrofiu.[142]

Ak mutácie vznikajú náhodne, potom mnoho kolónií, ktoré vyrástli na neselekčných médiach, bude obsahovať viac ako jednu baktériu rezistentnú voči antibiotiku a z tých potom delením môžu vzniknúť ďalšie rezistentné bunky kultúry, ktoré po prenesení vyrastú na selekčnom médiu. Ak by však bola mutácia adaptívnym procesom a mutácie vedúce k streptomycínovej rezistencii by vznikali až po vystavení buniek tomuto antibiotiku, potom by nebolo príliš pravdepodobné, že by už kolónie na neselekčnom médiu, z ktorých po „prepečiatkovaní" vznikli rezistentné kolónie na selekčnom médiu, obsahovali bunky rezistentné voči streptomycínu.

Použitím pečiatkovacej metódy Lederbergovci dokázali existenciu mutantov rezistentných voči streptomycínu v populácii baktérií ešte predtým, než došlo k pôsobeniu antibiotika. Ich výsledky spolu s výsledkami Luriu a Delbrücka [143] dokázali, že podmienky vonkajšieho prostredia neriadia a nespôsobujú genetické zmeny, ale že prostredie iba vyberá už existujúce mutácie, ktoré vytvárajú fenotypy lepšie adaptované na aktuálne prostredie. Pečiatkovacia metóda, ktorú navrhla Esther Lederbergová, tak okrem širokého využitia pomohla rozriešiť jeden z najvýznamnejších problémov modernej biológie.

Otázky na zamyslenie

1. Aké iné fenotypy by bolo možné pomocou tejto techniky testovať okrem auxotrofie a rezistencie voči antibiotikám?
2. Predstavte si, že zopakujete pokus Lederbergovcov, pri ktorom z jednej Petriho misky urobíte viacero paralelných odtlačkov na rovnaké selekčné

---

[142] Neschopnosť buniek syntetizovať esenciálnu látku, čo spôsobuje, že takéto bunky nerastú na minimálnom médiu; viď tiež kapitola 4.2.
[143] Kapitola 3.2.

médium. Aký výsledok by ste očakávali? Vyberte si jeden z nasledujúcich variantov.

A) Na každom selekčnom médiu narastú rovnaké kolónie, t. j. odtlačky budú identické.

B) Na každom selekčnom médiu vyrastú iné kolónie, t. j. odtlačky sa budú líšiť.

Ktorý výsledok by ste očakávali v prípade, že mutácie vznikajú náhodne, a ktorý v prípade, že by mutácie boli vyvolané v dôsledku adaptácie na prostredie? Svoje tvrdenie zdôvodnite.

3. Navrhnite experiment, ktorým by ste pomocou pečiatkovacej techniky izolovali teplotne senzitívne letálne mutanty.

4. Ako zabezpečíte, že v experimente nezískate tzv. falošne negatívne výsledky, t. j. ako odlíšite, že kolónie na replike nenarástli v dôsledku citlivosti voči selekčnému agensu a nie v dôsledku toho, že sa neodtlačili na selekčné médium?

McClintock, B. (1941). The stability of broken ends of chromosomes in *Zea mays*. *Genetics* 26: 234 – 282.[144]

Barbara McClintocková[145]
(16. 6. 1902 – 2. 9. 1992)

[144]http://www.genetics.org/content/26/2/234.full.pdf+html
[145]http://en.wikipedia.org/wiki/Barbara_McClintock

KAPITOLA 3.4.
Chromozómy bez telomér vstupujú do cyklu fúzií a zlomov

„No case was found of the attachment of a piece of one chromosome to the end of another [intact chromosome]."

Barbara McClintocková[146]

MULLER PO OBJAVE MUTAGÉNNEHO ÚČINKU RTG ŽIARENIA [147] zistil, že mutantné mušky vykazovali spektrum genetických abnormalít na úrovni karyotypu, predovšetkým delécie, translokácie a inverzie. Najlogickejšie vysvetlenie mechanizmu týchto cytogenetických zmien spočívalo v tom, že žiarenie indukuje zlomy chromozómov a ich následné fúzie. Pri analýzach karyotypov si Muller všimol, že k fúziám medzi chromozómami nedochádzalo, pokiaľ si zachovali prirodzené konce. Muller sumarizoval tieto výsledky do prednášky, ktorú predniesol vo Woods Hole Marine Biological Laboratory v roku 1938. V prednáške okrem iného zaznelo: *„...the terminal gene must have a special function, that of sealing the end of the chromosome, so to speak, and that for some reason a chromosome cannot persist indefinitely without having its ends thus sealed. This gene may accordingly be distinguished by a special term, the „telomere" (applied myself and Darlington, and by Haldane, independently)".*[148] Muller hypotetizoval, že rozdiel

---

[146] „Nebol nájdený ani jeden prípad, kde by časť jedného chromozómu bola pripojená na koniec iného [intaktného chromozómu]"; McClintock, B. (1931). Cytological observations of deficiencies involving known genes, translocations and an inversion in *Zea mays*. *Mo. Agric. Exp. Res. Stn. Res. Bull.* 163: 4 – 30.

[147] Kapitola 3.1.

[148] „Terminálny gén musí mať špeciálnu úlohu ‚zalepiť' koniec chromozómu a bez tejto ochrany nemá chromozóm možnosť dlhodobo existovať. Tento gén môže byť preto nazvaný termínom ‚teloméra' (nezávisle vymysleným mnou a Darlingtonom, resp. Haldaneom)"; Muller (1938). The remaking of chromosomes. *Collecting Net* 8: 182 – 198. Táto práca bola publikovaná v dnes ťažko dostupnom časopise, preto ako zdroj Mullerových úvah o telomérach slúži zbierka jeho prác *Studies in Genetics: The selected papers of H.J. Muller*, 384 – 408. Indiana University Press, Bloomington. Viď tiež Gall (1995). Beginning of the end: origins of the

medzi terminálnym génom a génmi vo vnútri chromozómu je v tom, že terminálny gén je „unipolárny" (t. j. má susedné gény iba na jednej strane). Podľa Mullera bipolárne gény vo vnútri chromozómu nemôžu byť zmenené na terminálne (unipolárne) jednoduchým zlomom chromozómu pred, alebo za génom.[149]

Termín teloméra (gr. *télos*, koniec; *méros*, časť) Muller vymyslel v zhode s vtedajšou cytologickou terminológiou, ktorá už obsahovala pojmy centroméra a chromoméra.[150] Pritom fakt, že konce chromozómov sú v niečom špeciálne pozoroval už Carl Rabl[151] v roku 1885. Všimol si, že konce chromozómov červa *Ascaris* sú často pripojené na jadrovú membránu, pričom vytvárajú zhluk (angl. *cluster*) na opačnej strane jadra, ako sú interné časti chromozómov (dodnes je táto konfigurácia chromozómov označovaná ako Rablova orientácia (angl. *Rabl orientation*). Ďalší cytogenetici neskôr zistili, že Rablova orientácia chromozómov je u niektorých organizmov typická aj pre prvé meiotické delenie, pri ktorom sú teloméry v zhluku (angl. *telomere cluster*) na jednej strane jadra, čím chromozómy vytvárajú konfiguráciu kytice (angl. *bouquet*). Muller svojimi pozorovaniami oživil záujem o konce chromozómov a pridal im ďalšiu funkciu. Pravdaže, nemal dosť informácií, aby mohol aspoň približne tušiť, na čom sú založené špeciálne vlastnosti telomér, to však neuberá z geniality interpretácie jeho výsledkov.[152]

Zatiaľ čo Mullerove dedukcie o význame koncov chromozómov vychádzali z nepriamych indícií, Barbara McClintocková (1902 – 1992) svojimi precíznymi experimentami dokázala, že teloméry skutočne predstavujú špeciálnu časť chromozómu zabezpečujúcu jeho integritu. McClintocková sa narodila do rodiny lekára ako tretia zo štyroch súrodencov. Pôvodné meno Eleonóra jej rodičia zmenili na Barbara, pretože sa im zdalo príliš jemné pre jej povahu. Od troch rokov žila s príbuznými v Brooklyne, kde skončila strednú školu s ambíciou

---

telomere concept. In: Telomeres (Blackburn, E.H., Greider, C.W., eds), Cold Spring Harbor Laboratory Press, 1 – 10; McKnight, T.D., Shippen D.E. (2004). Plant telomere biology. *Plant Cell* 16: 794 – 803.

Prehľad experimentov vedúcich ku koncepcii teloméry viď Muller, H.J., Herskowitz, I.H. (1954). Concerning the healing of chromosome ends produced by breakage in *Drosophila melanogaster. Am. Naturalist* 88: 177 – 208. Pozri tiež prepis Mullerovej nobelovskej prednášky; http://www.nobelprize.org/nobel_prizes/medicine/laureates/1946/muller-lecture.html): „[...] *it has been possible to show (despite some contrary claims, the validity or invalidity of which cannot be discussed here) that the free end of the chromosome, or* telomere, *constitutes in much material a locally determined distinctive structure."*

[149] Z dnešného pohľadu je to kostrbatá konštrukcia, uvedomme si však, že sa píše rok 1938 a gény sú oveľa abstraktnejším pojmom ako dnes.

[150] Chromoméra, cytologický termín označujúcu malé „hrčky" pozdĺž chromozómu pozorovaného v skorej profáze; podľa niektorých vtedajších cytogenetikov chromoméra zodpovedala jednému génu.

[151] Carl Rabl (1853 – 1917), rakúsky cytológ. Postuloval, že chromozómy nestrácajú svoju identitu, aj keď ich nie je vidno počas celého bunkového delenia; Rabl, C. (1885). Über Zelltheilung, Morphologisches Jahrbuch 10: 214 – 330, citované v Gall, J. (1995). Beginning of the end: origins of the telomere concept. In: Telomeres (Blackburn, E.H., Greider, C.W., eds), Cold Spring Harbor Laboratory Press, 1 – 10.

[152] Je paradoxné, že termín teloméra vyplynul z cytogenetických štúdií na *Drosophila melanogaster*, pričom vínne mušky tvoria jednu z mála výnimiek s veľmi neštandardnými telomérami.

študovať prírodné vedy na Cornellovej univerzite v Ithake v štáte New York. Napriek odporu matky, ktorá sa domnievala, že univerzitné vzdelanie urobí z Barbary „nevydateľnú" ženu sa po intervencii otca na Cornellovu univerzitu nakoniec v roku 1919 dostala. Tu ju ovplyvnil predovšetkým rastlinný genetik Claude B. Hutchinson (1885 – 1980), ktorý ju získal pre doktorandské štúdium a zasvätil ju do tajov genetickej analýzy rastlín. Ešte počas štúdia sa McClintocková podieľala na vytvorení skupiny cytogenetikov, v ktorej figuroval aj neskorší nositeľ Nobelovej ceny George Beadle (1903 – 1989, Nobelova cena 1958).[153] McClintocková optimalizovala metódy vizualizácie chromozómov kukurice a pomocou farbenia karmínom všetkých desať na tú dobu detailne popísala. Ako prvá vizualizovala *crossing-over* medzi homologickými chromozómami v meióze a dokázala jeho vzťah s rekombináciou. Skonštruovala prvú genetickú mapu kukurice, v ktorej lokalizovala niekoľko génov na chromozóme 9. Niekoľko desaťročí pred odhalením funkcie ribozómov objavila organizátor jadierka. Vďaka týmto i ďalším pionierskym výsledkom bola už začiatkom 30. rokov 20. storočia rešpektovanou genetičkou a po niekoľkých krátkodobejších postoch v roku 1941 zakotvila v *Cold Spring Harbor Laboratory*, kde strávila zvyšok svojej kariéry. Tu uskutočnila aj svoj najvýznamnejší a zrejme aj historicky jeden z najdlhšie nepochopených objavov: odhalila transpozóny (mobilné elementy).[154] Nepripravenosť vedeckej komunity na tento objav dokumentuje aj fakt, že Nobelovu cenu zaň dostala až takmer o 40 rokov neskôr.[155]

Význam koncov chromozómov pre ich stabilitu odhalila McClintocková na základe výsledkov dvoch typov analýz. V roku 1931 začala na Missourijskej univerzite spoluprácu s ďalším významným cytogenetikom Lewisom Stadlerom (1896 – 1954), ktorý ju zasvätil do metodológie využívania RTG žiarenia na indukciu chromozómových aberácií. Všimla si, že: „*No case was found of the attachment of a piece of one chromosome to the end of another [intact chromosome]*".[156] Okrem toho neskôr zistila, že po ožiarení buniek RTG lúčmi vznikajú kružnicové chromozómy (angl. *ring chromosomes*), z čoho, podobne ako Muller,

---

[153] Kapitola 4.1.

[154] Kapitola 3.5.

[155] Prečo to tak bolo sa snažilo odhaliť viacero historikov, napr. Nataniel Comfort upozorňuje, že v práci, v ktorej predstavila koncepciu transpozónov (McClintock (1950). The origin and behavior of mutable loci in maize. *Proc. Natl. Acad. Sci. USA* 36: 344 – 355) nie sú v texte uvedené žiadne výsledky s odôvodnením, že „[...] *data [from her studies] were so extensive that no short account would give sufficient information to prepare the reader for an independent judgment of the nature of the phenomenon. It is realized that this is unfortunate*". „[...] dáta [z jej štúdií] boli také rozsiahle, že jej neumožnili poskytnúť čitateľovi stručný prehľad najdôležitejších zistení a tak ho pripraviť na jeho vlastnú nezávislú interpretáciu fenoménu. Bolo zrejmé, že to nie je najšťastnejšie", píše Comfort (Comfort N. (1999). „The real point is control": The reception of Barbara McClintock's controlling elements. *J. History Biol.* 32: 133 – 162).

[156] McClintock (1931). Cytological observations of deficiencies involving known genes, translocations and an inversion in *Zea mays. Mo. Agric. Exp. Res. Stn. Res. Bull.* 163: 4 – 30; citované v Blackburn (2006). A history of telomere biology. *In*: Telomeres, 2nd Edition (de Lange, T., Lundblad, V., Blackburn, E.H., eds), Cold Spring Harbor Laboratory Press, Cold Spring Harbor, NY, 1 – 19.

hypotetizovala, že na koncoch chromozómov musia byť prítomné špecializované štruktúry, ktoré takýmto fúziám zabraňujú.

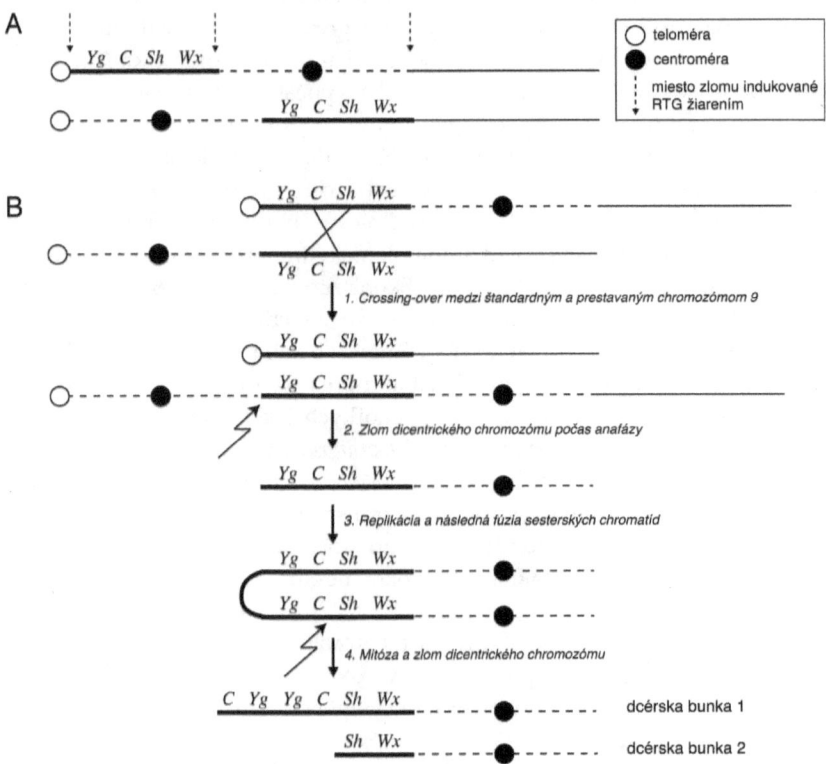

Obrázok 7. Strata telomér vedie k vstupu chromozómu do cyklu *breakage – fusion – bridge* **(BFB).** (A) Štandardný chromozóm 9 (horný riadok) bol vplyvom RTG žiarenia u jednej z mutantných línií kukurice prestavaný. Výsledkom prestavby bola inverzia časti chromozómu nesúca gény *Yg, C, Sh* a *Wx*, ktoré sa dostali na opačnú stranu centroméry. Prerušované šípky naznačujú miesta zlomu. (B) *Crossing-over* medzi štandardným a prestavaným chromozómom 9 vedie k tvorbe acentrického a dicentrického chromozómu *(1)*. Dicentrický chromozóm sa v anafáze zlomí *(2)* a sesterské chromatidy bez teloméry sú náchylné na fúziu *(3)*, ktorej výsledkom je opäť dicentrický chromozóm, ktorý sa môže zlomiť *(4)*. Vyznačené sú dominantné alely markerových génov. McClintocková pozorovala BFB sledovaním prejavov recesívnych aliel v semenách (*c, sh, wx*) alebo v dospelých rastlinách (*yg*). Fakt, že gén *Yg* nevykazoval u rastlín variegáciu (vytváranie sektorov na endosperme) McClintocková interpretovala schopnosťou zygoty nechránený koniec chromozómu „zahojiť" (viď text).[157]

Š**PECIÁLNY CHARAKTER KONCOV CHROMOZÓMOV** McClintocková odhalila pomocou jej obľúbeného experimentálneho systému založeného na krížení

[157] Podľa McKnight, T.D., Shippen D.E. (2004). Plant telomere biology. *Plant Cell* 16: 794 – 803.

štandardnej línie kukurice s líniou obsahujúcou preusporiadaný chromozóm 9. Mutantný chromozóm 9 obsahoval segment, ktorý bol translokovaný z jednej strany centroméry na druhú (**Obrázok 7**) a bol získaný Harrietou Creightonovou, doktorandkou McClintockovej ešte z čias jej pôsobenia na Cornellovej univerzite. *Crossing-over* v postihnutej oblasti medzi mutantným a štandardným chromozómom vedie k tvorbe dicentrického chromozómu a acentrického fragmentu (**Obrázok 7**). Ak sú dve centroméry na dicentrickom chromozóme pripojené na opačné póly mitotického vretienka, spôsobujú v anafáze vytvorenie mostíka (angl. *anaphase bridge*), ktorý je pred jej ukončením roztrhnutý v náhodnom mieste. Následne dochádza v mieste zlomu k opätovným fúziám a tvorbe dicentrických chromozómov. Tento opakovaný proces, dodnes označovaný ako cyklus zlom-fúzia-mostík (angl. *breakage – fusion – bridge* (BFB)), je jednou z príčin nestability genómu, ktorá je pozorovaná pri mnohých patologických stavoch vrátane nádorových buniek. McClintockovú zaujímalo, či cyklus BFB môže prebiehať donekonečna. Aby zodpovedala túto otázku, umiestnila krížením chromozóm 9 s translokáciou do genetického pozadia s recesívnymi alelami génov podmieňujúcich sfarbenie rastliny (*yellow green, yg*) a charakteristiky semien (*waxy endosperm, wx; colored aleurone, c; shrunken endosperm, sh* [158]), pričom tieto gény sa nachádzajú medzi centromérami dicentrického chromozómu. Každý zlom v tejto oblasti bude viesť k strate dominantnej alely v jednej z dcérskych buniek, čím sa „odhalí" recesívna alela. Pomocou tohto experimentálneho systému mohla McClintocková sledovať cyklus BFB v mnohých rastlinách v priebehu niekoľkých generácií. Všimla si, že endosperm vždy obsahoval sektory (fenomén označovaný ako variegácia), v ktorých sa prejavovali recesívne alely príslušných génov (*wx, c, sh*), čo naznačovalo, že cyklus BFB prebiehal počas celého vývinu tohto extraembryonálneho pletiva. Na druhej strane, ani embryá, ani dospelé rastliny nevykazovali variegáciu v lokuse *Yg*. Žiadna zo zelených rastlín, ktoré si zachovali dominantnú alelu *Yg*, nevykazovala *yg* sektory. Tieto výsledky ukazovali, že ak zygota získala dominantnú alelu *Yg*, táto sa nikdy nestratila počas ďalšieho vývinu rastliny. McClintocková hypotetizovala, že hoci zygota obsahovala dicentrický chromozóm, akonáhle sa tento zlomil po fertilizácii, novovzniknuté konce sa správali ako prirodzené konce chromozómov a boli odolné voči fúzii. Fenomén, ktorý zabraňuje BFB cyklu vo vyvíjajúcom sa embryu, nazvala „hojenie chromozómu" (angl. *chromosome healing*).[159] Konkrétne napísala: *„(1) If a chromosome, broken at the previous meiotic anaphase, is delivered to*

---

[158] Detailná charakteristika fenotypu mutantov viď kapitola 3.5.

[159] McClintock (1941). The stability of broken ends of chromosomes in *Zea mays. Genetics* 26: 234 – 282; McClintocková pokračovala v analýze BFB cyklov u kukurice a snažila sa ich využiť na vytvorenie delečnej mapy krátkeho ramienka chromozómu 9. Zistila, že na rozdiel od niektorých znakov, ktoré vykazovali rovnakú stabilitu ako *Yg*, vo viacerých prípadoch dostávala u dospelých rastlín variegáciu porovnateľnú s variegáciou pôvodne pozorovanou iba na úrovni endospermu. Tieto výsledky ju naviedli na objav mobilných elementov, za ktorý dostala v roku 1983 Nobelovu cenu za fyziológiu alebo medicínu (kapitola 3.5.).

the primary endosperm nucleus through either the male or the female gametophyte, the breakage – fusion – bridge cycle will continue in the successive nuclear divisions during the development of the endosperm tissues. (2) A similarly broken chromosome delivered to the zygote nucleus by either the sperm or the egg does not give to bridge configurations in successive nuclear divisions in the sporophytic tissues. The broken end heals. There is a complete cessation of the breakage – fusion – bridge cycle."[160]

McCLINTOCKOVÁ PRAVDAŽE NEMALA ŠANCU ZISTIŤ, ako k hojeniu chromozómov dochádza, správne však predpokladala, že musí existovať mechanizmus, ktorý zabráni opakovanému BFB cyklu v postzygotickej bunkovej línii. Dokonca predpovedala, že: *„[a single broken chromosome becomes healed] during the reproductive cycle of the chromosome [and that] experiments should be focused on this period".*[161] Písal sa však rok 1942, McClintocková nemohla nič tušiť o replikácii DNA a o tom, že prebieha v definovanej fáze bunkového cyklu (*reproductive cycle of the chromosome* je v súčasnej terminológii S fáza). Jednoducho, na odhalenie molekulárnej podstaty tohto mechanizmu bolo potrebných ďalších vyše 40 rokov výskumu. O to sú McClintockovej interpretácie obdivuhodnejšie.

OTÁZKY NA ZAMYSLENIE

1. Prečo RTG žiarenie s vysokou frekvenciou vedie k chromozómovým prestavbám typu inverzií a translokácií?
2. V kontexte dnešných znalostí o telomérach navrhnite, akým spôsobom mohlo v zygote dôjsť k „hojeniu" nechránených koncov chromozómov.

---

[160] „(1) Ak je chromozóm, zlomený v anafáze predchádzajúcej meiózy, prenesený do jadra primárneho endospermu prostredníctvom samčieho alebo samičieho gametofytu, cyklus BFB bude pokračovať do ďalšieho delenia jadra počas vývinu pletív endospermu. (2) Podobne zlomený chromozóm prenesený do jadra zygoty spermiou alebo vajíčkom však nebude vytvárať mostíky v nasledujúcich deleniach jadier v sporofyte. Zlomený koniec je ‚zahojený'. Cyklus BFB je úplne zastavený."

[161] Experimenty v nasledujúcom období by mali byť zamerané na porozumenie spôsobu, ako dochádza k hojeniu zlomeného chromozómu; McClintock (1942 – 1943). Maize genetics. *Carnegie Inst. Wash. Year Book* 42: 148 – 152, citované v: Blackburn (2006). A history of telomere biology. *In*: Telomeres, 2nd Edition (de Lange, T., Lundblad, V., Blackburn, E.H., eds), Cold Spring Harbor Laboratory Press, Cold Spring Harbor, NY, 1 – 19. Hoci „hojenie" (*healing*) koncov zlomeného chromozómu vytvorením novej teloméry predpokladal aj Muller u *D. melanogaster* (Muller, H.J., Herskowitz, I.H. (1954). Concerning the healing of chromosome ends produced by breakage in *Drosophila melanogaster*. *Am. Naturalist* 88: 177 – 208), ani v polovici 70. rokov nebola medzi cytogenetikmi zhoda v tom, či musí byť na konci chromozómu vytvorená špeciálna štruktúra *de novo* (pozri napr. Roberts, P.A. (1975). In support of the telomere concept. *Genetics* 80: 135 – 142).

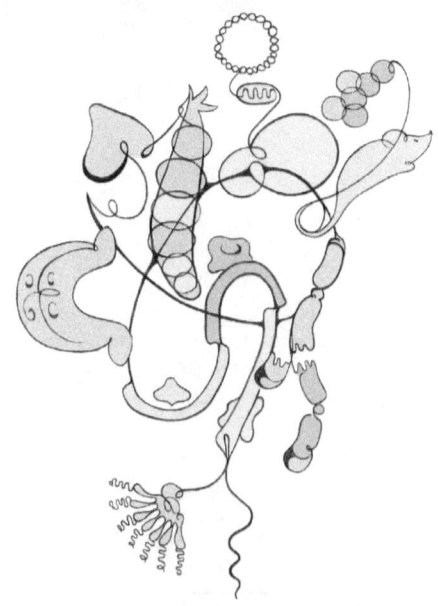

McClintock, B. (1951). Mutable loci in maize. *Carnegie Institution of Washington Yearbook* 50: 174–181.[162]

Barbara McClintocková[163]
(16. 6. 1902 – 2. 9. 1992)

Niektoré genetické elementy sa dokážu premiestňovať

„We are sadly ignorant of the organization of the chromosome and of the possible types of changes in this that may occur to the chromosome as a whole or at the locus level. We are beginning to learn of some types of change and these are producing surprises. I am convinced that we should expect some startling surprises in the future."

Barbara McClintocková[164]

ZAČIATOK PÄŤDESIATYCH ROKOV DVADSIATEHO STOROČIA bol začiatkom zlatého obdobia molekulárnej biológie. V roku 1953 mali Watson a Crick zverejniť svoj model štruktúry DNA, čo malo veľmi rýchlo viesť k objasneniu procesov prebiehajúcich na ceste od génu k proteínu a v najbližších dvoch desaťročiach mali molekulárni biológovia za svoju prácu zožať niekoľko Nobelových cien. Pár rokov predtým však ešte nič z toho nebolo jasné. V roku 1944 Oswald Avery, Colin MacLeod a Maclyn McCarty dokázali, že DNA prenáša genetickú informáciu do ďalších generácií.[165] Biológovia však málokedy opúšťajú svoje predstavy s ľahkým srdcom, a keďže v súlade s dobovou paradigmou mnohí z nich považovali DNA za príliš jednoduchú na to, aby mohla byť nositeľkou genetickej informácie, tento objav bol prijatý s veľkou dávkou skepticizmu. Koncom štyridsiatych rokov teda DNA ešte stále čakala na svoju slávu, ktorú jej mali svojimi experimentami priniesť Alfred Hershey a Martha Chaseová v roku 1952.[166] Zatiaľ zostávalo dedičstvo Thomasa Hunta Morgana – kríženie jedincov

---

[164] „Je smutné, ako veľa toho nevieme o organizácii chromozómov a o možných typoch zmien, ktoré môžu vznikať v rámci celých chromozómov, ale aj na úrovni lokusov. Začíname chápať niektoré typy zmien a tie sú prekvapivé. Som presvedčená, že v budúcnosti by sme mali čakať zopár poriadnych prekvapení." Barbara McClintocková v liste kolegovi. http://profiles.nlm.nih.gov/ps/retrieve/Narrative/LL/p-nid/49
[165] Kapitola 4.3.
[166] Kapitola 4.4.

a pozorovanie chromozómov pod mikroskopom – najlepším nástrojom na štúdium genetiky.

Kým slávna Morganova pracovná skupina vo *Fly Room* uviedla ako kľúčový genetický modelový organizmus drozofilu,[167] významným modelom rastlinných genetikov bola kukurica. Na pokusy s krížením ju používal už Gregor Johann Mendel,[168] ktorý na tomto modelovom organizme overoval svoje výsledky s krížením hrachu. Carl Correns a Hugo de Vries, ktorí Mendelove zistenia objavili začiatkom dvadsiateho storočia, tiež využili kríženie kukurice – aby potvrdili to, čo Mendel zistil tridsať rokov pred nimi.[169] Genetiku kukurice po nich skúmalo hneď niekoľko ľudí, ale najvýznamnejšie objavy priniesli Edward Murray East (1879 – 1938), Herbert Kendall Hayes (1884 – 1972) a Rollins Adams Emerson (1873 – 1947). Len pár rokov po znovuobjavení Mendelových princípov objavili hneď niekoľko génov zodpovedajúcich za sfarbenie kukuričných zŕn a ich častí, za trpasličí vzrast rastlín alebo za tvorbu nezvyčajných ružových alebo bielych pásov na listoch kukurice. Medzi inými sa pokúsili vysvetliť aj jeden záhadný fenomén – nepravidelnú tvorbu farebných sektorov na niektorých zrnách. Emerson sa pokúsil oprieť vysvetlenie o predpoklad, že niektorý z génov zodpovedajúcich za pigmentáciu zŕn má výnimočne variabilnú alelu, ktorá jednoducho mutuje, a preto k rovnakej zmene farbiva dochádza často v rôznych bunkách.[170] Nemohol tušiť, že na správne vysvetlenie príde o niekoľko desaťročí jeho spolupracovníčka Barbara McClintocková, a že nebude ľahké presvedčiť o jeho význame ostatných genetikov.

BARBARA MCCLINTOCKOVÁ BOLA V ROKU 1944 už rešpektovanou vedkyňou. Vzdelaním botanička sa počas svojho pobytu v skupine R. A. Emersona na Cornellovej univerzite stala expertkou na cytogenetiku. Mala za sebou mapovanie chromozómov kukurice, prvý cytologický opis priebehu meiotickej rekombinácie a zistenie, že na koncoch chromozómov sa nachádzajú štruktúry zabraňujúce ich fúzii.[171] V tej dobe získala trvalé miesto v *Cold Spring Harbor Laboratory*. V roku 1944 bola zvolená do Národnej akadémie vied (*National Academy of Sciences*) a v roku 1945 sa mala stať, ako prvá žena v histórii, prezidentkou Americkej genetickej spoločnosti (*Genetics Society of America*). Práve v tomto období sa začala venovať výskumu, ktorého výsledky mali zmeniť pohľad genetikov na stabilitu genetickej informácie.

---

[167] Kapitola 2.3.
[168] Kapitola 2.1.
[169] Kapitola 2.2.
[170] Emerson svoje zistenia popísal v článku z roku 1917: Genetical studies of variegated pericarp in maize. *Genetics.* 2: 1 – 35. O tom, že jeho závery nemali príliš ďaleko od objavu, ktorý neskôr urobila Barbara McClintocková a o iných významných míľnikoch v genetike kukurice sa zmieňuje Edward H. Coe Jr. vo svojom článku z roku 2001: The origins of maize genetics. *Nat. Rev. Genet.* 2: 898 – 905.
[171] Kapitola 3.4.

V rámci experimentov, pri ktorých využívala *breakage – fusion – bridge* (BFB) cyklus na štúdium génov kukurice[172] si Barbara McClintocková v zime 1944 všimla, že mnohé klíčiace rastlinky majú panašované (viacfarebné) listy, [173] a navyše, vzory panašovania a intenzita tvorby chlorofylu sa medzi jednotlivými rastlinkami odlišujú. Rozdiely sa objavili dokonca aj v rámci jedného listu, takže sa nedali vysvetliť inak, iba ako dôsledky rozdielov medzi bunkami, ktoré by po mitóze mali byť navzájom identické. McClintocková, presvedčená o tom, že je na stope zaujímavého objavu, zamerala svoj výskum na tento novo pozorovaný fenomén. Čoskoro sa ukázalo, že gény súvisiace so syntézou chlorofylu nie sú jediné, u ktorých dochádza k týmto podivným zmenám vo fenotype. McClintocková nazvala takéto gény mutabilnými lokusmi (angl. *mutable loci*) a začala hľadať faktor, ktorý zmeny v prejave týchto mutabilných lokusov spôsobuje.

Mnohé gény, ktoré McClintocková klasifikovala ako mutabilné lokusy, súviseli nejakým spôsobom so sfarbením alebo textúrou aleurónovej vrstvy, teda najvrchnejšej vrstvy zrna, ktorá obsahuje množstvo škrobu. Okrem nich bol takýmto génom aj takzvaný *Ds* (*Dissociation*) lokus. Meno dostal podľa toho, že v bunkách a pletivách, kde bol aktivovaný, spôsoboval disociáciu, teda zlomenie a chromozómovú prestavbu chromozómu 9, na ktorom sa nachádzal. Aktivácia lokusu *Ds* závisela od prítomnosti ďalšieho génu. Tento dostal meno *Ac* (*Activator*) a pri nasledujúcich kríženiach sa ukázalo, že kontroluje nielen zmeny prejavu lokusu *Ds*, ale aj viacerých ostatných mutabilných lokusov. Netrvalo dlho a Barbara McClintocková si všimla, že chromozómové prestavby spôsobené lokusom *Ds* a iné zmeny prejavov mutabilných lokusov – napríklad zmena pigmentácie zrna – sa objavujú spoločne. Okrem toho sa prekvapivo ukázalo, že *Ds* nezostáva na rovnakom mieste, ale je schopný presunu na iné miesto na chromozóme – fenomén, ktorý sama McClintocková nazývala transpozícia.

Kombinácia cytogenetických metód (pozorovanie zafarbených chromozómov v mikroskope) a genetického kríženia viedli k podozreniu, že je to práve lokus *Ds*, ktorý sa presúva z jedného miesta na druhé a ovplyvňuje aktiváciu alebo inaktiváciu ostatných mutabilných lokusov. Toto podozrenie podporovali aj pokusy s génom *C*, ktorý je zodpovedný za tvorbu antokyánov v aleurónovej vrstve (*C – colored aleurone*). Potom, ako sa element *Ds* presunul do lokusu *C*, čo bolo potvrdené cytogenetickým pozorovaním chromozómovej prestavby, bol lokus *C* inaktivovaný a pletivo, kde k transpozícii došlo, zmenilo farbu. McClintocková potvrdila aj to, že inaktivácia lokusu *C* je vratná – obnovenie funkcie alely *C* (sfarbenie aleurónu) sa vyskytovalo spoločne s vymiznutím aktivity *Ds* z lokusu *C*.[174] Faktory *Ac* a *Ds*, ktoré opísaným

---

[172] Kapitola 3.4.
[173] Vyčerpávajúco o panašovaní listov viď kapitola 6.1.
[174] McClintock, B. (1950). The origin and behavior of mutable loci in maize. *Proc. Natl. Acad. Sci. USA* 36: 344 – 355.

spôsobom riadili fenotypový prejav mnohých iných génov kukurice, začala McClintocková nazývať kontrolné elementy (angl. *control elements*).

Barbara McClintocková vedela, že teória o génoch, ktoré sa v genóme presúvajú a ovplyvňujú tým prejav iných génov, bude pravdepodobne prijatá veľmi opatrne, resp. odmietnutá. Dovtedy boli gény vo viacerých organizmoch mapované na základe predpokladu, že sú na chromozómoch uložené lineárne a génové poradie sa nemení, nanajvýš ako dôsledok chromozómových prestavieb. McClintocková v roku 1950 predvídavo vyhlásila: *„You can see why I have not dared publish an account of this story. There is so much that is completely new and the implications are so suggestive of an altered concept of gene mutation that I have not wanted to make any statements until the evidence was conclusive enough to make me confident of the validity of the concepts."*[175]

PRVÁ PUBLIKÁCIA O KONTROLNÝCH ELEMENTOCH, ktoré sa presúvajú medzi lokusmi a kontrolujú fenotypové prejavy iných génov, vyšla v roku 1950. V roku 1951 McClintocková svoje výsledky a teóriu predstavila na výročnom sympóziu v Cold Spring Harbor. Pri tejto príležitosti predstavila publiku pôsobivý príklad prejavu *Ac/Ds* systému – výsledky kríženia jedincov kukurice, ktorí niesli *Ds* lokus vložený medzi gény ovplyvňujúce charakteristiky kukuričného zrna (**Obrázok 8**).

Nie je celkom jasné, ako túto McClintockovej prednášku, jej výsledky a najmä závery prijali genetici prítomní na konferencii – interpretácie prítomných sa v tomto bode líšia. Nie je tiež isté, či to bolo spôsobené zložitosťou témy alebo nepripravenosťou vedeckej komunity, po prednáške však nezazneli nijaké otázky. Podobný príspevok predniesla na rovnakej pôde aj v rokoch 1953 a 1956, opäť bez väčšieho úspechu. McClintockovú to na najbližšie roky odradilo od publikovania výsledkov v oblasti genetiky kontrolných elementov, aj keď na ich skúmaní neprestala pracovať. Počas šesťdesiatych a sedemdesiatych rokov, keď McClintocková pracovala na mapovaní odrôd a pôvodu kukurice v Južnej Amerike, sa kontrolné elementy, po novom už nazývané mobilné elementy alebo transpozóny, našli aj u vírusov, baktérií a kvasiniek a vedci začali lepšie rozumieť tomu, aký univerzálny je fenomén transpozície, prvýkrát pozorovaný McClintockovou u kukurice. V roku 1981, vyše tridsať rokov po objave a jeho prezentácii skeptickému publiku, bol jej objav mobilných genetických elementov ocenený Nobelovou cenou za fyziológiu alebo medicínu.

---

[175] „Chápete, prečo som sa neodvážila publikovať tento príbeh. Je v ňom tak veľa nového a dôsledky tak veľmi podporujú zmenu konceptu génových mutácií, že som nechcela robiť žiadne závery, kým dôkazy neboli dostatočne presvedčivé, aby som si mohla byť istá platnosťou tohto konceptu";
http://profiles.nlm.nih.gov/ps/retrieve/Narrative/LL/p-nid/49

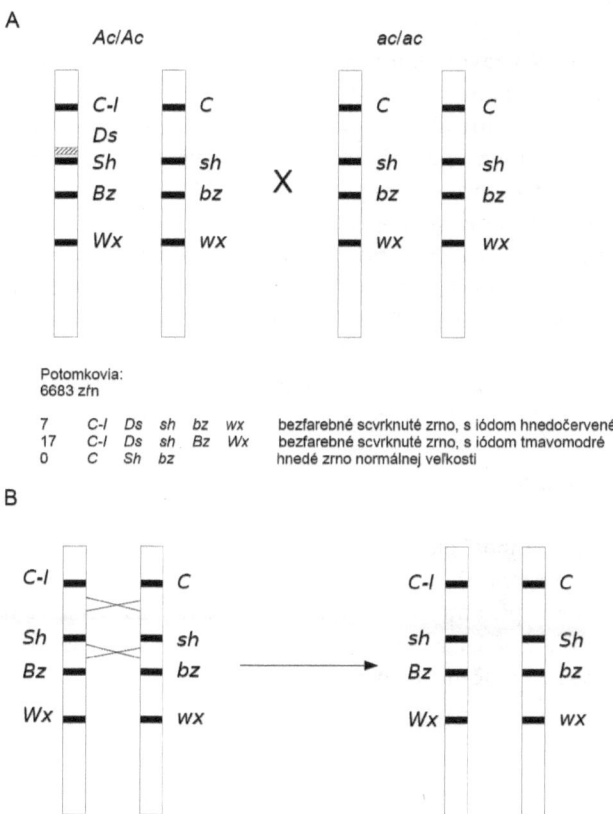

Potomkovia:
6683 zŕn

7	C-I	Ds	sh	bz	wx	bezfarebné scvrknuté zrno, s iódom hnedočervené
17	C-I	Ds	sh	Bz	Wx	bezfarebné scvrknuté zrno, s iódom tmavomodré
0	C	Sh	bz			hnedé zrno normálnej veľkosti

Obrázok 8. Inzercia Ds faktora spôsobuje instabilitu prejavu lokusu Sh a závisí od prítomnosti faktora Ac. Zobrazené gény, ktoré ležia za sebou na chromozóme 9, sú C (gén zodpovedný za hnedý pigment v zrnách, dominantná alela C – I podmieňuje bezfarebné zrno), Sh (Shrunken, sh alela podmieňuje zakrpatený vzhľad zrna), Bz (bronze, v dominantnom stave Bz podmieňuje zmenu hnedého farbiva na fialové) a Wx (waxy, podmieňuje tvorbu škrobu, v dominantnom stave sa zrná farbia pri použití Lugolovho roztoku na tmavomodro, pri recesívnom stave alely (wx) sa farbia na hnedočerveno). **A.** Jedinec heterozygotný vo všetkých pozorovaných lokusoch, nesúci faktory Ac aj Ds, bol krížený s jedincom homozygotne recesívnym vo všetkých pozorovaných znakoch, ktorý navyše nemal ani jeden kontrolný faktor. Vo výsledkoch štiepenia McClintocková našla 24 zŕn, u ktorých sa zároveň prejavila alela C – I (bezfarebná aleurónová vrstva) aj alela sh (scvrknuté zrno). To sa dá vysvetliť buď crossing-overom medzi lokusmi C a Sh alebo tým, že kontrolný faktor Ds zabraňuje prejavu alely Sh. **B.** Dvojitý crossing-over nutný pre vysvetlenie fenotypu pozorovaného pre C – I Ds sh Bz Wx (zrná typu 2) by musel viesť aj ku vzniku genotypu C Sh bz – takéto potomstvo sa však v krížení neobjavilo. Vysvetlením pozorovaného fenoménu teda musí byť inhibičný vplyv faktora Ds na vedľajší lokus Sh. Tento predpoklad bol testovaný aj opakovaním kríženia s rastlinami, ktoré mali na všetkých pozorovaných lokusoch rovnaký genotyp, ako rodičia na obrázku – okrem toho, že ani jeden z rodičov nemal faktor Ac. V ich potomstve neboli pozorované žiadne zrná typu 2. (V skutočnosti existuje ešte jedno možné vysvetlenie objavenia sa zŕn typu 2 – pozri Otázky na zamyslenie.)[176]

---

[176] McClintock, B. (1951). Mutable loci in maize. Carnegie Institution of Washington Yearbook 50: 174–181.

Dôvody, prečo závery Barbary McClintockovej neboli prijaté skôr, nie sú zrejmé – viacerí významní vedci tej doby sa zhodujú, že jej výsledky boli dôveryhodné, a že dôvodom bola možno viera, že McClintocková ich neinterpretuje správnym spôsobom.[177] Možno to však bude súvisieť s tým, čo sama Barbara McClintocková napísala v roku 1973 rastlinnému genetikovi Oliverovi Nelsonovi: *„Over the years I have found that it is difficult if not impossible to bring to consciousness of another person the nature of his tacit assumptions when, by some special experiences, I have been made aware of them. This became painfully evident to me in my attempts during the 1950s to convince geneticists that the action of genes had to be and was controlled. It is now equally painful to recognize the fixity of assumptions that many persons hold on the nature of controlling elements in maize and the manners of their operation. One must await the right time for conceptual change."*[178]

OTÁZKY NA ZAMYSLENIE

1. Dala by sa prítomnosť alely *Sh* v experimente na Obrázku 8 overiť aj vhodne navrhnutým krížením?
2. Ako vysvetlenie prítomnosti zŕn typu 2 v potomstve z kríženia na Obrázku 8 by do úvahy prichádzala aj opakovaná mutácia v *Sh* lokuse. Aká kontrola by bola vhodná na vylúčenie tejto možnosti?

---

[177] Spangenburg, R., Moser, D.K. (2009). Barbara McClintock. Infobase Publishing.
[178] „V priebehu všetkých tých rokov som zistila, že je ťažké, ak nie nemožné, presvedčiť niekoho o povahe jeho zamlčaných predpokladov, pokiaľ som si ju vďaka nejakým špeciálnym okolnostiam uvedomila. Počas päťdesiatych rokov, keď som sa snažila genetikov presvedčiť, že prejavy génov musia byť kontrolované, som si túto skutočnosť bolestivo uvedomovala. Teraz je pre mňa rovnako bolestivé zistiť, že s rovnakou názorovou rigiditou sú mnohí presvedčení o podstate a fungovaní kontrolných elementov v kukurici. Človek si musí počkať na čas vhodný na koncepčnú zmenu."

4. Mikroorganizmy ako model pre štúdium molekulárnych základov dedičnosti

Beadle, G.W., Tatum, E.L. (1941). Genetic control of biochemical reactions in *Neurospora*. *Proc. Natl. Acad. Sci. USA* **27**: 499 – 506.[179]

George Wells Beadle[180]   Edward Lawrie Tatum[181]
(22. 10. 1903 – 9. 6. 1989)   (14. 12. 1909 – 5. 11. 1975)

[179] http://www.pnas.org/content/27/11/499
[180] http://en.wikipedia.org/wiki/George_Wells_Beadle; podrobnejší text o jeho vedeckom diele je možné nájsť v publikácii Horowitz, N.H., Berg, P., Singer, M., Lederberg, J., Susman, M., Doebley, J., Crow, J.F. (2004). A centennial: George W. Beadle, 1903 – 1989. *Genetics* 166:1 – 10.
[181] http://en.wikipedia.org/wiki/Edward_Lawrie_Tatum

KAPITOLA 4.1.
Gény kontrolujú biochemické reakcie

„It is sometimes thought that the Neurospora work was responsible for the one gene – one enzyme hypothesis – the concept that genes in general have single primary functions, aside from serving an essential role in their own replication, and that in many cases this function is to direct specificities of enzymatically active proteins. The fact is that it was the other way around – the hypothesis was clearly responsible for the new approach."

George W. Beadle[182]

FRANCÚZSKY BIOLÓG LUCIEN CUÉNOT (1866 – 1951) ako prvý potvrdil, že Mendelove pravidlá dedičnosti platia aj pre cicavce. Z výsledkov jeho experimentov vyplynulo, že zafarbenie srsti myší je dedičné a rozdielne pigmenty sú vytvárané z rovnakého prekurzora pomocou aktivity odlišných enzýmov. V roku 1903 publikoval pioniersku prácu, ktorá spojila teóriu mendelovskej genetiky s chemickou podstatou živých organizmov. Cuénot navrhol hypotézu, podľa ktorej sú gény zodpovedné za tvorbu enzýmov.[183] O niekoľko rokov neskôr lekár Archibald Garrod (1857 – 1936) zistil, že alkaptonúria a ďalšie dedičné ochorenia ľudí sú spôsobené absenciou enzýmov v zodpovedajúcej metabolickej dráhe.[184] Paradoxne, tak ako v prípade Gregora

---

[182] „Niekedy sa predpokladá, že práca s neurospórou viedla k formulovaniu hypotézy ‚jeden gén – jeden enzým' – ku koncepcii, že gény všeobecne, okrem esenciálnej úlohy vo svojej vlastnej replikácii, majú jedinú primárnu úlohu a tou v mnohých prípadoch je určenie špecificity enzymaticky aktívnych proteínov. V skutočnosti to však bolo naopak – táto hypotéza jednoznačne viedla k novému [experimentálnemu] prístupu."; Beadle, G.W. (1959). Genes and chemical reactions in *Neurospora*. *Science* 129: 1715 – 1719.

[183] Cuénot, L. (1903). L'hérédité de la pigmentation chez les souris. *Arch. Zool. Exp. Gen.* 4: XXXIII – XLI; citované v Hickman, M., Cairns, J. (2003). The centenary of the one – gene one – enzyme hypothesis. *Genetics* 163: 839 – 841; Cuénot vo svojej práci z roku 1903 použil pojmy *mnémon* pre gén a *diastase* pre enzým katalyzujúci tvorbu pigmentu; angl. *one – mnémon one – diastase hypothesis*.

[184] Garrod, A.E. (1908). The Croonian lectures on inborn errors of metabolism. *Lancet* 172: 1 – 7; Garrod, A.E. (1923). Inborn errors of metabolism. Second Edition. Oxford University Press.

Mendela, aj kľúčový význam Cuénotovych a Garrodovych prác ostal dlhú dobu nepovšimnutý. Až po takmer troch desiatkach rokov pri experimentoch s pigmentáciou očí mušky *Drosophila melanogaster* prišli k podobnému záveru genetici George Beadle a Boris Ephrussi (1901 – 1979).[185]

BEADLE VYRASTAL NA RODINNEJ FARME.[186] Na odporučenie stredoškolského učiteľa, ktorý rozpoznal jeho talent a záujem o biológiu, sa zapísal na Univerzitu v Nebraske. Počas štúdia ho zaujali princípy genetiky natoľko, že mu jeho mentor odporučil postgraduálne štúdium na Cornellovej univerzite, kde sa v laboratóriu Rollinsa Emersona (1873 – 1947) zapojil do skúmania chromozómových základov dedičnosti na bunkách kukurice. Po získaní doktorátu, sa v roku 1931 presťahoval do Kalifornie a inšpirovaný výsledkami Thomasa Morgana (1866 – 1945)[187] začal skúmať mechanizmy rekombinácie chromozómov u drozofily. Na Kalifornskom technologickom inštitúte v Pasadene sa stretol s Borisom Ephrussim, ktorý v genetickom výskume úspešne využíval tkanivové kultúry. Beadle pochopil význam tohto prístupu a prijal pozvanie, aby v experimentoch pokračovali v Ephrussiho parížskom laboratóriu. Z výsledkov ich spoločnej práce vyplývalo, že gény kontrolujú špecifické chemické reakcie, ktoré sú katalyzované enzýmami. Pritom pomer medzi génmi a enzýmami bol 1 : 1. To naznačovalo, že gény buď priamo katalyzujú jednotlivé reakcie alebo nejakým spôsobom kontrolujú špecificitu enzýmov. Po návrate do Spojených štátov amerických Beadle približne rok pracoval na Harvardovej univerzite. Nebol však veľmi spokojný a tak sa po roku rozhodol prejsť na Stanfordovu univerzitu, kde sa k nemu pripojil biochemik Edward Tatum.

TATUM BOL SYNOM PROFESORA FARMAKOLÓGIE.[188] Po štúdiu chémie a mikrobiológie na univerzitách v Chicagu a Wisconsine získal doktorát z biochémie. Vo svojej dizertačnej práci sa zameral na skúmanie metabolizmu baktérií. Získané skúsenosti neskôr využil aj počas svojho pôsobenia na Stanfordovej univerzite. Jeho cieľom bolo identifikovať chemické zmeny u skúmaných mutantov drozofily. Izolácia a identifikácia jednotlivých intermediátov metabolických dráh však boli veľmi náročné[189] a odhaľovanie chemických princípov zodpovedajúcich mutáciám bolo veľmi limitované vtedajšími biochemickými metódami. V roku 1941 Beadle s Tatumom preto prišli

---

[185] Beadle, G.W., Ephrussi, B. (1936). The differentiation of eye pigments in *Drosophila* as studied by transplantation. *Genetics* 21: 225 – 247; viac o Borisovi Ephrussim viď kapitola 6.3.

[186] http://www.nobelprize.org/nobel_prizes/medicine/laureates/1958/beadle-bio.html

[187] Kapitola 2.3.

[188]http://www.nobelprize.org/nobel_prizes/medicine/laureates/1958/tatum- bio.html; tiež kapitola 4.2.

[189] Neskôr bolo zistené, že mutácie spôsobujúce zmenu farby očí drozofily vedú k poškodeniu enzýmov zúčastňujúcich sa degradácie aminokyseliny tryptofán a reakčné medziprodukty, ktoré sa hromadili u skúmaných mutantov boli kynurenín a 3-hydroxykynurenín; Beadle, G.W. (1959). Genes and chemical reactions in *Neurospora*. *Science* 129: 1715 – 1719.

s novou koncepciou.[190] Namiesto skúmania biochemickej podstaty známych dedičných znakov, začali skúmať genetickú kontrolu známych biochemických reakcií. V tomto prístupe využili vláknité huby (askomycéty) rodu *Neurospora*. Preskúmaný životný cyklus (**Obrázok 9**) a schopnosť rásť na chemicky definovaných syntetických médiách pozostávajúcich z jednoduchých anorganických zlúčenín, cukrov a biotínu boli hlavnými výhodami tohto modelového systému.[191]

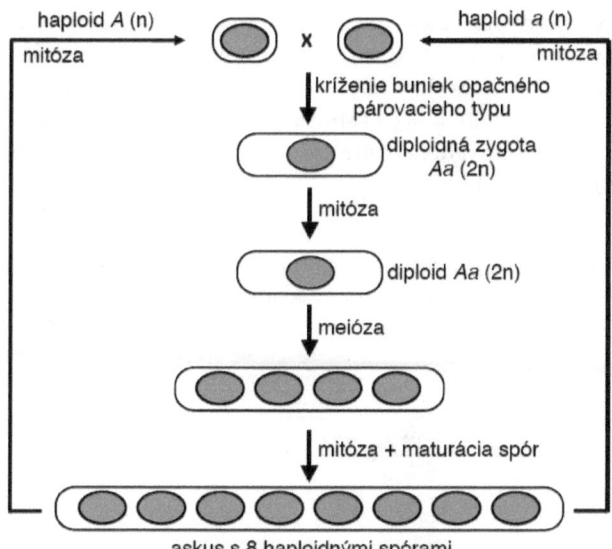

Obrázok 9. Schéma životného cyklu huby *Neurospora*.[192] Možnosť propagácie haploidných buniek umožňuje ľahkú identifikáciu recesívnych mutácií. Kríženie a analýza meiotického potomstva je zase výhodná pre genetické mapovanie.

NOVÝ EXPERIMENTÁLNY PRÍSTUP VYŽADOVAL IDENTIFIKÁCIU mutácií v génoch kontrolujúcich kľúčové kroky metabolizmu buniek. Ak daná biochemická reakcia bola potrebná pre prežitie organizmu v syntetickom médiu, bunky s mutáciou v zodpovedajúcom géne sa neboli schopné v takomto médiu rozmnožovať. Mutanty však mohli rásť v kultivačnom médiu, do ktorého bol pridaný produkt metabolickej dráhy blokovanej mutáciou. Vo svojom experimente Beadle s Tatumom pomocou RTG žiarenia ovplyvnili diploidné bunky dvoch druhov

---

[190] Beadle, G.W., Tatum, E.L. (1941). Genetic control of biochemical reactions in *Neurospora*. *Proc. Natl. Acad. Sci. USA* 27: 499 – 506.

[191] Beadle a Tatum vychádzali z cytologických a genetických štúdií húb rodu *Neurospora*, ktoré uskutočnili botanik Bernard O. Dodge (1872 – 1960) a genetik Carl C. Lindegren (1896 – 1987).

[192] Po meióze diploidných buniek vznikajú asky (lat. *ascus*, vrecko), ktoré obsahujú 4 haploidné spóry; počas maturácie sa každá bunka v asku mitoticky rozdelí a askus obsahuje 8 haploidných spór usporiadaných v lineárnom poradí.

húb *Neurospora crassa* a *N. sitophila* a po meiotickom delení analyzovali rast haploidných spór na syntetických médiách. Z takmer dvoch tisíc skúmaných kmeňov mali tri mutanty požadovaný fenotyp. Prvý mutant nebol schopný syntetizovať pyridoxín (vitamín B_6), druhý tiamín (vitamín B_1) a tretí kyselinu *p*-aminobenzoovú.[193] Podrobná analýza prvého mutanta potvrdila, že po pridaní pyridoxínu do syntetického média je jeho rast porovnateľný so štandardným rodičovským kmeňom kultivovaným v médiu bez prídavku tohto vitamínu. To potvrdzovalo predpoklad, že mutácia poškodila enzým katalyzujúci niektorú z biochemických reakcií biosyntézy pyridoxínu. Nasledujúcou genetickou analýzou spór vzniknutých krížením tohto mutanta (*pdx, pyridoxinless*) s bunkami štandardného rodičovského kmeňa Beadle s Tatumom dokázali, že dedičnosť je podmienená jediným génom (**Tabuľka 3**). Výsledok tohto experimentu presvedčivo ukázal, že uvedenou stratégiou je možné skúmať genetickú podstatu rôznych metabolických dráh.

Tabuľka 3. Fenotypy kultúr získaných z individuálnych askospór po krížení štandardných buniek *N* (*normal*) a mutanta *pdx* (*pyridoxinless*). Spóry označené „–" nevyrástli (upravené podľa Beadle a Tatum, 1941).

Askus	Poradie spór v asku							
	1	2	3	4	5	6	7	8
A	–	pdx	pdx	pdx	N	N	N	–
B	–	–	N	N	–	–	pdx	pdx
C	–	pdx	–	–	–	– ,	–	N
D	–	–	N	–	–	–	–	pdx
E	–	–	N	–	–	–	–	–
F	N	N	N	N	pdx	pdx	pdx	pdx

Nasledujúce štúdie [194] priniesli celý rad argumentov podporujúcich hypotézu, podľa ktorej jeden gén determinuje jeden enzým.[195] Z hypotézy tiež vyplývalo, že ak nejaká metabolická dráha pozostáva z viacerých biochemických reakcií, enzýmy katalyzujúce jednotlivé kroky sú determinované rôznymi génmi. Túto predpoveď potvrdilo viacero autorov. Napríklad analýza mutantov v biosyntéze arginínu viedla k odhaleniu až siedmych odlišných génov.[196] Priamy dôkaz o tom, že mutácie v génoch spôsobujú zmeny v aminokyselinovej sekvencii polypeptidov priniesol v roku 1957 biochemik Vernon M. Ingram (1924 – 2006) pri analýze polypeptidových reťazcov hemoglobínu u pacientov

---

[193] Pôvodne bola označovaná ako vitamín B_x, v súčasnosti sa však za vitamín nepovažuje.

[194] Tatum, E.L., Beadle, G.W. (1945). Biochemical Genetics of *Neurospora*. *Ann. Missouri Bot. Garden* 32: 125 – 129.

[195] Angl. *one – gene one – enzyme hypothesis*; hypotézu v tejto podobe explicitne formuloval Norman Harold Horowitz (1915 – 2005) so spolupracovníkmi až v roku 1951; Beadle, G.W. (1959). Genes and chemical reactions in *Neurospora*. *Science* 129: 1715 – 1719.

[196] Srb, A.M., Horowitz, N.H. (1944). The ornithine cycle in *Neurospora* and its genetic control. *J. Biol. Chem.* 154: 129 – 139.

s kosáčikovitou anémiou.[197]

Skúmanie biochemických mutantov viedlo nielen k vzniku biochemickej genetiky, ale aj k rozvoju celej modernej biológie. Beadle a Tatum zásadným spôsobom prispeli k tomu, aby abstraktný pojem „gén" nadobudol reálny (chemický) rozmer. Za objav úlohy génov v biochemických procesoch získali v roku 1958 Nobelovu cenu za fyziológiu alebo medicínu. [198] Pokračovanie výskumov biochemických mutantov huby *Neurospora* i ďalších modelových organizmov presiahlo rámec analýzy jednoduchých metabolických dráh a uvedená experimentálna stratégia bola úspešne využitá aj pri odhaľovaní princípov komplexných biologických fenoménov (napr. bioenergetika, [199] bunkový cyklus,[200] dedičnosť organel[201]).

HYPOTÉZA „JEDEN GÉN − JEDEN ENZÝM" však narazila na viaceré problémy. Bolo napríklad zistené, že mnohé enzýmy pozostávajú z viacerých polypeptidových reťazcov. V prípade heteromérických komplexov sú rozdielne podjednotky toho istého enzýmu kódované rôznymi génmi. To viedlo k upravenej formulácii „jeden gén − jeden polypeptid".[202] Neskôr však bolo zistené, že niektoré gény kódujú multifunkčné proteíny disponujúce niekoľkými enzymatickými aktivitami.[203] V súčasnosti je už tiež známe, že expresia génov nevedie vždy k tvorbe enzýmov pozostávajúcich z jedného či viacerých polypeptidov. Produktmi génov sú aj molekuly ribonukleovej kyseliny (RNA), pričom niektoré z nich (tzv. ribozýmy) katalyzujú biochemické reakcie. Zároveň viaceré enzýmy pozostávajú z komplexov molekúl RNA a polypeptidov (napr. RNáza P,[204] telomeráza[205]). Uvedené zistenia nepopierajú základnú myšlienku o vzťahu medzi génmi a enzýmami, ale skôr ilustrujú komplexnú povahu

---

[197] Ingram, V.M. (1957). Gene mutations in human haemoglobin: the chemical difference between normal and sickle cell haemoglobin. *Nature* 180: 326 – 328.

[198] „*... for their discovery that genes act by regulating definite chemical events ... "*; spolu s J. Lederbergom, ktorý bol ocenený za objavy súvisiace s rekombináciou a organizáciou genetického materiálu v baktériách (http://www.nobelprize.org/nobel_prizes/medicine/laureates/1958/). Pozri tiež kapitolu 4.2.

[199] Kováč, L., Lachowicz, T.M., Słonimski, P.P. (1967). Biochemical genetics of oxidative phosphorylation. *Science* 158: 1564 – 1567; Kováč L. (1974). Biochemical mutants: an approach to mitochondrial energy coupling. *Biochim. Biophys. Acta* 346: 101 – 135.

[200] Hartwell, L.H., Culotti, J., Pringle, J.R., Reid, B.J. (1974). Genetic control of the cell division cycle in yeast. *Science* 183: 46 – 51; Nurse, P. (1975). Genetic control of cell size at cell division in yeast. *Nature* 256: 547 – 551.

[201] Yaffe, M.P. (1999). The machinery of mitochondrial inheritance and behavior. *Science* 283: 1493 – 1497.

[202] Angl. *one – gene one – polypeptide hypothesis.*

[203] Stark, G.R. (1977). Multifunctional proteins – one gene – more than one enzyme. *Trends Biochem. Sci.* 2: 64 – 66.

[204] Stark, B.C., Kole, R., Bowman, E.J., Altman, S. (1978). Ribonuclease P: an enzyme with an essential RNA component. *Proc. Natl. Acad. Sci. U.S.A.* 75: 3717 – 3721; Guerrier – Takada, C., Gardiner, K., Marsh, T., Pace, N., Altman, S. (1983). The RNA moiety of ribonuclease P is the catalytic subunit of the enzyme. *Cell* 35: 849 – 857.

[205] Greider, C.W., Blackburn, E.H. (1987). The telomere terminal transferase of *Tetrahymena* is a ribonucleoprotein enzyme with two kinds of primer specificity. *Cell* 51: 887 – 898; Lingner J., Cech, T.R. (1996). Purification of telomerase from *Euplotes aediculatus*: requirement of a primer 3' overhang. *Proc. Natl. Acad. Sci. USA* 93: 10712 – 10717.

biologických systémov, vrátane génov a ich funkcií. To zároveň poukazuje na slabé stránky biologických definícií. Príkladom môže byť aj definícia samotného pojmu „gén".[206] Na začiatku 20. storočia boli gény len neznámymi elementmi v gamétach, ktoré špecifikujú mnohé vlastnosti organizmu. Neskôr práve hypotéza „jeden gén – jeden polypeptid" významnou mierou prispela k tomu, že bol gén považovaný za „úsek nukleovej kyseliny (DNA alebo RNA), ktorý kóduje funkčný produkt (RNA alebo polypeptid)". Nedávne výsledky celogenómových štúdií uskutočnených v rámci projektu ENCODE[207] však viedli k novej predstave. Podľa nej je základnou (atomickou) jednotkou dedičnosti transkript a „gén" je definovaný ako „koncept vyššieho rádu zahŕňajúci všetky transkripty, ktoré prispievajú k určitému fenotypickému znaku".[208]

Otázky na zamyslenie

1. Ako z výsledkov kríženia buniek štandardného kmeňa a *pdx* mutanta (**Tabuľka 3**) vyplýva, že dedičnosť je podmienená jedným génom? Prečo viaceré spóry, ktoré vznikli z tohto kríženia nerástli v syntetickom médiu?
2. Aký by bol dizajn experimentu, v ktorom by ste izolovali biochemické mutanty v nasledovných dvoch (A, resp. B) metabolických dráhach? Navrhnite schému kríženia.

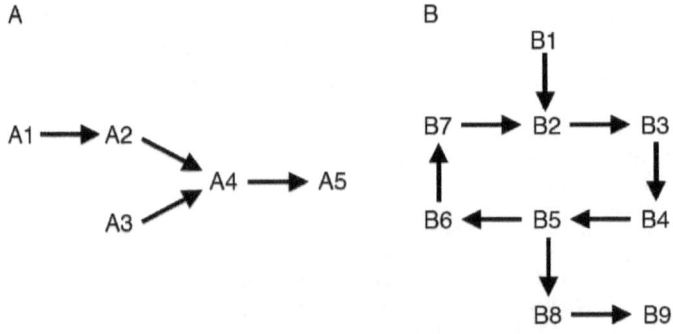

[206] Pojem „gén" zaviedol dánsky botanik Wilhelm Ludwig Johannsen v roku 1909 (kapitola 2.2.); podrobnejšie je história definícií génu diskutovaná v práci Gerstein, M.B., Bruce, C., Rozowsky, J.S., Zheng, D., Du, J., Korbel, J.O., Emanuelsson, O., Zhang, Z.D., Weissman, S., Snyder, M. (2007). What is a gene, post – ENCODE? History and updated definition. *Genome Res.* 17: 669 – 671.
[207] Encyclopedia of DNA Elements; https://www.encodeproject.org/
[208] Djebali S. a kol. (2012). Landscape of transcription in human cells. *Nature* 489: 101 – 108.

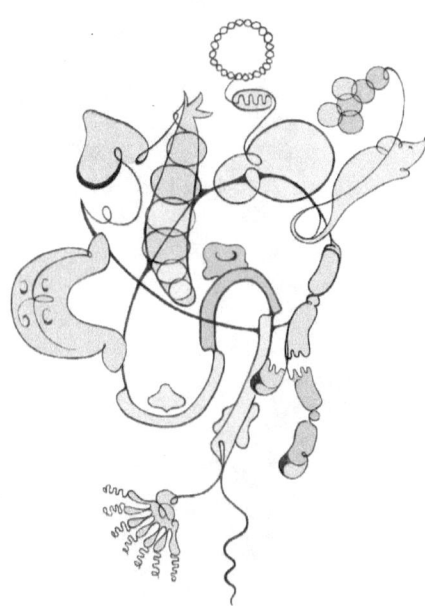

Lederberg, J., Tatum, E. L. (1946). Novel genotypes in mixed cultures of biochemical mutants of bacteria. *Cold Spring Harbor Symp. Quant. Biol.* 11: 113 – 114.

Joshua Lederberg[209]   Edward Lawrie Tatum[210]
(23. 5. 1925 – 2. 2. 2008)   (14. 12. 1909 – 5. 11. 1975)

[209] http://www.nobelprize.org/nobel_prizes/medicine/laureates/1958/lederberg – facts.html
[210] http://en.wikipedia.org/wiki/Edward_Lawrie_Tatum

KAPITOLA 4.2.
Špecifický spôsob pohlavného rozmnožovania a rekombinácia génov sú aj u baktérií

„The prepared mind requires unfettered opportunity to recognize and follow unplanned paths . . . when we pursue our passion to master what was once unknowable, we move from a plodding struggle with nature to an ongoing, enlightening conversation".

Joshua Lederberg[211]

NAPREDOVANIE POZNATKOV V GENETIKE BEZPROSTREDNE SÚVISÍ, popri inom, aj s výberom modelového organizmu vhodného pre zvolené zameranie výskumu. V prvom období vývoja genetiky boli hlavnými výhodami takýchto modelov: (1) krátky generačný cyklus (umožňuje zopakovať pokusy v prijateľne krátkom časovom intervale), (2) vysoká početnosť potomstva, ktorá je predpokladom zachytenia javov vyskytujúcich sa s nízkou pravdepodobnosťou a (3) malý počet chromozómov (mapovanie – lokalizácia génov na chromozómoch je oveľa menej náročná na vynaložený čas a úsilie v porovnaní s veľkým počtom chromozómov). Až do polovice 20. storočia boli pre genetický výskum hlavnými modelovými organizmami drozofila a kukurica, ktoré tieto kritériá spĺňali. Na druhej strane, išlo o komplexné eukaryoty, omnoho zložitejšie ako jednobunkové mikroorganizmy. Napriek tomu mikroorganizmy, hoci oveľa lepšie spĺňali požadované kritériá, len veľmi pomaly vstupovali na scénu genetického výskumu. Hlavnou príčinou boli minimálne poznatky o ich biológii, predovšetkým o spôsobe rozmnožovania a dedičnosti znakov z rodičovskej generácie na potomstvo. Do roku 1940 už boli k dispozícii solídne vedomosti

---

[211] „Pripravená myseľ požaduje neobmedzenú možnosť rozpoznať a pustiť sa po neplánovanej ceste ... keď nasledujeme naše nadšenie zvládnuť to, čo bolo kedysi nepoznateľné, náš súboj s prírodou sa mení na poučnú konverzáciu". Lederberg, J. (1995). Research and the culture of instrumentalism, Columbia – 21st Century; http://www.columbia.edu/cu/21stC/issue-1.1/nobel.htm

o zákonitostiach dedičnosti znakov, počte a štruktúre chromozómov, lokalizácii génov na chromozómoch, premenlivosti génov u rastlín a živočíchov, ale o genetike mikroorganizmov (predovšetkým baktérií) sa nevedelo takmer nič. Ilustrujú to aj diskusie o tom, či baktérie vôbec majú chromozómy! Do tohto obdobia boli výsledky výskumu mikroorganizmov skôr brzdou než hybnou silou napredovania genetiky. Hovorí o tom aj fakt, že v knihe *The History of Bacteriology*[212] z roku 1938, kedy klasická genetika už dosahuje svoj vrchol, jej autor, známy bakteriológ William Bulloch (1868 – 1941), sa o genetike u baktérií vôbec nezmieňuje.

Impulz pre pozitívny posun vo výskume genetiky baktérií prišiel v roku 1944, keď Oswald Avery, Colin MacLeod a Maclyn McCarty[213] publikovali prácu, v ktorej dokázali, že fragmenty molekuly deoxyribonukleovej kyseliny (DNA), označované ako *transformačný princíp*, môžu prenášať niektoré znaky z jedného kmeňa pneumokokov na iný kmeň, čo bol priamy dôkaz úlohy DNA v dedičnosti a súčasne prvý exaktný náznak možného prenosu genetickej informácie medzi bunkami baktérií.[214] Ich práca inšpirovala mladého študenta biológie Joshuu Lederberga, ktorý v nej videl veľký potenciál pre poznanie chemickej štruktúry génu a súčasne potvrdenie svojich výhrad voči dovtedy prijímaným názorom považujúcim baktérie za primitívne organizmy, ktoré môžu mať po bunkovom delení len geneticky uniformné potomstvo. Pokus s transformáciou znakov zopakoval s iným mikrooganizmom, plesňou *Neurospora crassa*. Neúspešne. Vtedy si asi uvedomil, že pokrok v poznaní sa nedosahuje opakovaním už overených postupov, ale novátorskými ideami a prístupmi ku skúmanému problému. Postavil si preto na tú dobu nekonformnú otázku: Je u baktérií pohlavný spôsob rozmnožovania, ktorý je základným predpokladom rekombinácie génov (nové kombinácie génov u potomkov v porovnaní s rodičovskou generáciou)? Ak by odpoveď bola kladná, umožnilo by to uskutočňovať genetickú analýzu baktérií a využiť ich ako nástroj pre pochopenie molekulárnych základov dedičnosti. To, čo si predsavzal, sa mu podarilo splniť, aj vďaka spolupráci s Edwardom Tatumom, v tom období už uznávaným biochemikom a bakteriológom. Dôkaz špecifického spôsobu pohlavného rozmnožovania u baktérií (neskôr pomenovaný termínom *konjugácia*) bol v roku 1958 ocenený Nobelovou cenou, ktorej polovica bola udelená Lederbergovi a druhá Tatumovi s Georgeom Beadlom za objav dokazujúci priamy vzťah medzi génom a bielkovinou vyjadrený formuláciou „gén určuje štruktúru polypeptidu".[215] Získané poznatky zároveň podnietili intenzívny záujem o genetiku mikroorganizmov. V období 1940 – 1965 boli baktérie

---

[212] Bulloch, W. (1938). The History of Bacteriology. Oxford University Press. London.
[213] Avery, O.T., MacLeod, C.M., McCarty, M. (1944). Studies on the chemical nature of the substance inducing transformation of pneumococcal types: Induction of transformation by a desoxyribonucleic acid fraction isolated from *Pneumococcus* type III. *J. Exp. Med.* 79: 137 – 158.
[214] Kapitola 4.3.
[215] Kapitola 4.1.

a bakteriofágy (vírusy baktérií) dominantnými modelmi genetického výskumu. Umožnili získať poznatky a vypracovať metódy, ktoré boli základným predpokladom zrodu molekulárnej genetiky a boli úspešne aplikované aj na mnohobunkové organizmy, ktoré sú od 70. rokov opäť v centre pozornosti genetických štúdií.

Joshua Lederberg sa narodil v americkom štáte New Jersey a už na základnej škole mal ambície objavovať nové teórie vo vede podľa vzoru Einsteina. Jeho všestranné nadanie sa prejavovalo na strednej škole vo všetkých prírodovedných predmetoch. Nakoniec, po prečítaní knihy The microbe hunters (Lovci mikróbov), ktorú v roku 1926 napísal Paul de Kruif, sa rozhodol pre biologicko-medicínske zameranie. Ako talentovaný študent mohol bádať v laboratóriách American Institute Science Laboratory v New Yorku, kde sa naučil viacerým technikám používaných v biochemickom a cytologickom výskume. S takouto dobrou prípravou pokračoval v štúdiu na Kolumbijskej univerzite v New Yorku, kde bol jeho školiteľom Francis J. Ryan (1916 – 1963). Možno povedať, že Lederberg mal šťastie na svojich mentorov. Ako neskôr povedal Ryan: „podporoval som Lederbergovu snahu naučiť sa ako využívať chemickú analýzu pre poznávanie tajomstiev života", v čom svojho študenta aj umne viedol. Popri inom aj jeho nasmerovaním na nový modelový organizmus, pleseň N. crassa, ktorý sa stal veľmi výhodným experimentálnym systémom, v tom období rodiacej sa biochemickej genetiky.[216]

Po neúspechu dokázať u tejto plesne proces transformácie sa Lederberg rozhodol, že požiada o spoluprácu Edwarda Tatuma z Yaleovej univerzity, ktorý bol školiteľom Ryana počas jeho postdoktorandského štúdia. Tatum poskytol svojmu novému študentovi kmeň[217] črevnej baktérie Escherichia coli K12, pomocou ktorého chcel Lederberg dokázať, že aj u baktérií sa vyskytuje pohlavné rozmnožovanie. Pri výbere kmeňa mal Tatum „šťastnú ruku", podobne ako Mendel pri výbere hrachu pre svoje experimenty. Ako sa neskôr ukázalo, ak by bol vybral iný kmeň, k objavu špecifického spôsobu pohlavného rozmnožovania baktérií by spolu s Lederbergom neboli dospeli (viď nižšie).

Po získaní výsledkov potvrdzujúcich hypotézu cieľového zamerania experimentu, ktoré spolu s Tatumom publikovali v roku 1946, pokračovali v spolupráci so snahou zmapovať gény na chromozóme E. coli. Získané výsledky boli náplňou jeho doktorandskej práce, ktorú úspešne obhájil v roku 1947. Po skončení štúdia pôsobil na Wisconsinskej univerzite v Madisone, kde pokračoval v skúmaní genetických procesov u baktérií a bakteriofágov spolu so svojou manželkou Esther Zimmerovou[218] a postgraduálnymi študentami (predovšetkým Nortonom Zinderom). Pod jeho vedením dosiahli veľa ďalších zaujímavých poznatkov o konjugácii a objavili proces transdukcie genetickej informácie u baktérií

---

[216] Kapitola 4.1.
[217] Potomstvo jednej bunky baktérie (klon), ktoré sa od iných klonov líši v jednom alebo viacerých znakoch.
[218] Kapitola 3.3.

– prenos genetickej informácie medzi bunkami baktérií pomocou bakteriofágov.[219] Tento poznatok o prenose DNA z jednej baktérie do druhej a jeho začlenenie do chromozómu infikovanej baktérie pomocou bakteriofága sa stal jedným zo základných predpokladov pre techniky rekombinantných DNA v 70. rokoch.

Uvedomujúc si možné aplikácie svojich objavov v medicíne, založil Lederberg v roku 1957 Ústav lekárskej genetiky na Wisconsinskej univerzite v Madisone a neskôr Ústav genetiky na Stanfordovej univerzite, a ako riaditeľ *Stanford's Joseph P. Kennedy Jr. Laboratories for Molecular Medicine* inicioval výskum genetických a neurologických základov mentálnej retardácie. Jeho všestrannosť je dokumentovaná aj jeho neskorším záujmom a angažovanosťou v posudzovaní biologických dôsledkov a potenciálneho hazardu výskumu mimozemského priestoru. Tiež participoval na zostrojení prístrojov na detekciu možných stôp mikroorganizmov na telesách vracajúcich sa z kozmu, ako aj predchádzaniu „zamorenia" iných mimozemských telies v rámci poznávania vesmíru. Zaujímal sa tiež o využitie počítačov v prírodovednom a medicínskom výskume a v spolupráci s vedúcim oddelenia výskumu počítačov na Stanfordovej univerzite vyvinul počítačový program DENDRAL zameraný na generovanie hypotéz o atómovom zložení neznámych chemických zlúčenín, vychádzajúc z údajov spektrometrických a iných laboratórnych metodických postupov. Na záver svojej kariéry sa vrátil do New Yorku, mesta svojej mladosti, ako prezident Rockefellerovej univerzity a zapojil sa do riešenia viacerých aktuálnych problémov spoločenského života.

EDWARD LAWRIE TATUM SA NARODIL V COLORADE, V MESTE BOULDER. Jeho rodinné zázemie (otec bol profesorom farmakológie a pôsobil na viacerých univerzitách amerického stredozápadu) mu utváralo predpoklady urobiť vedeckú kariéru. Študoval na Chicagskej univerzite a Wisconsinskej univerzite v Madisone, kde v roku 1934 ukončil doktorandské štúdium biochémie s prácou zameranou na výživové požiadavky a metabolizmus rôznych kmeňov baktérií. V rokoch 1937 – 1945 pracoval na Stanfordovej univerzite, kde v tom čase pôsobil aj genetik George Wells Beadle[220], ktorý sa venoval výskumu genetickej determinácie chemických reakcií v metabolizme organizmov. Beadle pôvodne pracoval v laboratóriu nositeľa Nobelovej ceny Thomasa Hunta Morgana,[221] kde sa venoval dedičnosti sfarbenia očí *Drosophila melanogaster*, v tom období centrálneho a najlepšie preštudovaného modelového organizmu genetiky. Na Stanfordovej univerzite pokračoval v hľadaní dôkazov pre potvrdenie hypotézy vysvetľujúcej dedičnosť rôzneho sfarbenia očí ako série geneticky určených chemických reakcií. S Tatumom vytvorili dvojicu, ktorej odborné zameranie (genetik a biochemik) tvorilo optimálnu kombináciu pre riešenie tohto problému.

---

[219] Zinder, N.D., Lederberg, J. (1952). Genetic exchange in *Salmonella*. *J. Bacteriol.* 64: 679 – 699.
[220] Kapitola 4.1.
[221] Kapitola 2.3.

Potom, ako sa ukázalo, že drozofila bola v tom čase príliš komplikovaný model pre riešenie takejto úlohy, prešli k jednoduchšiemu a pre riešenie tejto otázky veľmi výhodnému modelovému mikroorganizmu, plesni *N. crassa*. Umne zostavenými experimentami s mutantnými kmeňmi plesne s poruchou syntézy rôznych metabolitov sa im nakoniec podarilo dokázať, že gény určujú štruktúru a funkciu enzýmov, a tým aj priebeh a náväznosť metabolických reakcií.[222] Tatum neskôr pokračoval v štúdiu genetickej determinácie chemických reakcií v metabolizme na modelovom systéme biosyntézy tryptofánu u *E. coli* na Yaleovej univerzite, kde spolupracoval aj s Lederbergom. Podobne ako u *N. crassa*, získal aj u kmeňa *E. coli* K12 viacero mutantov s požiadavkou na rastové faktory (napr. aminokyseliny, vitamíny). Ako je uvedené vyššie, práve tento kmeň bol vhodným modelom pre hľadanie pohlavného spôsobu rozmnožovania a z toho vyplývajúcej rekombinácie génov u baktérií.

ZÁKLADNÝM CIEĽOM LEDERBERGOVÝCH POKUSOV bolo hľadanie rekombinantov v potomstve geneticky rozdielnych kmeňov baktérií, ktoré boli spoločne kultivované. Na prvý pohľad vyzerá riešenie jednoducho, lenže ako nájsť rekombinanta medzi miliónmi až miliardami buniek potomstva a z toho vyplývajúci pohlavný spôsob rozmnožovania u baktérií, ak sa vyskytuje zriedkavo a môže byť ovplyvnený podmienkami prostredia? Riešením je vytvorenie takého selekčného postupu (systému), ktorý umožní jednoduchým spôsobom nájsť rekombinantov v sledovaných znakoch. Pre tento účel sú veľmi výhodné mutantné kmene s poruchou syntézy nejakého rastového faktora (metabolitu), napr. aminokyseliny, ktoré sú ľahko detegovateľné a stabilné vo svojom prejave. Ak má každý z rodičov poruchu v syntéze inej aminokyseliny (napr. rodič A má poruchu v syntéze metionínu a rodič B poruchu v syntéze treonínu), potom pri výskyte pohlavného spôsobu rozmnožovania môžeme očakávať rekombináciu génov a vznik variabilného potomstva, v ktorom budú bunky baktérií opakujúce vlastnosti rodičov ako aj bunky s novými kombináciami génov, odlišnými od rodičov (časť buniek potomstva nebude schopná syntetizovať ani jednu z uvedených aminokyselín – *auxotrofné bunky* a iná časť buniek bude syntetizovať obidve aminokyseliny – *prototrofné bunky*). Ak budeme kultivovať potomstvo zo zmesi buniek oboch rodičov na médiách, v ktorých budú chýbať obidve aminokyseliny, tak sa budú rozmnožovať len prototrofné bunky, z ktorých vzniknú na Petriho miskách kolónie. Objavenie sa kolónií na pevných médiách potom naznačuje, že mohlo dôjsť k rekombinácii génov.

Môžeme si položiť otázku: Prečo mohlo? Veď takýto výsledok by mal rekombináciu dokazovať. Pravdou však je, že to ešte stále nie je jednoznačný dôkaz, pretože ten istý výsledok by sme mohli dosiahnuť aj vtedy, ak by došlo k spätnej mutácii v jednom alebo druhom géne pre biosyntézu vybraných

---

[222] Kapitola 4.1.

aminokyselín. Napr. spätné mutácie v týchto génoch sa vyskytujú s pravdepodobnosťou 10^{-7} (to znamená, že ak na pevné médium vysejeme 10^7 auxotrofných buniek, objaví sa jedna kolónia pozostávajúca z buniek prototrofných). Aké je východisko z tejto situácie? Odpoveďou je izolácia mutantných kmeňov, z ktorých *každý* bude mať poruchu v syntéze najmenej dvoch alebo viacerých aminokyselín. Ak po spoločnej kultivácii rodičovských kmeňov s poruchou syntézy dvoch aminokyselín nájdeme na pevnom médiu, na ktorú sme vysiali 10^7 buniek, jedného rekombinanta, potom to už nemôže byť dôsledok spätnej mutácie, ale rekombinácie génov ako výsledku kontaktov buniek a pohlavného rozmnožovania. Ak by mali byť príčinou vzniku kolónií spätné mutácie v génoch pre syntézu sledovaných aminokyselín, potom by sme potrebovali pre zachytenie jednej kolónie 10^{14} buniek, pretože pravdepodobnosť súčasného výskytu spätných mutácií v dvoch génoch je 10^{-14} (10^{-7} x 10^{-7}).

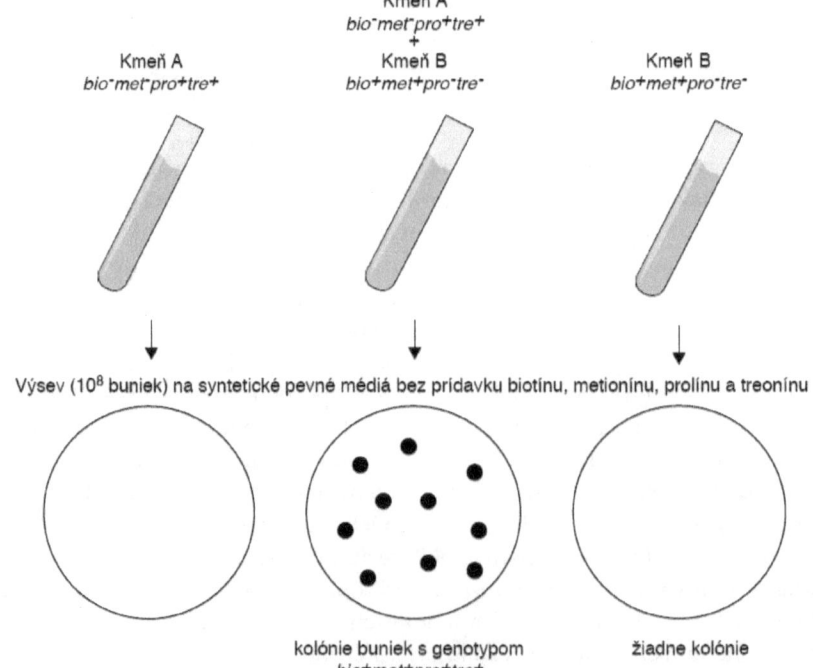

Obrázok 10. Dôkaz rekombinácie génov u baktérií. Schéma znázorňujúca priebeh experimentu Lederberga a Tatuma. Auxotrofné mutantné kmene sú kultivované samostatne alebo spolu v komplexnom médiu. Po rozrastení sú bunky premyté a vysiate na pevné minimálne médium bez rastových faktorov. Bunky kmeňa **A** alebo **B** sa na tomto médiu nedelia a netvoria kolónie. Bunky zmesnej kultúry, v ktorých došlo k rekombinácii génov pre sledované rastové faktory sa delia a tvoria na pevnom minimálnom médiu kolónie.

VLASTNÝ EXPERIMENT LEDERBERGA A TATUMA bol založený na samostatnej a spoločnej kultivácii mutantných kmeňov baktérie *E. coli* (označené na **Obrázku 10** písmenami A a B). Kmeň A mal poruchu v syntéze biotínu a metionínu a druhý kmeň B v syntéze prolínu a treonínu. Kmene rástli v tekutom médiu s obsahom všetkých rastových látok. Po namnožení boli bunky každej pokusnej varianty (samostatne kultivované kmene A a B a spoločne kultivovaná zmes buniek oboch kmeňov) premyté a vysiate na minimálne médium bez požadovaných rastových faktorov. Na médiách, kde bol vysiaty len kmeň A alebo B, Lederberg s Tatumom nenašli žiadnu kolóniu buniek, ale na médiach, na ktoré bola vysiata zmes buniek A a B, pozorovali kolónie vo frekvencii 1 kolónia na 10^7 vysiatych buniek. Tento výsledok dokazoval výskyt rekombinácie génov a procesu analogického pohlavnému spôsobu rozmnožovania rastlín a živočíchov. Postupne boli experimenty rozšírené aj o kmene s mutáciami v génoch kódujúcich enzýmy pre syntézu ďalších aminokyselín a o kmene, ktoré boli súčasne buď rezistentné, alebo citlivé voči bakteriofágovi T1.[223] Výsledky týchto pokusov potvrdili predchádzajúce zistenia a ukázali, že k rekombinácii dochádza aj vo všetkých testovaných kombináciách. Po analýze buniek jednotlivých prototrofných kolónií Lederberg s Tatumom tiež dokázali, že každá kolónia je tvorená iba prototrofnými bunkami a nie je zmesou buniek „krížených" mutantných kmeňov. Tento poznatok vyvrátil domnienky, podľa ktorých by prototrofné kolónie, vyrastené na minimálnom médiu, mohli byť v skutočnosti zmesou buniek pôvodných auxotrofných mutantov dopĺňajúcich si požiadavky vo výžive vylučovaním aminokyselín, ktoré vedia syntetizovať, do média (kmeň A – prolín a treonín a kmeň B – biotín a metionín).

OBJAV ŠPECIFICKÉHO POHLAVNÉHO SPÔSOBU ROZMNOŽOVANIA U BAKTÉRIÍ, pri ktorom dochádza k prenosu génov medzi bunkami a rekombináciám génov v potomstve rodičovských buniek, inicioval vypracovanie metód pre detailnú genetickú analýzu *E. coli* a postupne aj iných druhov baktérií. Tie boli nástrojom pre spoznanie mechanizmov genetickej determinácie a dedičnosti rôznych znakov týchto mikroorganizmov, čo našlo široké uplatnenie nielen v genetickom výskume, ale aj v iných odboroch zaoberajúcich sa štúdiom baktérií a v medicíne. Získané poznatky umožnili lepšie pochopiť ako získavajú baktérie nové vlastnosti, napr. rezistenciu voči antibiotikám.

V OBDOBÍ USKUTOČNENIA EXPERIMENTU LEDERBERG S TATUMOM predpokladali, že dochádza k splývaniu rodičovských buniek aj s ich genetickou informáciou. Berúc do úvahy vtedajšiu úroveň mikroskopickej techniky a absenciu metód molekulárnej genetiky bolo veľmi ťažké zistiť, či je to naozaj tak, alebo sú medzi baktériami a vyššími mnohobunkovými organizmami

---

[223] Kapitola 3.2.

rozdiely v tomto spôsobe rozmnožovania. Absenciu požadovaných metód pre preskúmanie tejto otázky elegantne preklenul ďalší významný bádateľ William Hays.[224] Jednou z možností, ako to zistiť, je preskúmať podiel jedného aj druhého rodiča na vzniku rekombinantov. Dosiahol to ovplyvnením jedného alebo druhého rodiča streptomycínom pred ich spoločnou kultiváciou. Streptomycín inhibuje delenie baktérií, ale bunky ešte určitú dobu prežívajú a môžu potenciálne komunikovať s inými bunkami. S týmto dizajnom zopakoval experiment Lederberga a Tatuma s nasledovným výsledkom: ak streptomycínom ovplyvnil rodiča A, tak po spoločnej kultivácii s bunkami kmeňa B (potomstvo tvorili len bunky kmeňa B) získal rekombinantov v podobnom zastúpení ako pri spoločnej kultivácii neovplyvnených kmeňov. Ak to urobil naopak (recipročne), tak po spoločnej kultivácii nezískal v potomstve žiadnych rekombinantov. Z toho vyplynulo, že pre vznik rekombinantov je potrebné delenie buniek kmeňa B, ale nie je dôležité, či sa delia a sú v potomstve bunky kmeňa A. Výsledky sa dajú interpretovať ako asymetrická výmena genetickej informácie s nerovnocennou úlohou a „príspevkom" rodičovských buniek. Jeden rodič – konkrétne kmeň A – je donorom genetickej informácie a druhý rodič – kmeň B – je jej akceptorom a po delení môže produkovať rekombinantov obsahujúcich gény oboch rodičov. Túto novú a neobvyklú situáciu v rozmnožovaní buniek sa Hays snažil vysvetliť prirovnaním buniek kmeňa A samčiemu rodičovi u rastlín a živočíchov a kmeňa B samičiemu rodičovi „vyšších" mnohobunkových organizmov. Na základe ďalších dômyselných experimentov predpokladal, že za vlastnosť zodpovedajúcu samčiemu pohlaviu zodpovedá faktor fertility, v skratke označený symbolom F. Bunky „samičieho pohlavia" faktor F nemajú, preto sú recipientami genetického materiálu.

ROZVOJ METÓD MOLEKULÁRNEJ GENETIKY a mikroskopickej techniky prispel k zisteniu, že faktor fertility je „prídavný genetický element", ktorý sa môže nachádzať v bunkách E. coli. Neskôr bol tento element označený termínom plazmid a jeho varianty boli identifikované v mnohých iných druhoch baktérií. Pozostáva z dvojreťazcovej, kružnicovej molekuly DNA a donorovú vlastnosť buniek, ktoré sú jeho nositeľmi, navodzuje kódovaním proteínov, ktoré tvoria „pohlavné bičíky", resp. pilusy. Pomocou nich sa bunky donorového kmeňa prichytia na povrch buniek akceptorového kmeňa bez faktora fertility. Postupným skracovaním pilusov sa bunky dostanú do tesného kontaktu a po vytvorení „cytoplazmatického mostíka" prejde z donorovej bunky do recipientnej buď len samotný faktor F, alebo navodí prenos aj génov chromozómu donorovej bunky. Výsledkom tohto procesu môže byť neskôr rekombinácia génov v bunkách akceptorového kmeňa a tvorba genetickej variability. Recipientná bunka, ktorá obsahuje aj genetickú informáciu donorovej bunky, sa označuje

---

[224] Hays, W. (1953). The mechanism of genetic recombination in E. coli. Cold Spring Harbor Symp. Quant. Biol. 18: 75.

termínom *merozygota*. Výsledky týchto experimentov sú súčasne odpoveďou na otázku, prečo mal Tatum šťastnú ruku pri výbere kmeňa *E. coli* K12. Čírou náhodou vybral kmeň s faktorom F. Ak by bol vybral iný kmeň, bez faktora F, ku komunikácii buniek by nedošlo a rekombináciu génov by vo svojich experimentoch nezistili. Ako povedal Louis Pasteur (1822 – 1895), šťastie však obvykle praje pripraveným, alebo podľa Alberta Szent-Györgyiho (1893 – 1986) tým, ktorí vidia to, čo vidí každý, ale predpokladajú a myslia tak, ako nemyslí nikto. Bádatelia predstavení v tejto kapitole spĺňali všetky tieto charakteristiky.

OTÁZKY NA ZAMYSLENIE

1. Konjugácia sa vyskytuje, len ak sú bunky baktérií v tesnom kontakte. Vedeli by ste navrhnúť dizajn experimentu, ktorý by ukázal, že je to pravda?
2. Baktéria *E. coli* má kružnicový chromozóm. Ako by ste to dokázali, ak by ste mohli využiť len metódy mapovania génov pri konjugácii?

Avery, O.T., MacLeod, C.M., McCarty, M. (1944). Studies on the chemical nature of the substance inducing transformation of pneumococcal types. Induction of transformation by a desoxyribonucleic acid fraction isolated from *Pneumococcus* type III. *J. Exp. Med.* 79: 137 – 158.[225]

Oswald Theodore Avery[226]   Colin Munro MacLeod[227]   Maclyn McCarty[228]
(21. 10. 1877 – 2. 2. 1955)   (28. 1. 1909 – 11. 2. 1972)   (9. 6. 1911 – 2. 1. 2005)

[225]http://jem.rupress.org/content/79/2/137.long
[226]http://de.wikipedia.org/wiki/Oswald_Avery
[227]http://en.wikipedia.org/wiki/Colin_Munro_MacLeod
[228]http://www.nlm.nih.gov/visibleproofs/galleries/technologies/dna_image_4.html

KAPITOLA 4.3.
DNA dokáže zmeniť genetické vlastnosti baktérií

„If we are right – and of course that's not yet proven, then it means that nucleic acids are not merely structurally important but functionally active substances in determining the biochemical activities and specific characteristics of cells – and that by means of a known chemical substance it is possible to induce predictable and hereditary changes in cells."

Oswald T. Avery[229]

ZAČIATKOM 20. STOROČIA sa výskum deoxyribonukleovej kyseliny (DNA) tešil značnej popularite, o čom svedčia slová jedného zo zakladateľov bunkovej biológie, profesora Edmunda B. Wilsona:[230] *„A tempting hypothesis* [...] *is that nuclein, or one of its constituent molecular groups, may in a chemical sense be regarded as the formative centre of the cell which is directly involved in the process by which food-matters are built up into the cell-substance".* [231] Na objasnení štruktúry DNA intenzívne pracoval litovsko-americký biochemik Phoebus A. T. Levene (1869 – 1940), ktorý zistil, že monomérne jednotky DNA tvorí deoxyribóza, jedna zo štyroch báz (adenín, guanín, tymín, cytozín) a fosfátová skupina. Zadefinoval ich

---

[229] „Ak máme pravdu – a pravdaže to ešte nie je dokázané – tak by to znamenalo, že nukleové kyseliny nie sú dôležité iba štruktúrne, ale sú funkčne aktívnymi látkami určujúcimi biochemické aktivity a špecifické bunkové charakteristiky – a že prostredníctvom chemickej substancie je možné v bunkách indukovať predpovedateľné a dedičné zmeny." Prepis časti „polnočného" listu (str. 11 – 12) Oswalda Averyho z 26. mája 1943 svojmu bratovi, Royovi C. Averymu, v ktorom mu pomerne dôkladne popisuje históriu výskumu *transformačného princípu*, výsledky experimentov realizovaných pracovnou skupinou Avery – MacLeod – McCarty a načrtáva úlohu DNA ako možnej nositeľky genetickej informácie;
http://profiles.nlm.nih.gov/ps/retrieve/ResourceMetadata/CCBDBF#transcript
[230] Kapitola 2.3.
[231] „Je pokušením hypotetizovať [...], že nukleín, alebo jedna z jeho zložiek, by mohli v chemickom slova zmysle predstavovať centrum bunky, ktoré sa priamo podieľa na procese tvorby bunkovej hmoty z jednoduchých živín"; Wilson, E.B. (1906). The cell in development and inheritance, 2nd Ed., Macmillan, New York, str. 340;
http://ia600504.us.archive.org/4/items/cellindevelopmen00wilsuoft/cellindevelopmen00wilsuoft.pdf

vzájomné prepojenie v poradí fosfát – cukor – báza, vytvárajúce základnú jednotku, ktorú nazval *nukleotid*. Na základe svojich pozorovaní však v roku 1909 mylne formuloval *tetranukleotidovú hypotézu*, ktorá bola uznávaná širokou vedeckou komunitou ďalšie tri desaťročia. V tejto teórii predstavil DNA ako molekulu s pravidelne sa opakujúcimi štyrmi nukleotidmi, v nemennom poradí a v pomernom zastúpení 1 : 1 : 1 : 1. Jeho chybné predstavy o štruktúre DNA ho tiež viedli k záveru, že molekula DNA je chemicky príliš jednoduchá na to, aby v nej bola uložená genetická informácia. Tú treba podľa neho hľadať predovšetkým v štruktúre proteínov, pre ktoré DNA len vytvára lešenie.[232] Neskôr bol aj Wilson uvedený do omylu domnelou stratou chromatínu, ktorú pozoroval v jadrách rastúcich oocytov.[233] Dôveru v DNA ako súčasť chromozómov obnovil Robert Feulgen (1884 – 1955), ktorý vyvinul fuchsín-bisulfitovú cytochemickú reakciu, techniku farbenia DNA, ktorá poskytla prvý autentický „signál" prítomnosti DNA v bunkách.[234] Napriek tomu sa takmer všetka pozornosť biochemikov upriamila na proteíny a ich nadšenie bolo posilnené aj úspešnou kryštalizáciou viacerých enzýmov. Až do 40. rokov minulého storočia tak bola za základ dedičnosti väčšinou vedcov považovaná proteínová zložka chromozómov, nakoľko, na rozdiel od 4 nukleotidov v DNA, proteíny pozostávajú až z 20 rôznych aminokyselín, ktorých kombinácia pre úschovu genetickej informácie poskytuje oveľa väčšie možnosti. DNA sa stala v očiach mnohých „proteínových nadšencov" nudnou, nezaujímavou a neperspektívnou molekulou. Navyše, vedcom nebola dostupná žiadna homogénna vzorka DNA, ktorá by bola vhodná na detailné chemické analýzy. Nič teda nenaznačovalo, že DNA je vhodným kandidátom pre molekulu, ktorá by mala niesť genetickú informáciu.

CESTA K DÔKAZOM, ŽE DNA (A NIE PROTEÍNY) je nositeľkou genetickej informácie, sa začala medzi svetovými vojnami. V 20. rokoch britský armádny dôstojník Frederick Griffith študoval vo svojom laboratóriu baktériu *Streptococcus pneumoniae* (pneumokok), pôvodcu ťažkých zápalov pľúc, v nádeji, že sa mu proti nej podarí vyvinúť účinnú vakcínu. Hoci sa pôvodný zámer Griffithovi nepodarilo splniť, prvýkrát pozoroval a detailne popísal jeden z najvýznamnejších javov v oblasti mikrobiológie, fenomén *transformácie*.[235]

Frederick Griffith (1879 – 1941) vo svojich experimentoch používal dva kmene pneumokokov. Prvým bol virulentný kmeň, ktorý je v infikovaných tkanivách vždy obklopený polysacharidovým obalom a pri kultivácii na agarovom médiu vytvára opuzdrené bunky, zoskupené v hladkých kolóniách S

---

[232] Hargittai, I. (2009). The tetranucleotide hypothesis: a centennial. *Struct. Chem.* 20: 753 – 756; pozri tiež kapitolu 5.1.

[233] Wilson E.B. (1925). The cell in development and heredity, 3rd Ed. Macmillan, New York, str. 351, citované v: Lederberg, J. (1994). The transformation of genetics by DNA: An anniversary celebration of Avery, MacLeod and McCarty (1944). *Genetics* 136: 423 – 426.

[234] Kasten, F.H. (2003). Robert Feulgen and his histochemical reaction for DNA. *Biotech. Histochem.* 78: 45 – 49.

[235] Griffith, F. (1928). The significance of pneumococcal types. *J. Hyg.* (Lond). 27: 113 – 159.

(z angl. *smooth*). Druhý kmeň bol avirulentný (neschopný navodiť v tele hostiteľa infekciu) a vytváral drsné kolónie R (z angl. *rough*) neopuzdrených buniek. V tom čase už bolo známe, že polysacharidy puzdra sa imunochemicky vzájomne odlišujú a podľa týchto rozdielov sú pneumokoky zadeľované do niekoľkých typov, označovaných ako I, II, III atď.[236] Griffith injekčne aplikoval pod kožu myší tepelne usmrtené bunky pneumokokov S typu II súčasne so živými, avirulentnými bunkami pneumokokov R typu I. Po pár dňoch myši zahynuli a z ich krvi Griffith izoloval iba živé bunky S typu II. Bol to nesmierne prekvapujúci výsledok, ktorý Griffith vysvetľoval tým, že sa z usmrtených buniek S typu II uvoľnili viaceré substancie, z ktorých pravdepodobne jedna bola absorbovaná živými bunkami R a udelila im schopnosť tvoriť nový typ puzdrového polysacharidu. Inými slovami, živé baktérie zmenili svoju virulenciu (z R na S) aj svoj typ (z I na II) – boli „transformované". Neidentifikovaná substancia – *transformačný princíp* – bola navyše dedená. Nakoľko však zmes uvoľnená z usmrtených buniek S obsahovala proteíny, lipidy, sacharidy, RNA a samozrejme aj podceňovanú DNA, zostávala stále nezodpovedaná otázka „Ktorá molekula je chemickou podstatou *transformačného princípu*?" Odpoveď a detailná chemická charakteristika látky zodpovednej za fenomén transformácie pneumokokov nechali na seba čakať až do roku 1944, keď Oswald T. Avery, Colin M. MacLeod a Maclyn McCarty publikovali výsledky svojho niekoľkoročného výskumu „*... concerned with a more detailed analysis of the phenomenon of transformation of specific types of Pneumococcus. The major interest has centered in attempts to isolate the active principle from crude bacterial extracts and to identify if possible its chemical nature or at least to characterize it sufficiently to place it in a general group of known chemical substances*".[237] Prijatie tejto práce vedeckou komunitou bolo v dobe „nadvlády proteínov" značne rozpačité a interpretácia ich výsledkov ako dôkaz, že DNA je molekulou zodpovednou za genetické zmeny, bola kontroverzná. Až oveľa neskôr boli zistenia Averyho, MacLeoda a McCartyho ocenené a oslavované ako „*the single most important finding in biology of the 20th century*" [238] či „*the opening of the contemporary era of genetics, its molecular phase*".[239] Podľa historika molekulárnej biológie Horacea F. Judsona (1931 – 2011) bolo dokonca objasnenie chemickej

[236] Stryker, L.M. (1916). Variations in the *Pneumococcus* induced by growth in immune serum. *J. Exp. Med.* 24: 49 – 68.

[237] „...ktorý bol zameraný na detailnejšiu analýzu fenoménu transformácie špecifických typov *Pneumococcus*. Hlavný zámer bol pokúsiť sa z hrubých extraktov baktérií izolovať aktívny princíp, identifikovať jeho chemickú povahu, alebo aspoň charakterizovať ho dostatočne na to, aby ho bolo možné zaradiť do nejakej kategórie chemických látok"; Avery, O.T., MacLeod, C.M., McCarty, M. (1944). Studies on the chemical nature of the substance inducing transformation of pneumococcal types. Induction of transformation by a desoxyribonucleic acid fraction isolated from *Pneumococcus* type III. *J. Exp. Med.* 79(2): 137 – 158.

[238] „najdôležitejší objav v biológii v 20. storočí"; Vigue, C.L. (1984). Oswald Avery and DNA. *Am. Biol. Teach.* 46: 207 – 211, citované v: Ghose, T. (2004). Oswald Avery: the professor, DNA, and the Nobel Prize that eluded him. *Can. Bull. Med. Hist.* 21: 135 – 144.

[239] „otvorenie súčasnej éry genetiky, jej molekulárneho obdobia"; Lederberg, J. (1994). The transformation of genetics by DNA: an anniversary celebration of Avery, MacLeod and McCarty (1944). *Genetics* 136: 423 – 426.

povahy génov Averyho skupinou, spolu s kvantovou teóriou Maxa Plancka a teóriou relativity Alberta Einsteina, jedným z troch najvýznamnejších medzníkov vedy 20. storočia.[240]

OSWALD THEODORE AVERY,[241] jeden z prvých molekulárnych biológov a priekopník v oblasti imunochémie, sa narodil v Halifaxe v Kanade. Jeho otec ako baptistický kazateľ vykonával pastoračnú službu, kvôli ktorej sa v roku 1887 rodina presťahovala do New Yorku. Tu v roku 1900 Avery absolvoval bakalárske štúdium humanitných vied na Colgateovej univerzite ako súčasť prípravy na vstup do kňazského úradu.[242] Na magisterské štúdium sa však zapísal na Kolumbijskú univerzitu v New Yorku, ktorú ukončil v roku 1904 a nasledujúce tri roky pracoval ako praktický lekár.[243] Avery však zistil, že lekárska prax ho intelektuálne nenapĺňa, a tak sa v roku 1907 začala jeho vedecká kariéra v Hoaglandovom laboratóriu, v súkromne dotovanom bakteriologickom výskumnom centre v Brooklyne. Avery sa naučil ako analyzovať chemické zloženie baktérií a zistil, ako chemická povaha komponentov bakteriálnych buniek môže ovplyvniť imunitnú odpoveď hostiteľa. Tieto priekopnícke experimenty, ktoré uskutočnil v spolupráci s Karlom Landsteinerom (1868 – 1943),[244] sa stali základom vzniku novej vedeckej disciplíny – imunochémie. V roku 1923 Avery prijal vedecko-pedagogické miesto na Rockefellerovom ústave, kde pôsobil až do svojho odchodu do dôchodku (1948). Vďaka svojim excelentným spôsobom vyučovania a zrozumiteľnosti jeho vedeckých prezentácií a konzultácií ho študenti oslovovali „Profesor", kolegovia zase familiárne „Fess",[245] hoci v skutočnosti mu titul profesor nikdy nebol udelený.[246] Krátko po tom, ako Griffith zverejnil svoje výsledky o transformácii pneumokokov, sa začal Avery zaujímať o chemickú povahu génov. Spočiatku bol ku Griffithovým

---

[240] Judson, H.F. (1996). The eighth day of creation: The makers of the revolution in biology. (Commemorative Ed.), Cold Spring Harbor Laboratory Press, Cold Spring Harbor, NY, USA.

[241] Dubos, R.J. (1976). The Professor, the Institute and DNA. New York: Rockefeller University Press. https://books.google.sk/books?id=NQ5rAAAAMAAJ&printsec=frontcover&source=gbs_ge_summary_r&cad =0#v=onepage&q&f=false; Stegenga J. (2011). The chemical characterization of the gene: vicissitudes of evidential assessment. *Hist. Philos. Life Sci.* 33: 105 – 127.

[242] Avery absolvoval len povinné vedecké predmety, z ďalších ponúkaných si žiadny naviac nezapísal. Dosahoval vynikajúce výsledky, a paradoxne, najlepšie známky získal z predmetov *Public speaking, Oration* alebo *Debate*, hoci bol neskôr ako vedec známy extrémnou plachosťou a odmietaním vedeckých stretnutí.

[243] Väčšina pacientov k nemu prichádzala so zápalom pľúc alebo tuberkulózou, pre ktoré neexistovala žiadna účinná liečba. Navyše jeho matka tiež zomrela na zápal pľúc. A práve tieto dve ochorenia sa stali hlavnými témami výskumu Averyho vedeckej kariéry.

[244] Karl Landsteiner, otec transfúzneho lekárstva, v roku 1900 správne určil 3 krvné skupiny (dnes označované A, B a 0), nezávisle na neskoršej práci J. Janského. Spoločne s A. S. Weinerom v roku 1937 objavili Rh faktor. Za objav krvných skupín dostal K. Landsteiner Nobelovu cenu za fyziológiu alebo medicínu (1930). V tomto čase bol aj Avery nominovaný na Nobelovu cenu za výskum na imunochémii pneumokokových antigénov, ale Komisia tento návrh zamietla. Na počesť oboch vedcov je vynikajúcim imunológom od r. 1973 Nemeckou spoločnosťou pre imunológiu udeľovaná „Avery – Landsteiner Prize".

[245] *Fess* – skratka od *Professor*

[246] Avery odišiel do dôchodku ešte pred tým, ako sa v roku 1955 *The Rockefeller Institute for Medical Research* zmenil na *The Rockefeller University*.

výsledkom skeptický: *„For many months, Avery refused to accept the validity of this claim [transformation] and was inclined to regard the finding as due to inadequate experimental controls.”* [247] Čoskoro potom však jeho vlastní kolegovia podľa Griffithovho pôvodného protokolu úspešne zopakovali transformáciu na ďalších typoch pneumokokov [248] a po izolácii *transformačného princípu* indukovali transformáciu aj v podmienkach *in vitro*.[249] V r. 1933 poskytol pre identifikáciu tejto molekuly záchytný bod smerujúci k DNA Lionel Alloway, ktorý precipitoval *transformačný princíp* alkoholom a získal hustú, sirupovitú zrazeninu.[250] V komentári k tomuto alkoholovému precipitátu sa Avery vyjadril: *„The transforming agent could hardly be carbohydrate, did not match very well with protein...”*, a preto naznačil *„...that it might be a nucleic acid”*.[251] Napriek viacerým technickým problémom, ale aj Averyho zdravotným ťažkostiam, v priebehu rokov 1941 – 1943 jeho pracovná skupina zdokonalila proces izolácie a uchovávania *transformačného princípu*, a tak ho mohli podrobiť základným chemickým analýzam a enzymatickým testom. Pätnásť rokov po tom, čo sa v Averyho laboratóriu začali experimenty pátrajúce po chemickej podstate *transformačného princípu*, boli vo februári 1944 ich výsledky a dôkazy, jasne preukazujúce hypotézu, že transformácia je spôsobená transferom DNA, publikované v časopise *Journal of Experimental Medicine*. Averyho objav, podobne ako teória dedičnosti Gregora Mendela, predbehol svoju dobu. Práca vyšla v čase, keď neboli baktérie s ich jednoduchým životným cyklom považované za vhodný modelový organizmus pre výskum dedičnosti, dokonca sa predpokladalo, že neobsahujú ani gény, ani DNA. Chybnú „proteínovú verziu centrálnej dogmy” a tetranukleotidovú teóriu štruktúry DNA, ktoré akceptovala väčšina vedcov, vyvrátil až Erwin Chargaff,[252] a rehabilitoval tak Averyho závery. Počas svojej kariéry sa stal Avery prezidentom viacerých vedeckých spoločností (*American Association of Immunologists, American Association of Pathologists and Bacteriologists* a

---

[247] „Niekoľko mesiacov Avery odmietal transformáciu akceptovať a mal sklon považovať ju za výsledok nedostatočne kontrolovaného experimentu"; Dubos, R.J. (1956). Obituary of O.T. Avery, 1877 – 1955. *Biogr. Mem. Fellows R. Soc.* 2: 35 – 48, citované v: Stegenga J. (2011). The chemical characterization of the gene: vicissitudes of evidential assessment. *Hist. Philos. Life Sci.* 33: str. 107.

[248] Dawson, M.H. (1928). The interconvertibility of „R" and „S" forms of *Pneumococcus*. *J. Exp. Med.* 47: 577 – 591; Dawson, M.H. (1930). The transformation of pneumococcal types: I. The conversion of R forms of *Pneumococcus* into S forms of the homologous type. *J. Exp. Med.* 51: 99 – 122.

[249] Dawson, M.H., Sia, R.H. (1931). *In vitro* transformation of pneumococcal types: I. A technique for inducing transformation of pneumococcal types *in vitro*. *J. Exp. Med.* 54: 681 – 699; Alloway, J.L. (1932). The transformation of R Pneumococci into S forms of different specific types by the use of filtered *Pneumococcus* extracts. *J. Exp. Med.* 55: 91 – 99.

[250] Alloway, J.L. (1933). Further observations on the use of *Pneumococcus* extracts in effecting transformation of type *in vitro*. *J. Exp. Med.* 57: 265 – 278.

[251] „Transformačný princíp by sotva mohol byť sacharid, veľmi sa nepodobá na proteín [takže by] to mohla byť nukleová kyselina"; Hotchkiss, R.D. (1965). Oswald T. Avery: 1877 - 1955. *Genetics* 51: 1 – 10, citované v: Stegenga J. (2011). The chemical characterization of the gene: vicissitudes of evidential assessment. *Hist. Philos. Life Sci.* 33, str. 107.

[252] Chargaff, E. (1950). Chemical specificity of nucleic acids and mechanism of their enzymic degradation. *Experientia* 6: 201 – 209; Chargaff, E. (1951). Structure and function of nucleic acids as cell constituents. *Federation Proceedings* 10: 654 – 659; pozri tiež kapitolu 5.1.

Society of American Bacteriologists). Bol členom americkej Národnej akadémie vied (*The National Academy of Sciences*) a britskej Kráľovskej spoločnosti (*The Royal Society*). Získal mnohé ocenenia (napr. Laskerovu a Passanovu cenu, Pasteurovu zlatú medailu, či Copleyho medailu), Nobelovej ceny sa však nedočkal. Oswald T. Avery zomrel 20. februára 1955 na rakovinu pečene, v čase, keď jeho objavy začala uznávať široká vedecká komunita.

COLIN MUNRO MacLEOD,[253] syn presbyteriánskeho kazateľa a učiteľky, strávil mladosť v Kanade. Ako zázračné dieťa preskočil niekoľko tried základnej školy a vo veku pätnásť rokov získal stredoškolské vzdelanie na *St. Francis College* v Richmonde, kde ešte rok pôsobil ako učiteľ. MacLeodovi bolo udelené štipendium na McGillovej univerzite v Montreale, kde v roku 1932 získal lekársky diplom. Nadšenie pre medicínsky výskum v ňom vzbudil jeho priateľ Martin H. Dawson (1896 – 1945), ktorý pracoval na bakteriálnej transformácii na Rockefellerovom ústave v New Yorku. A tak sa mladý lekár, po dvojročnej stáži v Montrealskej všeobecnej nemocnici, presťahoval do New Yorku a začal pracovať v Averyho laboratóriu. Tu svoj výskum zameral na štúdium zápalu pľúc spojeného s pneumokokovou infekciou, možnosti liečby tohto ochorenia pomocou chemoterapeutík alebo použitím zvieracích antisér. No jeho hlavný výskum sa spolu s Averym sústredil na fascinujúci fenomén bakteriálnej transformácie, predovšetkým na presné určenie chemickej povahy *transformačného princípu* zodpovedného za tento jav. MacLeod sa na tomto projekte podieľal dvomi zásadnými príspevkami: izoloval stabilný kmeň pneumokokov R36A, s ktorým sa mohla transformácia uskutočňovať opakovane, a zdokonalil zloženie živného média, z ktorého sa mohla transformujúca látka získavať v dostatočnom množstve. V roku 1941 získal MacLeod americké občianstvo, ukončil sedemročnú prácu na *transformačnom princípe* a stal sa vedúcim Katedry mikrobiológie na Lekárskej fakulte Newyorskej univerzity. Medzi jeho ďalšie vedecké úspechy patrili hlavne pokusy s anti-pneumokokovými vakcínami priamo v teréne. Okrem štyroch rokov na Pennsylvánskej štátnej univerzite (1956 – 1960) pôsobil celý svoj život na Newyorskej univerzite. Od vstupu USA do II. svetovej vojny až do konca svojho života bol MacLeod vedeckým poradcom federálnej vlády. V roku 1941 sa stal riaditeľom *Commission on Pneumonia of the U. S. Army Epidemiological Board*, ktorého prezidentom bol v rokoch 1949 – 1955. Pre mesto New York pomohol založiť Radu pre výskum zdravia, ktorej predsedal v rokoch 1960 – 1970. V roku 1963 ho prezident J. F. Kennedy menoval zástupcom riaditeľa Úradu pre vedu a technológiu Bieleho domu (*The White House Office of Science and Technology*). Bol členom Národnej akadémie vied, Americkej filozofickej spoločnosti (*The American*

---

[253] McDermott, W. (1983). Colin Munro MacLeod (1909 – 1972): A Biographical Memoir. Washington, DC: National Academy of Sciences, p. 181 – 219. http://www.nasonline.org/publications/biographical-memoirs/memoir-pdfs/macleod-colin.pdf; MacLeod, Colin Munro. Complete Dictionary of Scientific Biography. 2008. Encyclopedia.com. http://www.encyclopedia.com

Philosophical Society) a Americkej akadémie pre umenia a vedy (*American Academy of Arts and Sciences*). V roku 1972, keď cestoval do Dháky v Britskej Indii (dnešný Bangladéš), kde mal absolvovať návštevu laboratória zaoberajúceho sa štúdiom cholery, Colin M. MacLeod zomrel počas spánku v hoteli na letisku v Londýne.

MACLYN MCCARTY[254] sa narodil v meste South Bend v americkom štáte Indiana. Jeho otec bol zamestnaný v automobilovej spoločnosti *Studebaker Corporation* a kvôli jeho práci sa celá rodina často sťahovala.[255] Obaja jeho rodičia, hoci mali len základné vzdelanie, boli veľmi sčítaní a viedli svoje deti k sebestačnosti v úsilí o poznanie. Na strednej škole si McCarty s nadšením prečítal knihu Paula de Kruifa *The microbe hunters* (Lovci mikróbov),[256] ktorá spolu s tematicky podobnými dielami vzbudila u neho záujem o biológiu a medicínu. Svoje rozhodnutie pre kariéru v medicínskom výskume demonštroval neskôr na vysokej škole, keď spolu s tromi spolužiakmi založili *„Amateur Research Chemists Club"* a robili pokusy vo svojich pivničných laboratóriách. Vysokoškolské štúdium absolvoval na Stanfordovej univerzite (1933) a na Univerzite Johnsa Hopkinsa v Baltimore (1937), kde už ako študent pracoval v klinickom výskumnom laboratóriu. Svoje prvé vedecké miesto prijal (za 100 dolárov na mesiac) v biochemickom laboratóriu Williama S. Tilletta (1892 – 1974) na Newyorskej univerzite a hneď nasledujúci rok získal štipendium od *National Research Council*. Tillett ho odporučil Averymu, v ktorého laboratóriu niekoľko rokov pracoval a považoval ho za najvhodnejšie prostredie pre uplatnenie McCartyho záujmu o bakteriologický výskum a rozšírenie jeho experimentálnej zručnosti. A tak sa v roku 1941 pripojil k Averymu, v čase, keď z výskumu na *transformačnom princípe* odišiel MacLeod. V tomto období Avery a MacLeod ešte nepoznali chemickú povahu substancie zodpovednej za transformáciu pneumokokov a stále boli náchylní myslieť si, že ide buď o proteín alebo o RNA. McCarty s úspechom aplikoval svoje biochemické zručnosti a využil viaceré enzýmy pri purifikácii *transformačného princípu* a pri degradácii rôznych druhov makromolekúl, s cieľom identifikovať jeho chemický základ. Prvýkrát kryštalizoval deoxyribonukleázu, enzým degradujúci DNA, pomocou ktorého preukázal, že genetickým materiálom je DNA, a tým uštedril veľkú ranu úvahám o jeho proteínovej povahe. Hoci tieto výsledky získali už v máji 1943, kvôli Averyho neustálej opatrnosti bola práca publikovaná až 1. februára 1944. V roku 1946 sa McCarty stal vedúcim Laboratória bakteriológie a imunológie na Rockefellerovom ústave a sústredil sa na výskum reumatickej horúčky.

---

[254] McCarty, M. (1985). The transforming principle: Discovering that genes are made of DNA. New York: W. W. Norton. http://profiles.nlm.nih.gov/CC/A/A/O/F/_/ccaaof.pdf; McCarty, Maclyn. Complete Dictionary of Scientific Biography. 2003. Encyclopedia.com. http://www.encyclopedia.com; Awards & Honors. Maclyn McCarty (1911 – 2005). http://www.rockefeller.edu/about/awards/lasker/mmccarty

[255] McCarty počas prvých šiestich rokov základnej školskej dochádzky navštevoval až päť škôl v troch rôznych mestách. Vo svojej autobiografii ocenil túto skúsenosť, nakoľko *„...moving so often made me an inquisitive and alert child"* („...časté sťahovanie zo mňa urobilo zvedavé a pozorné dieťa").

[256] Táto kniha ovplyvnila veľa významných vedcov; pozri tiež kapitolu 4.2.

Prostredníctvom chemických analýz identifikoval jeho tím hlavné zložky štruktúry bunkovej steny streptokokov, pôvodcov ochorenia.[257] McCarty bol v rokoch 1965 – 1978 viceprezidentom Rockefellerovej univerzity a v rokoch 1960 – 1974 lekárom vo vedúcej funkcii v univerzitnej nemocnici. Pôsobil tiež ako predseda predstavenstva *Public Health Research Institute* v New Yorku (1985 – 1992), bol členom Národnej akadémie vied a zakladajúcim členom *The Institute of Medicine*. Z jeho dvoch manželstiev pochádzajú dvaja synovia[258] a jedna dcéra. McCarty zomrel v roku 2005, vo veku 93 rokov.

CELÁ ŠTÚDIA AVERYHO A JEHO KOLEGOV bola postavená na modelovej transformácii neopuzdreného kmeňa R baktérie *Pneumococcus* typu II na opuzdrený kmeň S typu III. Na rozdiel od Griffithových experimentov, Avery a spolupracovníci vykonávali transformačný experiment v podmienkach *in vitro*, čo si vyžadovalo zostavenie účinného *reakčného systému*, na ktorom pracovali niekoľko rokov, a ktorý vo svojej práci detailne popísali. Jeho súčasťou bolo (1) živné médium, (2) anti-R sérum, (3) živý kmeň R a (4) purifikovaný *transformačný princíp* extrahovaný z usmrteného kmeňa S. Ako kultivačné médium používali hovädzí vývar bez dextrózy, doplnený 1 % peptónom a drevným uhlím na stabilizáciu podmienok počas titrácie transformačnej aktivity extraktu. Sérum zvyšovalo účinnosť *in vitro* transformácie a v ňom prítomné anti-R protilátky spôsobovali aglutináciu neopuzdrených buniek R a ich sedimentáciu na dno skúmavky počas rastu v tekutom médiu, ktoré ostalo číre. Takýto výsledok bolo možné pozorovať aj v prípade, keď transformácia nenastala. Naopak, ak sa transformácia uskutočnila, opuzdrené bunky S, na ktoré neboli tieto protilátky účinné, rástli difúzne v celom médiu. Tento rozdiel v charaktere rastu umožňoval veľmi jednoducho rozpoznať pozitívny a negatívny výsledok transformácie, ktorý bol navyše overovaný kultiváciou na krvnom agare a ďalšou bakteriologickou identifikáciou. Neopuzdrený kmeň R, označený ako R36A, bol vytvorený z virulentnej kultúry S typu II sériou 36 pasážovaní. Tým stratil všetky špecifické vlastnosti materského kmeňa S, nebol schopný vyvolať infekciu na pokusnom zvierati, navyše bol vysoko stabilný a ani opakovane nepodliehal spontánnej reverzii na kmeň S. Samotný *transformačný princíp* bol extrahovaný z laboratórneho kmeňa S typu III, usmrteného zahriatím na teplotu 65 °C po dobu 30 minút. Následný postup jeho purifikácie zahŕňal niekoľkonásobné vyzrážanie proteínov pomocou chloroformu, odstránenie polysacharidového puzdra enzymatickou hydrolýzou a nakoniec vyzrážanie *transformačného princípu* etanolovou frakcionáciou a jeho rozpustenie vo fyziologickom roztoku.[259]

---

[257] Rebecca Lancefield (1895 – 1981), členka McCartyho tímu, vyvinula sérologický systém klasifikácie hemolytických streptokokov, ktorý dodnes nesie jej meno.

[258] Mladší syn dostal meno Colin Avery McCarty.

[259] Takýmto spôsobom sa podarilo Averymu získať 10 – 25 mg *transformačného princípu* z pôvodných 75 litrov bakteriálnej kultúry.

HYPOTÉZA, ŽE *TRANSFORMAČNÝM PRINCÍPOM* JE DNA, bola podporená viacerými dôkazmi. Sledovaním všeobecných vlastností purifikovaného materiálu výskumníci zistili, že bez zmeny transformačnej aktivity ho bolo možné skladovať niekoľko mesiacov pri teplote -70 °C, zohrievať 30 – 60 minút pri teplote 65 °C a 10 minút pri 90 °C, a naopak, jeho aktivita sa rýchlo strácala v prostredí s hodnotou pH < 5. Už výsledky kvalitatívnych chemických testov jasne poukázali na to, že purifikovaný materiál obsahuje DNA a nie iné makromolekuly: materiál vykazoval negatívne výsledky biuretovej reakcie a Millonových testov (na detekciu proteínov) a slabo pozitívne výsledky orcinolového testu (na detekciu RNA). Naproti tomu difenylamínová reakcia na detekciu DNA bola jednoznačne pozitívna. Elementárna chemická analýza zase preukázala, že obsah základných prvkov – uhlíka, vodíka, dusíka a fosforu v purifikovanom materiáli sa najviac približoval teoretickým hodnotám stanoveným pre DNA. Nakoniec aj fyzikálne parametre – absorpcia UV žiarenia (maximum pri vlnovej dĺžke 260 nm, minimum pri 235 nm), elektroforetická mobilita či relatívna molekulová hmotnosť *transformačného princípu* boli charakteristické pre DNA.

NAJPRESVEDČIVEJŠÍ DÔKAZ VŠAK PRINIESLI ENZYMATICKÉ ANALÝZY (**Obrázok 11**), ktorých stratégia bola založená na selektívnom zablokovaní schopnosti purifikovanej látky transformovať kmeň pneumokokov jedného typu na kmeň odlišného typu. K purifikovanému *transformačnému princípu* boli postupne pridávané rôzne enzymatické preparáty schopné selektívne degradovať jednotlivé typy makromolekúl (proteíny, nukleové kyseliny, polysacharidy, lipidy). Následne bola sledovaná jeho schopnosť indukovať transformáciu neopuzdrených buniek R na opuzdrené formy S odlišného typu. Ako sa ukázalo, proteázy trypsín a chymotrypsín (enzýmy degradujúce proteíny) a ribonukleáza (enzým degradujúci RNA) nemali žiadny vplyv na *transformačný princíp*. Rovnako ani opracovanie purifikovaného materiálu sérami, vykazujúcimi lipázovú alebo glykolázovú aktivitu, nijako nenarušilo jeho biologický účinok. Vo všetkých týchto reakčných systémoch sa transformácia buniek R typu II na bunky S typu III uskutočnila, čo sa prejavilo difúznym rastom baktérií v tekutom médiu alebo tvorbou „hladkých" kolónií S na krvnom agare. Úplne odlišnú situáciu však mohol Avery so spolupracovníkmi sledovať v reakčnom systéme, v ktorom bol *transformačný princíp* opracovaný deoxyribonukleázou, enzýmom degradujúcim DNA – tekuté médium ostávalo číre, bunky R v ňom sedimentovali na dne kultivačnej nádoby a po ich narastení sa na agare objavili len „drsné" kolónie R. To znamená, že k transformácii živých buniek kmeňa R na formy S nedošlo. Záverom týchto výsledkov bolo „*...that transforming activity is destroyed only by those preparations containing depolymerase for desoxyribonucleic acid*

... provide additional evidence for the belief that the active principle is a nucleic acid of the desoxyribose type".[260]

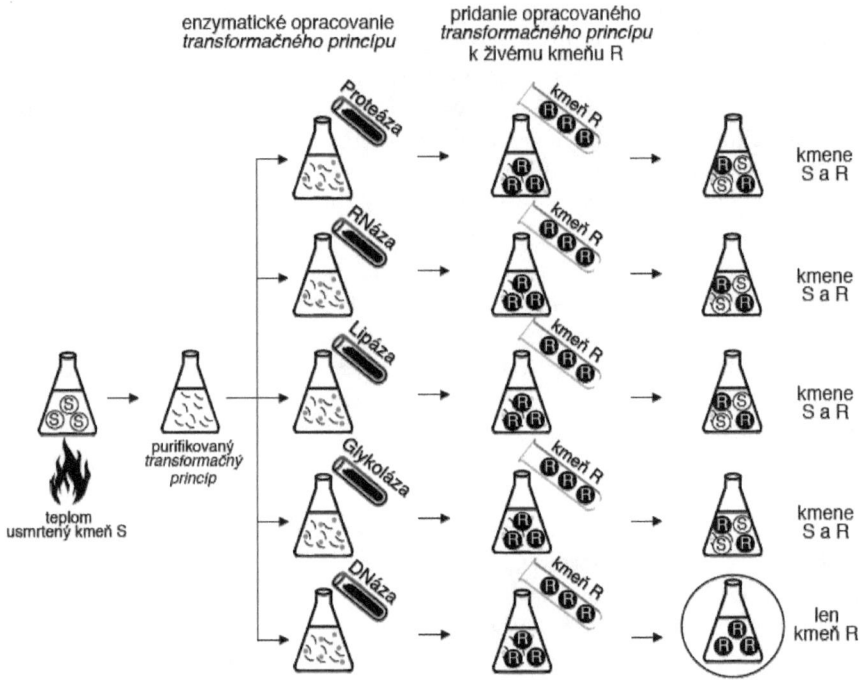

Obrázok 11. Schematické znázornenie klasického experimentu Averyho, MacLeoda a McCartyho. *Transformačný princíp* opracovaný proteázou, ribonukleázou (RNáza), lipázou alebo glykolázou je schopný transformovať avirulentný kmeň R pneumokokov na patogénny kmeň S. Po opracovaní preparátu deoxyribonukleázou (DNáza) dochádza k degradácii DNA, následnej strate aktivity *transformačného princípu* a v reakčnom systéme nenastáva transformácia kmeňa R na kmeň S.

ZÁVEREČNÁ VETA DISKUSIE V ČLÁNKU AVERY A KOL. (1944) znie: *„If the results of the present study on the chemical nature of the transforming principle are confirmed, then nucleic acids must be regarded as possessing biological specificity the chemical basis of which is as yet undetermined"*.[261] Avery v jeho často citovanom liste svojmu bratovi sa prekvapene a akoby neisto pýta: *„Who could have guessed it?*[262] Podobne

---

[260] „...že transformačná aktivita je zlikvidovaná len preparátmi obsahujúcimi depolymerázu pre deoxyribonukleovú kyselinu [...] poskytujú dodatočný dôkaz, že aktívnym princípom je nukleová kyselina deoxyribózového typu".

[261] „Ak budú výsledky tejto štúdie o chemickej povahe transformačného princípu potvrdené, potom sa nukleové kyseliny musia považovať za nositeľky biologickej špecificity, ktorej chemický základ je zatiaľ neznámy."

[262] „Kto by to bol tušil?"

opatrne, v niektorých prípadoch až odmietavo, sa k Averyho práci stavalo pomerne veľa biológov a chemikov. Takéto rozmanité prijatie vychádzalo hlavne z nejednoznačne až váhavo interpretovaných výsledkov.[263] Nie všetci sa však k práci vyjadrovali kriticky. Pre niektorých vedcov sa stala novým impulzom pre výskum nukleových kyselín. Tvrdenie, že transformácia je naozaj prenos génov sprostredkovaný deoxyribonukleovou kyselinou, bolo neskôr podporené objavom ďalších dvoch fenoménov prenosu genetickej informácie – konjugácie baktérií *Escherichia coli*[264] a transdukcie baktérií *Salmonella* sprostredkovanej vírusmi.[265] Všetky pochybnosti kritikov o vierohodnosti dôkazov, že DNA predstavuje genetický materiál, nakoniec vyprchali, keď závery práce Averyho, MacLeoda a McCartyho o takmer 10 rokov neskôr potvrdila štúdia Hersheyho a Chaseovej,[266] a keď Watson a Crick predstavili svoj model štruktúry a replikácie DNA.[267]

OTÁZKY NA ZAMYSLENIE

1. Experimenty Averyho skupiny preukázali, že DNA je chemickou podstatou *transformačného princípu*, no nevysvetlili, ako samotná transformácia funguje. Ako teda transformácia prebieha?
2. Vedeli by ste vysvetliť, prečo autori v enzymatických analýzach nepoužili aj enzým pepsín?

---

[263] Posledné tri vety publikácie Avery a kol. 1944 začínajú „*If...*" („ak"), „*Assuming...*" („predpokladajúc") a opäť „*If...*". Takáto opatrná rétorika a váhavé hodnotenie vlastných dôkazov boli pre Averyho typické a oponentmi najviac kritizované.

[264] Lederberg, J., Tatum, E.L. (1946). Gene recombination in *Escherichia coli*. *Nature* 158: 558; kapitola 4.2.

[265] Zinder, N.D., Lederberg, J. (1952). Genetic exchange in *Salmonella*. *J. Bacteriol*. 64: 679 – 699.

[266] Kapitola 4.4.; Hershey, A.D., Chase, M. (1952). Independent functions of viral protein and nucleic acid in growth of bacteriophage. *J. Gen. Physiol*. 36: 39 – 56.

[267] Watson, J.D., Crick, F.H. (1953). Molecular structure of nucleic acids; a structure for deoxyribose nucleic acid. *Nature* 171: 737 – 738. Trochu ironicky vyznieva fakt, že ani Hershey a Chaseová, ani Watson s Crickom publikáciu Avery a kol. (1944) necitovali.

Hershey, A. D., Chase, M. (1952). Independent functions of viral protein and nucleic acid in growth of bacteriophage. *J. Gen. Physiol.* **36**: 39 – 56. [268]

Martha Chaseová (30. 11. 1927 – 8. 8. 2003) &
Alfred Day Hershey (4. 12. 1908 – 22. 5. 1997)[269]

[268] http://jgp.rupress.org/content/36/1/39.full.pdf
[269] http://www.dnaftb.org/18/gallery.html

KAPITOLA 4.4.
Molekula DNA je nositeľkou genetickej informácie

„The Hershey – Chase experiment is one of the most simple and elegant experiments in the early days of the emerging field of molecular biology."

Peter Sherwood
(hovorca *Cold Spring Harbor Laboratory*)[270]

OTÁZKA MOLEKULOVEJ PODSTATY DEDIČNOSTI bola predmetom štúdia viacerých významných vedeckých pracovísk v prvej polovici 20. storočia. Favorizovanú pozíciu v boji o nositeľa genetickej informácie mali molekuly proteínov, keďže Leveneho analýzy odhaľujúce tetranukleotidové zloženie molekuly DNA,[271] ju postavili do pozície monotónnej až fádnej molekuly na to, aby mohla zabezpečovať takú veľkú variabilitu organizmov. Presvedčiť vedeckú komunitu o dôležitosti DNA ako nositeľky genetickej informácie nebolo práve preto rýchle a jednoduché a vyžadovalo množstvo experimentálnych dôkazov. Jeden z najpresvedčivejších experimentov uskutočnili Avery, MacLeod a McCarty v roku 1944,[272] keď dokázali, že purifikovaná molekula DNA je tzv. *transformačným princípom*, a že genetická informácia baktérie *Streptococcus pneumoniae* sa nachádza v DNA. Prečo ich výsledky veľká časť vedeckej komunity v tom čase nepovažovala za dostatočný dôkaz? Transformácia bola úplne novým

---

[270] http://www.the-scientist.com/?articles.view/articleNo/22403/title/Martha-Chase-dies/
„Experiment Herheyho a Chaseovej je jedným z najjednoduchších a najelegantnejších experimentov v počiatkoch éry molekulárnej biológie."
[271] Levene, P.A. (1909). Yeast nucleic acid. *Biochem. Z.* 17: 120 – 131; viď tiež Simoni, R.D., Hill, R.L. Vaughan. (2002). The structure of nucleic acids and many other natural products: Phoebus Aaron Levene. *J. Biol. Chem.* 277: e11; http://www.jbc.org/content/277/22/e11.full; kapitola 4.3.
[272] Avery, O. T., MacLeod, C. M., McCarty, M. (1944). Studies on the chemical nature of the substance inducing transformation of pneumococcal types: Induction of transformation by a deoxyribonucleic acid fraction isolated from *Pneumococcus* type III. *J. Exp. Med.* 79: 137 – 158; kapitola 4.3.

fenoménom, ktorý mnohí považovali za špecifický pre pneumokoky. Publikácia upriamovala pozornosť na proces transformácie, no jej autori dostatočne nezdôraznili význam svojich výsledkov. [273] Averyho práca však nezostala nepovšimnutá. Otvorila dvere ďalším štúdiám odhaľujúcim významnú funkciu DNA v živých organizmoch. V druhej polovici 40. rokov získala významný vplyv skupina vedcov študujúcich bakteriofágy, ktorej popredným členom bol americký vedec Alfred Day Hershey. Po publikovaní výsledkov experimentu, ktorý Hershey uskutočnil so svojou kolegyňou Marthou Chaseovou, sa úloha DNA ako nositeľky genetickej informácie definitívne potvrdila.

ALFRED DAY HERSHEY SA NARODIL V meste Owosso v americkom štáte Michigan. Po ukončení doktorandského štúdia v roku 1934 prijal pozíciu na Washingtonovej univerzite v St. Louis, kde začala jeho úspešná kariéra v oblasti experimentálnej práce s bakteriofágmi. Keďže v tomto období nebolo veľa vedcov, ktorí by sa zaoberali výskumom bakteriofágov, články Alfreda Hersheyho si všimli dvaja významní predstavitelia tzv. fágovej genetiky, Max Delbrück a Salvador Luria.[274] Delbrück pozval Hersheyho do svojho laboratória v Nashville, kde v roku 1946 publikoval prácu o rekombinácii bakteriofágov pri ko-infekcii hostiteľskej bakteriálnej bunky.[275] Vo fágovej genetike sa tak začala nová éra. Delbrück, Luria a Hershey boli jej hlavnými predstaviteľmi a založili Americkú fágovú skupinu (angl. *American Phage Group)*, ktorá si získala v rámci vedeckej komunity veľký rešpekt. Lídrom tejto skupiny, ktorú mnohí nazývali aj „fágová cirkev" (angl. *phage church)*, bol Max Delbrück, fyzik, ktorý sa od kvantovej mechaniky rozhodol prejsť na štúdium molekulárnych základov dedičnosti. Salvador Luria bol pôvodom taliansky mikrobiológ, veľmi pracovitý a vnímavý. Alfred (Al) Hershey (nazývaný „svätcom") bol bezúhonný, tichý a strohý vo svojich vyjadreniach a osobnej komunikácii. Každé jeho slovo malo význam, a ak význam svojich slov nevidel, v duchu Wittgensteinovho imperatívu[276] mlčal. Hershey bol vo svojom osobnom živote veľmi skromný a čestný, no vo svojej experimentálnej práci mu nechýbala odvaha. Jeho experimenty boli vždy logicky premyslené, bezchybné a presné. V roku 1950 prijal pozíciu v *Cold Spring Harbor Laboratory* v New Yorku, kde ako technička začala pracovať v jeho laboratóriu Martha Chaseová. Spoločným experimentom na bakteriofágoch potvrdili v roku 1952 úlohu molekuly DNA ako nositeľky genetickej informácie. Hershey zostal pracovať v Cold Spring Harbor aj naďalej. V roku 1969 mu bola za štúdium replikácie a genetiky bakteriofágov spolu s Delbrückom a Luriom udelená Nobelova cena. Na jednej zo svojich prednášok komentoval Hershey svoju prácu slovami: *„One of the tragedies of my scientific life is*

---

[273] Navyše, svoje výsledky publikovali v časopise, ktorý býval opomenutý väčšinou genetikov a biochemikov, a preto tento významný objav nespôsobil v tom čase vo vedeckých kruhoch veľký rozruch.
[274] Kapitola 3.2.
[275] Hershey, A. D. (1946). Mutation of bacteriophage with respect to type of plaque. *Genetics* 31 (6): 620 – 640.
[276] *Wovon man nicht sprechen kann, darüber muss man schweigen.* Voľne preložené, ak nemáš čo povedať, mlč.

that I make too many discoveries...This is no laughing matter, but a real tragedy, because new discoveries interfere with completing each previous line of research. "[277] Hershey bol aktívny až do svojho dôchodkového veku a dokonca aj potom bol pravidelným návštevníkom laboratória a vedeckých sympózií.

MARTHA CHASEOVÁ SA NARODILA a vyrastala v Cleveland Heights v americkom štáte Ohio. V Cold Spring Harbor pod vedením Alfreda Hersheyho začala pracovať v roku 1950 po ukončení bakalárskeho štúdia vo Woosteri (štát Ohio). Jej dlhoročný priateľ Waclaw Szybalski [278] popisuje ich spoluprácu v laboratóriu ako dokonale zladenú, s minimom slov, pričom každý vedel, čo má robiť. Martha Chaseová mala zásadný podiel na experimentoch s bakteriofágmi, no cítila sa skôr len ako technička a sama si dlho neuvedomovala, aký veľký význam tieto výsledky majú. Po skončení spolupráce s Alfredom Hersheyim z Cold Spring Harbor odišla a v roku 1964 získala titul PhD. na Juhokalifornskej univerzite v Los Angeles. Neskôr ju postihlo viacero osobných neúspechov, vrátane straty zamestnania na konci 60. rokov. Svoju vedeckú kariéru predčasne ukončila, no jej participácia na jednom z najkrajších experimentov biológie je neodškriepiteľná a spolu s Hersheym je tak zapísaná v každej modernej učebnici molekulárnej genetiky.

BAKTERIOFÁGY, vírusy infikujúce bakteriálne bunky, boli hlavným objektom Hersheyho výskumu. Delbrück ich analogizoval s elementárnymi časticami, ktoré študovala fyzika. Podstatné bolo, že vykazovali základné vlastnosti genetického materiálu: dedičnosť a premenlivosť. Napríklad, bolo možné pozorovať variabilitu vo veľkosti, tvare, či turbidite plakov, pričom tieto vlastnosti si potomstvo príslušného kmeňa fága odovzdávalo z generácie na generáciu. Spolu s ich relatívne jednoduchou štruktúrou pozostávajúcou len z bielkovinového obalu a nukleovej kyseliny ich tieto charakteristiky predurčovali ako výborných kandidátov na experimenty zamerané na identifikáciu substancie, ktorá nesie genetickú informáciu a aj na štúdium jej kopírovania (replikácie). Hershey a Chaseová pracovali s bakteriofágom T2 a hostiteľskou baktériou *Escherichia coli*. V tom čase už bolo známe, že fágy pri infekcii hostiteľskej bunky do nej nevchádzajú celé, ale reprodukujú sa nasadnutím na jej povrch, pričom vypustia genetický materiál do vnútra. Len časť fágového materiálu je teda v procese prenosu genetickej informácie dôležitá. Tak ako mnoho súčasníkov Hersheyho, aj on sám predpokladal, že spolu s nukleovou kyselinou vchádza do bunky aj časť proteínov a tie sú pravdepodobne nositeľmi genetickej informácie. Hoci viaceré experimenty

---

[277] „Jednou z tragédií môjho vedeckého života je, že som prišiel na príliš veľa objavov... nie je to na smiech, to je skutočne tragédia, pretože každý nový objav mi zabraňuje v dokončení predchádzajúcej línie výskumu."
[278] Stahl, F. W., Hershey, A. D. (2000). We can sleep later: Alfred D. Hershey and the origins of molecular biology. Cold Spring Harbor Laboratory Press, NY, USA.

naznačovali, že DNA je dôležitá v replikácii a prenáša sa do potomstva, chýbal mu presvedčivý dôkaz a rozhodol sa, že sa ho pokúsi získať.

ELEGANCIA EXPERIMENTU SPOČÍVA V JEHO JEDNODUCHOSTI (**Obrázok 12**). Dôležitým prvkom nukleovej kyseliny je fosfor, pričom síra sa v nej nenachádza. Proteíny naopak síru obsahujú, zatiaľ čo fosfor sa v nich vyskytuje iba vo veľmi malom zastúpení. Oba prvky je možné ľahko nahradiť ich rádioizotopovým variantom. Rádioaktívny izotop fosforu [^{32}P] sa dá využiť na označenie fágovej DNA a rádioaktívny izotop síry [^{35}S] na označenie fágových proteínov.

V prvom experimente Hershey a Chaseová pridali rádioaktívny izotop fosforu do média s baktériami a následne ich infikovali bakteriofágmi T2. Potomstvo bakteriofágov izolovali, pričom rádioaktívny fosfor sa zabudoval do DNA fágových častíc. Takto označenými bakteriofágmi T2 infikovali bakteriálne bunky *E. coli*. Keďže podstatná časť fága zostáva po infekcii uchytená na povrchu hostiteľskej bunky, potrebovali tento materiál z buniek odstrániť, aby vedeli oddeliť zložky obalu od obsahu bakteriofágov, ktorý prechádza do bunky. Hershey bol skúsený experimentátor. Usúdil, že najvhodnejším spôsobom by mohlo byť premiešanie kultúry v elektrickom kuchynskom mixéri (angl. *waring blender*). Elektrický mixér by mohol vyvinúť dostatočnú silu na oddelenie „prázdnych" obalov bakteriofágov. [279] V minútových intervaloch Hershey s Chaseovou odoberali zo suspenzie vzorky a zisťovali počet baktérií produkujúcich fágy. Vzorky následne centrifugovali a merali zastúpenie izotopu ^{32}P v supernatante a v bunkovom sedimente. Supernatant obsahoval uvoľnené zvyšky fágových častíc a hlavnú zložku sedimentu predstavovali bunky infikované bakteriofágmi. Výsledky experimentu ich nesmierne prekvapili. Po mechanickom opracovaní buniek v mixéri detegovali v supernatante iba 15 % z celkového množstva ^{32}P, väčšina z neho bola v sedimente. Hoci bol experiment urobený precízne, Hersheyho to stále nepresvedčilo. Mohli urobiť niekde chybu.

ROZHODLI SA ZOPAKOVAŤ CELÝ EXPERIMENT ZNOVU, tentoraz použitím rádioaktívneho izotopu síry, čím označili proteínové zložky fágových častíc. Druhý experiment ich utvrdil v tom, že ich výsledky boli správne. Nečakané, ale veľmi významné zistenia sa potvrdili. Zvyšky fágových častíc v supernatante obsahovali približne 80 % z celkového množstva izotopu ^{35}S. Znamenalo to, že väčšia časť fágovej DNA vchádza do hostiteľskej bunky a približne 80 % sírou značených proteínov zostáva mimo bunky. Uvoľnenie sírou značených proteínov do supernatantu je sprevádzané aj uvoľnením istej frakcie značeného fosforu (približne 20 – 35 %), ale z toho polovica je uvoľnená do supernatantu aj bez predchádzajúceho mechanického opracovania v mixéri. Aké boli teda závery experimentov? Výsledky ukázali, že (1) prevažná časť sírou značených fágových

---

[279] Vďaka vynaliezavému prístupu Alfreda Hersheyho sa preto tento experiment zapísal do histórie aj pod pojmom „*blender experiment*".

častí (čiže proteínov) zostáva počas infekcie mimo bunky a nezohráva ďalšiu úlohu v delení bakteriofágov vnútri bunky a (2) väčšia časť fágovej DNA naopak vchádza do bunky po adsorpcii fágových častíc na hostiteľskú bunku.

Bunky *E. coli* sedimentované po centrifugácii boli schopné produkovať ďalšie fágové častice. Pre Hersheyho to bola výzva pokračovať ďalej. Čo sa udeje v ďalšej generácii? Stratí sa rádioaktívny fosfor z buniek? Vrátili sa teda k bakteriálnym kultúram a zisťovali zastúpenie izopotov ^{35}S a ^{32}P v ďalšej generácii bakteriofágov. Výsledky boli presvedčivé. Potomstvo získané z baktérií infikovaných bakteriofágom značeným ^{35}S, vykazovalo menej ako 1 % pôvodnej rádioaktivity. Potomstvo získané z baktérií infikovaných fágom značeným ^{32}P však obsahovalo minimálne 30 % pôvodnej aktivity ^{32}P. Hoci získané výsledky podporovali úlohu DNA ako nositeľky genetickej informácie, viacero dôležitých detailov sa na základe týchto výsledkov nedalo vysvetliť. Napríklad, čo so zostávajúcimi 20 % ^{35}S detegovanými v sedimente? Vstupuje, či nevstupuje do hostiteľskej bunky? Má v nej nejakú úlohu?

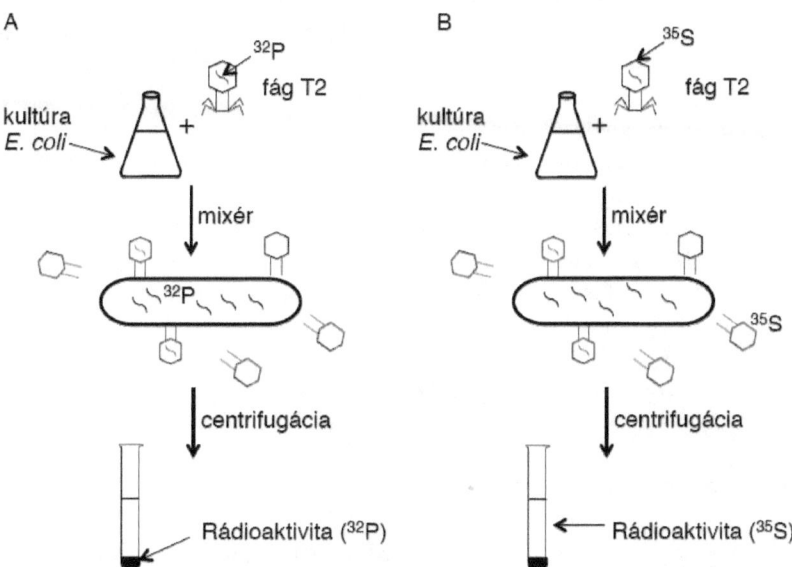

Obrázok 12. Schéma experimentu Hersheyho a Chaseovej. Bakteriofágmi T2 infikovali kultúru *E. coli* v médiu obsahujúcom rádioaktívny fosfor alebo rádioaktívnu síru. Po infekcii tak došlo k zabudovaniu rádioaktívneho fosforu do molekuly DNA fága (A), resp. rádioaktívnej síry do molekúl proteínov (B). Takto označenými fágmi infikovali novú kultúru *E. coli*. Po čase kultúru opracovali v mixéri, čím došlo k uvoľneniu proteínových obalov z povrchu hostiteľských buniek. Po následnej centrifugácii merali množstvo rádioaktívneho fosforu, resp. síry v sedimente a supernatante. Väčšinu aktivity ^{32}P zaznamenali v bunkovom sedimente (A), zatiaľ čo prevažná časť aktivity ^{35}S bola nameraná v supernatante (B).

Vo fágových časticiach v ďalšej generácii bolo detegované len 1 % značených proteínov, preto ak aj vstupujú do bunky, nepredpokladá sa ich úloha v následujúcich kolách infekcie. Zostávala však možnosť, že do bunky môže vstupovať nejaký iný typ fágového materiálu, ktorý neobsahuje síru či fosfor a môže zohrávať úlohu v dôležitých procesoch.

Waclaw Szybalski v spomienkach o Alfredovi Hersheym píše, že keď prvýkrát prezentoval výsledky svojho „mixérového" experimentu na seminári v Cold Spring Harbor začiatkom roku 1951, vyjadril sa slovami: „Možno mal Avery (1944) pravdu a DNA je skutočnou nositeľkou dedičnosti, ale malé množstvo proteínu (menej než 1 %) predsa len prechádza do ďalšej generácie a môže zohrávať nejakú úlohu." Hershey bol skromný a nepúšťal sa do nadnesených záverov, preto svoju publikáciu zakončili slovami, ktoré nechávajú veľa možností otvorených: „*This protein probably has no function in the growth of intracellular phage. The DNA has some function. Further chemical inferences should not be drawn from the experiments presented.*"[280] Aj napriek tomu, že Hershey si do poslednej chvíle nebol istý funkciou DNA, podarilo sa mu jeho precíznymi experimentami presvedčiť vedecký prúd naladený proti úlohe DNA v dedičnosti, že práve táto molekula, je nositeľkou genetickej informácie.

James D. Watson pri príležitosti úmrtia Alfreda Hersheyho v roku 1997 napísal: „*The Hershey – Chase experiment had a much broader impact than most confirmatory announcements and made me ever more certain that finding the three – dimensional structure of DNA was biology's next important objective. The finding of the double helix by Francis Crick and me came only 11 months after my receipt of a long Hershey letter describing his blender experiment results.*"[281]

V roku 1944, keď Avery, MacLeod a McCarty uskutočnili svoj experiment na dôkaz DNA ako nositeľky genetickej informácie, ešte vedecký svet nebol pripravený prijať túto informáciu so všetkými jej implikáciami, a preto pochybnosti o správnosti realizácie experimentu zvíťazili. Počas nasledujúcich 8 rokov však experimentálne dôkazy o funkcii DNA pribúdali. Hershey a Chaseová svojou prácou definitívne zmenili dovtedajší názor na DNA a urýchlili ďalšie štúdie o štruktúre a replikácii tejto unikátnej molekuly.

OTÁZKY NA ZAMYSLENIE

1. Ako by ste vo svetle súčasných vedomostí o štruktúre DNA vysvetlili prítomnosť 20 % rádioaktívneho izotopu síry v bunkovom sedimente po uskutočnení „mixérového" experimentu?
2. Hershey a Chaseová po opakovaní experimentu s pôvodnými kultúrami zistili, že v ďalšej generácii bakteriofágov je možné detegovať približne 30 %

---

[280] „Proteín pravdepodobne nemá funkciu pri vnútrobunkovom raste bakteriofágov. DNA zohráva nejakú funkciu. Ďalšie závery z tohto experimentu vyvodzovať nemôžeme."

[281] http://www.medterms.com/script/main/art.asp?articlekey=39044
„Experiment Hersheyho a Chaseovej mal oveľa väčší vplyv ako väčšina potvrdzujúcich experimentov a uistili ma, že určenie trojrozmernej štruktúry DNA je nasledujúcim dôležitým cieľom biológie. Objav dvojzávitnicovej štruktúry uskutočnený Francisom Crickom a mnou prišiel iba 11 mesiacov potom, ako som dostal dlhý Hersheyho list popisujúci výsledky jeho ‚mixérového' experimentu."

pôvodného rádioaktívneho fosforu a 1 % rádioaktívnej síry. Aké by bolo podľa vás približné zastúpenie rádioaktívnych prvkov v nasledujúcej generácii?

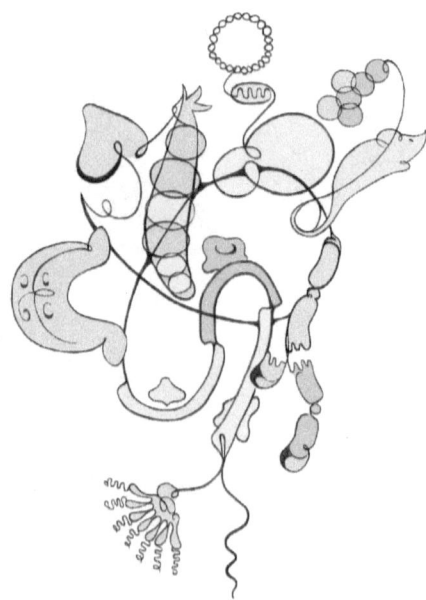

5. Mechanizmy uchovávania a prenosu genetickej informácie

Chargaff, E., Vischer, E., Doniger, R., Green, C., and Misani, F. (1949). The composition of the desoxypentose nucleic acids of thymus and spleen. *J. Biol. Chem.* 177: 405 – 416.[282]

Erwin Chargaff[283]
(11. 8. 1905 – 20. 6. 2002)

---

[282] http://www.jbc.org/content/177/1/405.full.pdf; pravidlá o bázovom zložení DNA boli detailnejšie popísané v ďalšej publikácii pochádzajúcej z Chargaffovho laboratória: Chargaff, E., Lipshitz, R., Green, C., Hodes, M.E. (1951). The composition of the deoxyribonucleic acid of salmon sperm. *J. Biol. Chem.* 192: 223 – 230.
[283] http://history.nih.gov/exhibits/nirenberg/popup_htm/03_chargoff.htm

KAPITOLA 5.1.
Zastúpenie jednotlivých báz v DNA je možné vyjadriť jednoduchými pravidlami

„Science is wonderfully equipped to answer the question ‚how?' but it gets terribly confused when you ask the question ‚why?'"

Erwin Chargaff[284]

V PRVEJ POLOVICI 20. STOROČIA bolo získaných množstvo informácií o zložení a štruktúre nukleových kyselín. Veľkou mierou k tomu prispel svojím výskumom rusko-litovský biochemik Phoebus Levene, ktorý v rokoch 1909 až 1930 publikoval viacero článkov, pojednávajúcich o nukleových kyselinách. Zistil, že sú to lineárne reťazce pozostávajúce zo štyroch rôznych stavebných jednotiek, pre ktoré zaviedol pojem nukleotid. Zároveň správne stanovil poradie jednotlivých zložiek v nukleotide ako fosfát – cukor – báza. Podarilo sa mu identifikovať cukornú zložku v molekule RNA a DNA (ribóza, resp. deoxyribóza) a určil nielen empirické, ale aj štruktúrne vzorce pre jednotlivé dusíkaté bázy. Levenovo meno je však najviac spájané s tzv. *tetranukleotidovou hypotézou,* ktorej negatívny vplyv na vtedajšiu vedeckú komunitu zatienil jeho veľký prínos v oblasti biochémie nukleových kyselín.[285] Podľa tetranukleotidovej hypotézy sú jednotlivé bázy v nukleových kyselinách vždy v rovnakom poradí za sebou (napr. A – C – G – T – A – C – G – T). Levene vychádzal z výsledkov, ktoré ukazovali, že v nukleových kyselinách sa nachádza rovnaké množstvo každej bázy. Dôvodom bolo, že techniky, ktoré v tej dobe využíval, neumožňovali presnejšie merania. Tetranukleotidová hypotéza (ktorá sa možno aj vďaka

---

[284] „Veda je skvele vybavená odpovedať na otázku ‚Ako?', ale začne byť hrozne zmätená, keď sa opýtate ‚Prečo?'." Chargaff, E. (1977). Voices in the labyrinth: nature, man, and science. Seabury Press, kapitola 1, str. 8).

[285] Pozri tiež kapitoly 4.3. a 4.4.

priveľkému rešpektu voči uznávanému chemikovi Levenovi stala dogmou) robila z nukleových kyselín „hlúpe" molekuly a z tohto dôvodu bola pozornosť genetikov obrátená skôr na proteíny. Prvý dôkaz, že DNA nesie gény, priniesli Avery, MacLeod a McCarty, ktorí v roku 1944 ukázali, že tzv. *transformačným princípom* je DNA a nie proteíny.[286] Hoci mnohí v tom čase nedôverovali týmto výsledkom, biochemik Erwin Chargaff sa práve na základe práce Averyho a spolupracovníkov rozhodol naplno venovať výskumu nukleových kyselín: *„I saw before me in dark contours the beginning of a grammar of biology. ...Avery gave us the first text of a new language, or rather, he showed us where to look for it. I resolved to search for this text".*[287] Jeho výsledky napokon nielenže definitívne vyvrátili tetranukleotidovú hypotézu, ale zároveň zásadne prispeli k rozlúšteniu trojrozmernej štruktúry DNA.

Erwin Chargaff sa narodil v roku 1905 v meste Czernowitz (dnešné Černovice, Ukrajina), ktoré bolo v tom období súčasťou Rakúsko-Uhorska. Na Czernowitz mal však Chargaff len hmlisté spomienky. V roku 1914, keď prišla správa o atentáte na arcivojvodu Františka Ferdinanda, trávila rodina letnú dovolenku pri mori v poľskom meste Sopot. Na konci leta sa už nebolo kam vrátiť, Czernowitz mal každú chvíľu padnúť do rúk ruskej armády. Chargaffovci sa rozhodli usadiť vo Viedni, kde Erwin strávil zvyšok detstva ako aj roky dospievania a uvažoval o nej ako o svojom rodnom meste. V roku 1923, po absolvovaní jedného z najkvalitnejších viedenských gymnázií, sa Chargaff rozhodoval, ako ďalej pokračovať v štúdiu: *„Being gifted for many things, I was gifted for nothing. ... It was quite clear to everybody that I should have to enter the university and acquire a doctor's degree. This had the advantage of postponing the unpleasant decision about my future by four years or so".*[288] Napokon sa rozhodol pre štúdium chémie na Viedenskej univerzite, ktoré ukončil v roku 1927. Vzhľadom na nedostatok vedeckých pozícií v Európe Chargaff prijal ponuku na miesto vedeckého pracovníka na Yaleovej univerzite. Odchodu do Ameriky sa však obával a jeho prvé skúsenosti s novým kontinentom tieto obavy zrejme vôbec nezahnali. Hneď po príchode do New Yorku ho zatvorili do väzenia. Imigračný dôstojník nerozumel, ako môže prichádzať so študentskými vízami a zároveň mať v pase uvedený titul. Po niekoľkých dňoch väzenia predstúpil pred súd, ktorý rozhodol, že je podvodník a nariadil okamžitú deportáciu. Situáciu napokon vyriešil právny zástupca Yaleovej univerzity a Chargaff bol prepustený. Po týchto počiatočných nepríjemnostiach strávil na univerzite dva úspešné roky

---

[286] Kapitola 4.3.

[287] „Videl som pred sebou v tmavých kontúrach počiatky biologickej gramatiky. ...Avery nám dal prvý text v novom jazyku, alebo skôr ukázal, kde po ňom pátrať. Ja som sa rozhodol hľadať tento text." Úryvok z príhovoru na stretnutí k 100. roku výskumu nukleových kyselín.

[288] „Mal som talent na mnoho vecí, čo znamenalo, že som nemal talent na nič. ...Každému bolo jasné, že by som mal ísť na univerzitu a získať doktorát. To prinášalo výhodu oddialenia nepríjemného rozhodovania o mojej budúcnosti asi o štyri roky." Chargaff, E. (1975). A fever of reason: the early way. *Annu. Rev. Biochem.* 44: 1 – 18.

štúdiom chemického zloženia baktérií *Mycobacterium tuberculosis* spôsobujúcich tuberkulózu. Napriek ďalším ponukám z USA sa v roku 1930 Chargaff vrátil do Európy a prijal miesto na Univerzite v Berlíne, kde sa venoval okrem iného štúdiu lipidov baktérie, vtedy označovanej *Bacillus Calmette–Guérin* (kmeň *Mycobacterium bovis* so zníženou virulenciou používaný ako vakcína proti tuberkulóze). Podľa jeho vlastných slov to boli najšťastnejšie roky jeho života, ktoré by trvali zrejme aj dlhšie ako tri roky nebyť vzostupu Hitlera v Nemecku, ktorý prinútil Chargaffa k odchodu. V Paríži na Pasteurovom inštitúte sa chvíľu venoval bakteriálnym pigmentom a polysacharidom, podmienky na prácu tu však neboli najlepšie a v roku 1935 sa Chargaff vrátil naspäť do Spojených štátov amerických. Zamestnal sa na katedre biochémie Kolumbijskej univerzity v New Yorku, kde zostal po zvyšok svojej kariéry. Práve tu sa začal detailne venovať výskumu zloženia nukleových kyselín a výsledky, ktoré získal, preslávili jeho meno a zabezpečili mu miesto v každej učebnici biológie.

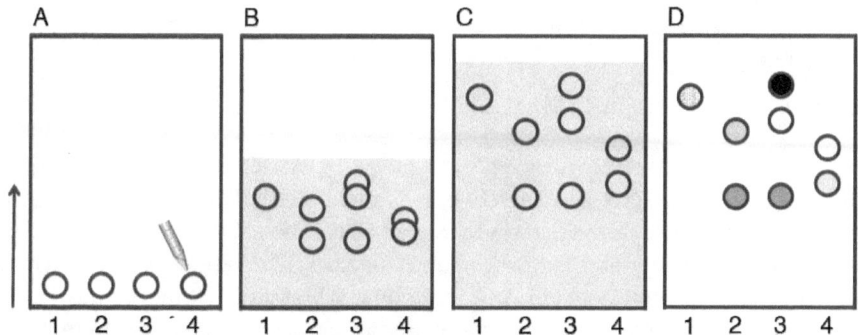

Obrázok 13. Papierová chromatografia. (A) Zmes je nanesená na stacionárnu fázu – papier; (B) mobilná fáza (rozpúšťadlo) je nasávaná papierom a jednotlivé zložky zmesi sa oddeľujú; (C) separácia je dokončená; (D) po vysušení sú jednotlivé zložky vizualizované (spôsob vizualizácie závisí od charakteru separovaných látok); šípka vľavo znázorňuje smer pohybu mobilnej fázy. 1 až 4 – dráhy s analyzovanými vzorkami.

V ROKU 1944 CONSDEN SO SPOLUPRACOVNÍKMI[289] ukázali, že je možné využiť papierovú chromatografiu na separáciu jednotlivých aminokyselín, a určiť tak aminokyselinové zloženie proteínového hydrolyzátu. Princíp papierovej chromatografie je pomerne jednoduchý. Celý systém pozostáva z dvoch fáz – stacionárnej a mobilnej. Stacionárnu fázu tvorí papier (napríklad filtračný) a mobilná fáza je najčastejšie zmes rôznych polárnych a nepolárnych rozpúšťadiel. Na papier je najprv nanesená zmes látok, ktoré chceme separovať a následne sa okrajom ponorí do mobilnej fázy. Tá je nasávaná papierom

[289] Consden, R., Gordon, A.H., Martin, A.J.P. (1944). Qualitative analysis of proteins: a partition chromatographic method using paper. *Biochem J.* 38: 224 – 232.

a jednotlivé zložky zmesi migrujú spolu s mobilnou fázou (**Obrázok 13**). Rýchlosť migrácie jednotlivých zložiek záleží od ich afinity k mobilnej a stacionárnej fáze, t. j. od ich chemických vlastností. Dnes je chromatografia vďaka svojej nenáročnosti často súčasťou základných cvičení na školách, a dokonca by takto bolo možné separovať molekuly aj doma, len pomocou jednoduchého vybavenia.

Tabuľka 4. **Molárny pomer purínov a pyrimidínov je u rôznych organizmov blízky 1,0.**

Druh organizmu	% Adenín	% Guanín	% Cytozín	% Tymín	$\frac{A+G}{T+C}$	$\frac{A+T}{G+C}$
I. Vírusy						
Bakteriofág λ	26,0	23,8	24,3	25,8	0,99	1,08
Bakteriofág T2	32,6	18,1	16,6	32,6	1,03	1,88
Herpes simplex	13,8	37,7	35,6	12,8	1,06	0,36
II. Prokaryoty						
Escherichia coli	26,0	24,9	25,2	23,9	1,04	1,00
Micrococcus lysodeikticus	14,4	37,3	34,6	13,7	1,07	0.39
Ramibacterium ramosum	35,1	14,9	15,2	34,8	1,00	2,32
III. Eukaryoty						
Saccharomyces cerevisiae	31,7	18,3	17,4	32,6	1,00	1,80
Zea mays	25,6	24,5	24,6	25,3	1,00	1,04
Drosophila melanogaster	30,7	19,6	20,2	29,4	1,01	1,51
Homo sapiens	30,2	19,9	19,6	30,3	1,01	1,53

Papierovú chromatografiu využil aj Erwin Chargaff pri určovaní zastúpenia jednotlivých dusíkatých báz v molekulách DNA. Prvým krokom v tomto procese bola optimalizácia hydrolýzy DNA tak, aby boli jednotlivé bázy z DNA uvoľnené, ale aby zároveň nedochádzalo k ich čiastočnej degradácii. V takom prípade by totiž nebolo možné určovať ich skutočné množstvo v DNA. Druhým krokom bola optimalizácia samotnej chromatografie pre podmienky separácie dusíkatých báz. Dôležité bolo nájsť vhodné podmienky separácie (predovšetkým zloženie mobilnej fázy, ale aj teplotu a čas separácie), ktoré umožnia dobre oddeliť jednotlivé bázy. Posledný krok pokusu rieši problém ako urobiť z kvalitatívnej metódy, akou je chromatografia, kvantitatívnu. Počas chromatografie bola vzorka nanesená na papier vždy dvakrát. Jedna dráha sa po separácii odstrihla a vizualizovali sa jednotlivé bázy. Z druhej dráhy boli vystrihnuté oblasti, ktoré podľa porovnania s prvou dráhou obsahovali oddelené zložky. Tieto odstrihnuté časti boli ponorené do vhodného rozpúšťadla, pomocou ktorého boli bázy uvoľnené z papiera do roztoku. Napokon bola zmeraná absorbancia ultrafialového žiarenia jednotlivých roztokov. Porovnaním týchto výsledkov s nameranou absorbanciou roztoku, v ktorom sa nachádza presne stanovené množstvo danej dusíkatej bázy, bolo možné vypočítať množstvo dusíkatých báz v extraktoch. Takýmto spôsobom Chargaff zmeral množstvá dusíkatých báz v DNA izolovaných z množstva rôznych organizmov (rôznych vírusov, prokaryotov i eukaryotov), ale aj z rôznych tkanív jedného organizmu a svoje výsledky publikoval postupne vo viacerých článkoch. Výsledky od začiatku jasne ukazovali, že množstvo jednotlivých báz v DNA sa nezhoduje, čo definitívne vyvrátilo Leveneovu tetranukleotidovú hypotézu. Objavil sa však aj celkom nečakaný výsledok. Pomer purínov a pyrimidínov a pomer adenínu k tymínu, resp. guanínu k cytozínu sa vždy rovnal jednej (**Tabuľka 4**). Tieto vzťahy dnes poznáme ako *Chargaffove pravidlá*.

SPOČIATKU NEBOLO JASNÉ, AKO TIETO VÝSLEDKY INTERPRETOVAŤ. Mohlo dôjsť k chybe počas merania, mohlo sa jednať len o náhodu, alebo mohlo ísť o vlastnosť špecifickú pre analyzované organizmy, nie však pre DNA všeobecne. Pribúdajúce množstvá analyzovaných organizmov a rôznych tkanív, u ktorých vždy platili uvedené pravidlá, však napovedali, že sa skutočne jedná o všeobecný princíp zdieľaný deoxyribonukleovými kyselinami. To, že rovnaký pomer adenínu a tymínu ako aj guanínu a cytozínu môže znamenať párovanie týchto báz (čo by zároveň vysvetľovalo aj rovnaký pomer purínov a pyrimidínov, keďže sa páruje vždy jedna purínová báza s pyrimidínovou) sa však Chargaffovi nepodarilo odhaliť. Sú náznaky, že uvažoval v tomto smere, nikdy sa mu však nepodarilo doviesť túto myšlienku do zdarného konca. Keď v roku 1952 Chargaff navštívil Európu, na Univerzite v Cambridge sa stretol s Watsonom a Crickom a predstavil im svoje výsledky o molárnom pomere 1 : 1 báz A a T, resp. G a C. Týmto dvom vedcom tento poznatok zásadne pomohol pri jednom z najdôležitejších objavov 20. storočia – pri rozlúštení trojrozmernej štruktúry DNA.

Chargaffova neschopnosť vydedukovať zo svojich výsledkov „párovanie báz" často zatieňuje jeho veľký prínos na poli výskumu nukleových kyselín. Bol však prvým, kto vypracoval metódu umožňujúcu presnú analýzu dusíkatých báz v nukleových kyselinách, vďaka ktorej potvrdil nesprávnosť tetranukleotidovej hypotézy. Otvoril tak cestu k hypotéze, že variabilné zloženie báz v molekulách DNA by mohlo byť kódom nesúcim genetickú informáciu. Ďalej ukázal, že DNA je v zložení dusíkatých báz charakteristická pre organizmus, z ktorého bola izolovaná, ako aj fakt, že DNA z rôznych tkanív toho istého organizmu má rovnaké zloženie. Ak kvôli ničomu inému, tak vďaka Chargaffovým pravidlám istotne neupadne meno tohto vynikajúceho vedca do zabudnutia.

OTÁZKY NA ZAMYSLENIE

1. Ako by vyzerali Chargaffove pravidlá, ak by sa párovali bázy A s C a G s T, a ako ak by sa párovali A s G a C s T?
2. Študujete DNA neznámeho vírusu a zistíte, že má nasledovné zloženie báz: 12 % adenín, 23 % guanín, 35 % cytozín, 30 % tymín. Ako je možné, že toto zloženie báz nezodpovedá Chargaffovým pravidlám?
3. Čo by sa stalo, ak by jedinou analyzovanou DNA bola DNA baktérie *E. coli* (má približne rovnaké zastúpenie AT a GC párov, pozri **Tabuľka 4**)? Aké závery by pravdepodobne Chargaff vyvodil z týchto výsledkov?

Meselson, M., Stahl, F.W. (1958). The replication of DNA in *Escherichia coli*. *Proc. Natl. Acad. Sci. USA* 44: 671 – 682.[290]

Matthew S. Meselson[291]   Franklin W. Stahl[292]
(24. 5. 1930)   (8. 10. 1929)

[290]http://www.ncbi.nlm.nih.gov/pmc/articles/PMC528642/pdf/pnas00686-0041.pdf
[291]http://www.nature.com/nrm/journal/v9/n12/full/nrm2552.html
[292] https://www.msu.edu/course/lbs/333/fall/meselson-stahl.html

KAPITOLA 5.2.
Replikácia DNA prebieha semikonzervatívnym spôsobom

„Knowing the molecular structure of a protein or a lipid or a carbohydrate molecule doesn't tell you what to do. But the structure of DNA set the research agenda for the next quarter century. The structure itself literally dictated what needed to be done."

Matthew Meselson[293]

ROK 1952, V KTOROM HERSHEY S CHASEOVOU experimentálne potvrdili, že nositeľkou dedičných vlastností organizmov je deoxyribonukleová kyselina (DNA),[294] bol pre genetiku prelomovým obdobím. Napriek tomu, že v tom čase bola kľúčová otázka molekulárneho základu dedičnosti konečne zodpovedaná, objavilo sa mnoho ďalších. Jednou z najväčších výziev bolo zistiť, akým spôsobom je zabezpečené, aby dcérske bunky v priebehu bunkového delenia získali kompletnú genetickú informáciu. Pomerne rýchlo nastala medzi vedcami zhoda, že bunkovému deleniu musí predchádzať replikácia DNA, nebolo však jasné, akým mechanizmom prebieha. V priebehu nasledujúcich troch rokov vznikli tri rôzne hypotézy vysvetľujúce mechanizmus replikácie (**Obrázok 14**). James Watson a Francis Crick, ktorí v roku 1953 popísali detailnú štruktúru DNA,[295] navrhli tzv. *semikonzervatívny* model, podľa ktorého sa dvojzávitnica DNA rozpletá a ku každému reťazcu je následne dosyntetizované

---

[293] „Molekulárna štruktúra proteínu, lipidu alebo cukru nenapovie, čo s ňou máte robiť. Ale štruktúra DNA sama nastavila smer výskumu pre ďalšie štvrťstoročie. Samotná štruktúra vám doslova diktuje, čo máte robiť ďalej." Citovaná časť prejavu pri príležitosti preberania čestného doktorátu na univerzite McGill v Montreale;
http://belfercenter.ksg.harvard.edu/publication/23143/matthew_meselson_addresses_mcgill_graduates.html
[294] Hershey, A., Chase, M. (1952). Independent functions of viral protein and nucleic acid in growth of a bacteriophage. *J. Gen. Physiol.* 36: 39 – 56; kapitola 4.4.
[295] Watson, J.D., Crick, F.H. (1953). Molecular structure of nucleic acids: a structure for deoxyribose nucleic acid. *Nature* 171: 737 – 738.

komplementárne vlákno. Podľa tohto modelu by každá z dvoch kópií pôvodnej molekuly obsahovala jedno materské a jedno novo nasyntetizované vlákno. Druhým modelom bol *konzervatívny* model, ktorý predpokladal, že celá dvojvláknová molekula DNA sa stáva templátom pre vznik novej dvojvláknovej molekuly. Tento model predpokladal, že histónové proteíny napomáhajú rozvinutiu reťazca a vystaveniu dvojíc báz proteínom replikačnej mašinérie, ktoré z voľných nukleotidov zostavia kópiu templátovej molekuly. A nakoniec, *disperzný* model, ktorý navrhol Max Delbrück, a ktorý predpokladal, že DNA je v priebehu replikácie štiepená na krátke fragmenty. Na nich dochádza k syntéze nových častí oboch vlákien, a tie sú neskôr pospájané do celistvej molekuly, ktorá je zložená z pôvodných aj novo nasyntetizovaných častí. Tieto tri modely nakrátko rozdelili vedcov zaoberajúcich sa replikáciou DNA, do navzájom si konkurujúcich táborov. Už v roku 1957 sa však Matthewovi Meselsonovi a Franklinovi W. Stahlovi podarilo dokázať, že replikácia DNA prebieha semikonzervatívnym spôsobom v experimente, ktorý je jedným z najkrajších v biológii.

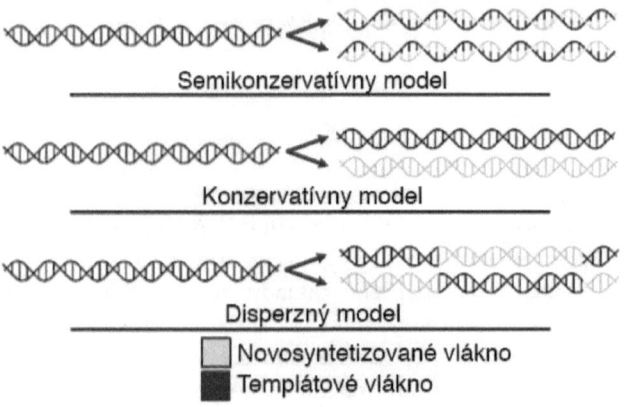

Obrázok 14. Tri modely replikácie DNA. V hornej časti je znázornené rozdelenie templátovej DNA do dvoch dcérskych molekúl podľa semikonzervatívneho modelu, v strednej časti je popísaný konzervatívny model a v spodnej časti disperzný model. Tmavou farbou sú vyznačené templátové vlákna, svetlou novo syntetizované vlákna.

MATTHEW MESELSON sa narodil v roku 1930 v Denveri v americkom štáte Colorado. Ako malý chlapec chcel byť chemikom, a tak mu rodičia dovolili zariadiť si v pivnici a garáži laboratórium. Na základnú školu chodil v Los Angeles. V roku 1951 dokončil štúdium na Chicagskej univerzite a neskôr získal miesto na Kalifornskom technologickom inštitúte (*Caltech*), kde sa pod vedením Linusa Paulinga zaoberal röntgenovou kryštalografiou a technikou centrifugácie v hustotnom gradiente. V roku 1955 sa Meselson zúčastnil kurzu molekulárnej biológie vedeného Watsonom a Crickom, ktorý dramaticky ovplyvnil jeho neskoršiu vedeckú kariéru. Práve na tomto kurze sa totiž zoznámil s Frankom Stahlom,[296] mladým bakteriálnym genetikom, ktorý počas prestávky sedel pod stromom a predával okoloidúcim gin-tonic. Keďže Stahl mal okrem talentu na prípravu miešaných nápojov aj rozsiahle znalosti v oblasti genetiky bakteriofágov, obaja rýchlo našli spoločnú reč. V priebehu nasledujúceho leta diskutovali o metódach, ktorými by mohli experimentálne testovať jednotlivé modely replikácie DNA, a zatiaľ čo Meselson dokončoval experimenty v Paulingovom laboratóriu, Stahlovi sa podarilo získať pracovnú pozíciu na *Caltech*-u. V priebehu roku 1956 sa už obaja naplno venovali replikácii DNA. Prvý experimentálny dizajn, ktorý si zvolili, bol založený hlavne na Stahlovej práci s bakteriofágom T4. Ideou bolo sledovať množstvo rádioaktívne značenej DNA fága v priebehu jej replikácie v bakteriálnych bunkách. Meselson, Stahl a ich kolega Jerome Vinograd sa pokúšali kvantitatívne vyhodnocovať rádioaktívny signál, získaný z jednotlivých fágových vzoriek a získať predstavu o tom, ako sú v priebehu replikácie fágovej DNA značené vlákna distribuované do nových fágových častíc. Táto metóda však neprinášala očakávané výsledky. Meselson a Stahl museli napokon stratégiu založenú na bakteriofágoch zmeniť. Rozhodli sa sledovať replikáciu v bunkách baktérií *Escherichia coli* a využiť metódu centrifugácie v hustotnom gradiente chloridu cézneho (CsCl), ktorou sa predtým zaoberal Meselson.

Táto metóda je založená na rovnakom princípe, ktorý nám umožňuje vznášať sa vo vode v Mŕtvom mori. Tá obsahuje veľké množstvo soli a má vysokú hustotu, vďaka čomu sa vznášame na jej povrchu. Meselson a Stahl využili rovnaký princíp pre svoj experiment. Roztok CsCl centrifugovali pri veľmi vysokých otáčkach, pri ktorých sa ťažké atómy pohybovali smerom ku dnu skúmavky, čím sa vytvoril hustotný gradient. Molekuly umiestnené do roztoku CsCl sa po centrifugácii dostali do oblasti, ktorá zodpovedala ich hustote.

Na začiatku experimentu kultivovali baktérie počas 14 bunkových delení na médiu obsahujúcom ťažký izotop dusíka ^{15}N.[297] V priebehu kultivácie baktérie zabudovali atómy ťažkého dusíka z média do biomakromolekúl, vrátane DNA. Po 14 bunkových deleniach bolo pôvodné médium nahradené čerstvým, obsahujúcim štandardný (ľahší) izotop dusíka ^{14}N a následne bola v priebehu niekoľkých generácií vždy odobratá časť buniek, z ktorej Meselson a Stahl izolovali DNA. Vzorky DNA z jednotlivých generácií analyzovali centrifugáciou v hustotnom gradiente chloridu cézneho a porovnali s DNA izolovanou z baktérií, ktoré boli kultivované na médiu obsahujúcom iba izotop ^{14}N a s DNA baktérií, kultivovaných na médiu obsahujúcom iba izotop ^{15}N. V tomto

[296] Franklin W. Stahl bol absolventom Harvardovej univerzity a Rochesterskej univerzity, ktorý v roku 1952 absolvoval kurz genetiky fágov v Cold Spring Harbor Laboratory pod vedením A.G. Doermanna. Po krátkom pôsobení na *Caltech*-u a na Missourijskej univerzite strávil väčšinu profesionálnej kariéry na Oregonskej univerzite v meste Eugene, kde sa venoval predovšetkým štúdiu mechanizmov genetickej rekombinácie u fágov a v kvasinkách *Saccharomyces cerevisiae*.
[297] Vo forme chloridu amónneho (^{15}NH$_4$Cl).

experimente pozorovali, že po jednom kole replikácie sa všetka izolovaná DNA nachádza zhruba uprostred, medzi kontrolnými vzorkami (je stredne ťažká). Toto pozorovanie odporovalo *konzervatívnemu* modelu, keďže podľa neho by mali zaznamenať dva typy DNA, jeden obsahujúci izotop ¹⁵N a druhý, obsahujúci izotop ¹⁴N, ale žiadny prostredný typ by sa objaviť nemal. V prípade *semikonzervatívneho* modelu by sa pozorovanie dalo vysvetliť tým, že jeden reťazec každej novovzniknutej dvojvláknovej DNA obsahuje ťažký izotop a druhý reťazec obsahuje ľahký izotop. Pozorovanie bolo aj v súlade s *disperzným* modelom, keďže podľa tohto modelu by oba reťazce dvojvláknovej DNA obsahovali ľahký aj ťažký izotop. Meselson a Stahl však sledovali aj ďalšie bunkové delenia a pozorovali, že v nasledujúcej generácii baktérií (po dvoch kolách replikácie) sa objavujú dva rôzne typy DNA. Jeden zodpovedal stredne ťažkému typu, pozorovanému v predchádzajúcej generácii, a druhý bol identický s ľahkým typom DNA (izolovaným z baktérií kultivovaných na médiu s izotopom ¹⁴N). Toto pozorovanie bolo opäť v súlade so *semikonzervatívnym* modelom, podľa ktorého by bolo ku každému vláknu DNA s ťažkým izotopom dosyntetizované nové vlákno obsahujúce ľahký izotop (vznikla by opäť stredne ťažká DNA), a ku každému vláknu s ľahkým izotopom by bolo dosyntetizované druhé vlákno, obsahujúce tiež ľahký izotop (vznikla by ľahká DNA). Keďže *disperzný* model predpokladal vznik iba jedného typu DNA, nachádzajúceho sa uprostred, medzi stredne ťažkou a ľahkou DNA, Meselson a Stahl mohli vylúčiť aj tento model. Navyše, výsledky analýzy DNA z nasledujúcich generácií baktérií boli tiež v súlade so *semikonzervatívnym* modelom, keďže bolo vždy možné pozorovať ľahký a stredne ťažký typ DNA, pričom signál zodpovedajúci stredne ťažkému typu v priebehu ďalších bunkových delení postupne slabol a signál zodpovedajúci ľahkému typu naopak silnel.

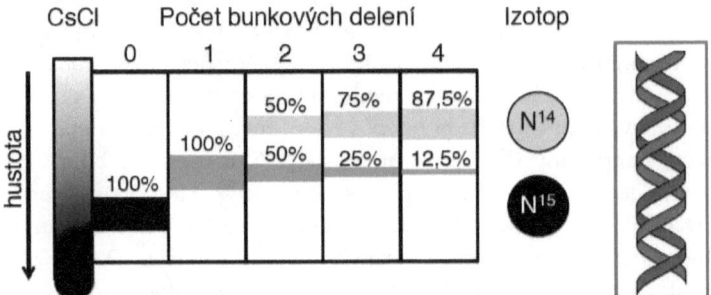

Obrázok 15. Experiment Meselsona a Stahla. V jednotlivých stĺpcoch sú schematicky znázornené pozície analyzovaných DNA v hustotnom gradiente chloridu cézneho (CsCl). Čiernou farbou je znázornená DNA baktérií, kultivovaných na médiu s izotopom ¹⁵N (ťažká), svetlosivou DNA obsahujúca iba ľahký izotop ¹⁴N a tmavosivou farbou stredne ťažká DNA.

Keď v roku 1958 Meselson a Stahl publikovali získané výsledky, Meselson sa rozhodol ostať na *Caltech*-u, kde získal najprv miesto výskumného pracovníka, neskôr sa stal profesorom chémie. Krátko na to, v roku 1960, prišli do Meselsonovho laboratória François Jacob a Sydney Brenner, ktorí sa pokúšali odhaliť mechanizmus, pomocou ktorého je informácia kódovaná v DNA interpretovaná v živých bunkách. V Meselsonovom laboratóriu napokon získali experimentálne výsledky, ktoré viedli k odhaleniu existencie mRNA.[298] Koncom roka 1960 odišiel Meselson z *Caltech*-u a prijal pozíciu profesora molekulárnej biológie na Harvardovej univerzite, kde dosiahol niekoľko významných úspechov. Podarilo sa mu odhaliť mechanizmus, ktorým sa bakteriálne bunky chránia pred pôsobením cudzorodej DNA[299] a popísal jeden zo systémov zodpovedných za opravu niektorých typov poškodení DNA.[300] Neskôr sa začal zaoberať evolúciou pohlavia u eukaryotov a ako modelový organizmus si zvolil vírniky (*Rotifera*), u ktorých pozoroval efekt (neskôr podľa neho nazvaný Meselsonov), pri ktorom sa dve alely jedného génu u asexuálneho diploidného organizmu vyvíjajú nezávisle na sebe. V prípade vírnikov po duplikácii génu *lea* dve alely tohto génu divergovali do takej miery, že sa stali rôznymi génmi, ktoré v súčinnosti napomáhajú ochrane organizmu pred dehydratáciou.[301] V nasledujúcich rokoch sa však ukázalo, že Meselsonov efekt je do veľkej miery ovplyvnený génovou konverziou, formou genetickej rekombinácie, ktorá bežne prebieha u nepohlavne sa rozmnožujúcich organizmov. V roku 1963 sa Meselson začal angažovať v boji proti používaniu biologických a chemických zbraní. Okrem toho, že v nasledujúcom období spolupracoval s americkou tajnou službou pri vyšetrovaní príčin hromadnej otravy obyvateľov sovietskeho mesta Sverdlovsk antraxom, podieľal sa tiež na odhalení použitia biologických zbraní sovietskou armádou v Laose. Jedným z hlavných výsledkov jeho pôsobenia v tejto oblasti bolo podpísanie medzinárodných dohôd o nepoužívaní biologických (1972) a chemických (1993) zbraní.[302]

OTÁZKY NA ZAMYSLENIE

1. Prečo bol v Meselsonovom a Stahlovom experimente signál zodpovedajúci stredne ťažkej DNA po každom kole replikácie o polovicu slabší?
2. Koľko rôzne ťažkých typov DNA by mohli Meselson a Stahl pozorovať po uplynutí 3 bunkových delení, ak by replikácia DNA prebiehala podľa *disperzného* modelu?

---

[298] Brenner, S., Jacob, F., Meselson, M. (1961). An unstable intermediate carrying information from genes to ribosomes for protein synthesis. *Nature* 13: 576 – 581; kapitola 5.4.
[299] Haberman, A., Heywood, J., Meselson, M. (1972). DNA modification methylase activity of *Escherichia coli* restriction endonucleases K and P. *Proc. Natl. Acad. Sci. USA* 69: 3138 – 3141.
[300] Wildenberg, J., Meselson, M. (1975). Mismatch repair in heteroduplex DNA. *Proc. Natl. Acad. Sci. USA* 72: 2202 – 2206.
[301] Pouchkina-Stantcheva, N.N., McGee, B.M., Boschetti, C., Tolleter, D., Chakrabortee, S., Popova, A.V., Meersman, F., Macherel, D., Hincha, D.K., Tunnacliffe, A. (2007). Functional divergence of former alleles in an ancient asexual invertebrate. *Science* 318: 268 – 271.

Rupert, C. S., Goodgal, S. H., Herriott, R. M. (1958). Photoreactivation *in vitro* of ultraviolet inactivated *Hemophilus influenzae* transforming factor. *J. Gen. Physiol.* 41: 451 – 471.[303]

Claud Stan Rupert[304]   Sol Howard Goodgal[305]   Roger Moss Herriott[306]
(1919)   (1921)   (13. 3. 1908 – 2. 3. 1992)

[303] http://www.ncbi.nlm.nih.gov/pmc/articles/PMC2194849/pdf/451.pdf
[304] http://www.dnalc.org/view/16616-Gallery-28-Claud-S-Rupert.html
[305] http://www.estherlederberg.com/1970%2040154%20sol%20Goodgal%EML.html
[306] http://www.jhsph.edu/about/history/heroes-of-public-health/roger-herriott.html

KAPITOLA 5.3.
DNA poškodenú UV žiarením je možné opraviť pomocou špecifických enzýmov

„We totally missed the possible role of enzymes in repair, although, due to Claud Rupert's early very elegant work on photoreactivation, I later came to realize that DNA is so precious that probably many distinct repair mechanisms would exist. Nowadays one could hardly discuss mutation without considering repair at the same time."

Francis H. C. Crick[307]

OBJAV PENICILÍNU ALEXANDROM FLEMINGOM v roku 1928 vyvolal vo vedeckej komunite veľké nadšenie. To sa prejavilo vo zvýšenom záujme o mikroorganizmy schopné produkovať antibiotiká. V roku 1927 Herman Muller ukázal, že mutanty sa dajú indukovať pomocou röntgenového (RTG) žiarenia[308] a v roku 1934 Edgar Altenburg dospel k rovnakému záveru s ultrafialovým (UV) žiarením.[309] Mnohí vedci sa preto rozhodli využiť tieto nové nástroje na prípravu mutantov s cieľom získať nové, vysoko potentné antibiotiká. Avšak, o molekulárnej podstate mutagénnych účinkov RTG a UV žiarenia sa v tom čase nevedelo takmer nič.[310] Bolo známe, že podmienky, v ktorých sa organizmy nachádzajú po ožiarení, môžu výrazne vplývať na ich prežívanie. Predpokladalo sa, že gény sú tvorené proteínmi a že sú veľmi stabilné. Vo všeobecnosti

---

[307] Crick, F. H. C. (1974). The double helix, a personal view. *Nature.* 248: 766–769.
„Úplne sme opomenuli možnú úlohu enzýmov v oprave, hoci vďaka ranej veľmi elegantnej práci Clauda Ruperta na fotoreaktivácii som si neskôr uvedomil, že DNA je natoľko dôležitá, že by pravdepodobne malo existovať veľa rozličných reparačných mechanizmov. V súčasnosti sa nedá hovoriť o mutácii bez toho, aby sa súčasne neuvažovalo o jej oprave."
[308] Muller, H. J. (1927). Artificial transmutation of the gene. *Science* 66: 84 – 87; kapitola 3.1.
[309] Altenburg, E. (1934). The artificial production of mutations by ultra-violet light. *Am. Nat.* 68: 461 – 507.
[310] Pritom už v roku 1928 Frederick Gates prvýkrát poukázal na vzťah medzi baktericídnym účinkom UV žiarenia a jeho absorbanciou nukleovou kyselinou. So svojimi závermi bol však veľmi opatrný, pretože neboli v súlade s vtedajšími predstavami o molekulárnej povahe nositeľa genetickej informácie.

neexistoval dôvod uvažovať o génoch v súvislosti so špeciálnym rizikom spontánneho alebo environmentálneho poškodenia.

Jedným z laboratórií využívajúcich žiarenie na prípravu mutantov bolo i laboratórium Milislava Demereca (1895 – 1966) v Cold Spring Harbor. Pod jeho vedením pracoval aj mladý výskumník Albert Kelner. Ten mal za úlohu pripraviť mutantov baktérií *Streptomyces griseus* a *Escherichia coli* pomocou UV žiarenia. *S. griseus* je známa tvorbou mnohých antibiotík a sekundárnych metabolitov. Pomocou UV žiarenia sa Kelner snažil získať také baktérie, ktoré by produkovali nové, alebo efektívnejšie antibiotiká.

Kelner vo svojich pokusoch ožaroval baktérie *E. coli* a *S. griseus* rôznymi dávkami UV. Chcel prispôsobiť podmienky ožarovania tak, aby dostával čo najvyššie množstvo mutantov a zároveň mal vysokú mieru prežívania buniek. K jeho značnej frustrácii však často pozoroval veľkú variabilitu vo výsledkoch. Aj keď to nebolo jeho cieľom, rozhodol sa zariskovať a preskúmať, čo by tento jav mohlo spôsobovať. V hre boli rôzne premenné. Kelner si dlho myslel, že za enormnú variabilitu je zodpovedná teplota. To sa však ukázalo ako mylný predpoklad. Nakoniec mu napadlo, že odpoveďou môže byť účinok svetla. Uvedomil si, že v niektorých prípadoch boli Petriho misky s ožiarenými baktériami *E. coli* kultivované blízko okna, kde na ne rôzne dlhú dobu svietilo svetlo. Navyše, pri práci s *S. griseus* používal vodný kúpeľ so skleneným čelom, ktorý sa zhodou okolností tiež nachádzal blízko okna. Svoju teóriu sa rozhodol otestovať. Suspenzie baktérií ožiarených UV svetlom vystavil viditeľnému svetlu z rôznych zdrojov. Potom ich vysial na pevné médiá a počkal, kým narastú kolónie. Skutočne sa mu podarilo dokázať, že suspenzie ožiarených baktérií, ktoré boli vystavené viditeľnému svetlu, mali zvýšenú mieru prežívania v závislosti od toho, ako dlho boli svetlu vystavené. Kelner zistil, že prežívanie buniek ožiarených UV sa zvýšilo 100000 až 400000-násobne v porovnaní s kontrolou, ktorá bola inkubovaná v tme.[311] Kelnerove nadšenie bolo obrovské. Navyše bol jeho objav veľkým zadosťučinením v čase, kedy mu hrozilo, že bude musieť z Cold Spring Harbor odísť kvôli zanedbaniu práce, ktorú mu pôvodne zveril Demerec.

Kelner nevedel, čo je cieľom mutagénneho účinku UV žiarenia, ani aké zmeny toto žiarenie navodzuje. Taktiež nevedel, či je za popísaný fenomén zodpovedné výlučne viditeľné svetlo, alebo či úlohu zohrávajú aj nejaké ďalšie parametre. Napriek tomu svoje závery v roku 1949 formuloval veľmi presne: „*While it is premature to do more than speculate on the mechanism involved in light-induced recovery, the following is suggested as a working hypothesis. Much of the killing effect of ultraviolet-light is due to a light-labile alteration of some constituent in the cell. Exposure to visible light restores this altered constituent to its former state.*"[312]

---

[311] Kelner, A. (1949). Effect of visible light on the recovery of *Streptomyces griseus* conidia from ultraviolet irradiation injury. *Proc. Natl. Acad. Sci. USA.* 35: 73 – 79.
[312] „Zatiaľ čo je predbežné viac ako len špekulovať o mechanizme zúčastnenom na obnove závislej na svetle, nasledujúce tvrdenie je navrhnuté ako pracovná hypotéza. Veľká časť letálneho efektu UV žiarenia je

O NIEKOĽKO TÝŽDŇOV OD PUBLIKÁCIE KELNEROVÝCH VÝSLEDKOV vyšiel v časopise *Nature*[313] iný článok popisujúci rovnaký fenomén. Jeho autorom bol Renato Dulbecco (1914 – 2012), ktorý pod vedením Salvadora Luriu (1912 – 1991) študoval funkciu génov bakteriofága T2 počas replikácie v *E. coli*. Podobne ako Kelner aj Dulbecco si za nástroj vybral UV žiarenie. Pri svojich experimentoch ožaroval bakteriofágy rôznymi dávkami UV a následne ich pridal ku kultúre *E. coli* a vysial na pevné médiá. Všimol si, že sa počty fágových plakov medzi miskami výrazne líšili. Dulbecco ukladal misky tradične na seba. Pozoroval, že misky, ktoré boli navrchu, obsahovali najviac fágových plakov. Následne si nezávisle od Kelnera uvedomil,[314] že viditeľné svetlo môže mať vplyv na infekčnosť bakteriofágov ožiarených UV. Zistil, že pri optimálnych podmienkach dokáže dostať až 1000-krát viac plakov. Tento jav Dulbecco nazval fotoreaktivácia. Tá bola neskôr definovaná ako zotavenie sa z biologického poškodenia zapríčineného UV žiarením simultánnym alebo následným vystavením svetlu s väčšou vlnovou dĺžkou.

Pri svojich experimentoch si Dulbecco všimol veľmi dôležitú vec. Viditeľné svetlo vplývalo na infekčnosť bakteriofágov ožiarených UV iba v prípade, ak boli bakteriofágy a senzitívne baktérie inkubované pri vystavení viditeľnému svetlu spolu. Tento poznatok naznačoval, že sa na procese musia zúčastňovať komponenty bakteriofága[315] a súčasne nejaký bunkový faktor. Ďalším dôležitým zistením bolo, že fotoreaktivácia vykazovala teplotnú závislosť, čo naznačovalo jej enzymatickú kontrolu.

Až po roku 1952, keď Hershey a Chaseová popísali, že materiál injektovaný do buniek pri infekcii bakteriofágom je DNA,[316] sa začalo uvažovať o fotoreaktivácii ako o dôsledku modifikácie prípadne opravy UV žiarením poškodenej DNA. Dulbecco na základe svojich zistení navrhol, že fotoreaktivácia je spôsobená enzymatickou reakciou, v ktorej sú kroky závislé i nezávislé od svetla.[317] V tom čase to bola prevratná myšlienka, pretože jediné známe enzýmy interagujúce s DNA vykazovali degradačnú aktivitu. Okrem toho, pozorovanie, že k fotoreaktivácii dochádzalo za použitia svetla s vlnovou dĺžkou medzi 350 – 500 nm naznačovalo zapojenie špecifického chromofóru. Napriek týmto záverom

---

spôsobená zmenou istej zložky v bunke, ktorá je na svetle labilná. Vystavenie viditeľnému svetlu napráva pozmenenú zložku do jej pôvodného stavu." (Kelner, 1949, pozri vyššie).

[313] Dulbecco, R. (1949). Reactivation of ultraviolet-inactivated bacteriophage by visible light. *Nature* 163: 949 – 950.

[314] O nezávislosti týchto pozorovaní sa vedie diskusia. Kelner veril, že si Dulbecco tento fenomén všimol až po tom, ako popísal závery svojich experimentov v osobnej korešpondencii Salvadorovi Luriovi. Kelner si myslel, že Luria mohol jeho závery diskutovať s Dulbeccom. O celom spore sa dá dočítať vo Friedberg, E.C. (1999). The discovery of enzymatic photoreacivation and the question of priority: The letters of Salvador Luria and Albert Kelner. *Biochimie* 81: 7 – 13.

[315] Renato Dulbecco používal pri svojich experimentoch rovnaký druh bakteriofága, ako použili Alfred Hershey a Martha Chaseová v roku 1952 (pozri kapitola 4.4.). Avšak svoje pozorovania popísal tri roky pred nimi!

[316] Kapitola 4.4.

[317] Dulbecco, R. (1950). Experiments on photoreactivation of bacteriophages inactivated with ultraviolet radiation. *J. Bacteriol.* 59: 329 – 347.

sa nikomu nepodarilo experimentálne dokázať, že UV žiarenie poškodzuje DNA, a že fotoreaktivácia je výsledkom enzymatického procesu.

Našťastie, fotoreaktivácia začala lákať mnohých fyzikov. Jav, pri ktorom dochádzalo k poškodeniu žiarením s vysokou energiou a k jeho náprave žiarením s nižšou energiou, bol záhadou. Ako keby fotoreaktivácia odporovala zákonom fyziky. Tento jav do tejto oblasti pritiahol i hlavného protagonistu tejto kapitoly, Clauda Ruperta.

CLAUD RUPERT SA NARODIL V ROKU 1919 v Kalifornii. Jeho detským snom bolo stať sa vesmírnym cestovateľom. To sa mu síce nesplnilo, ale možno i vďaka tomu sa začal zaujímať o fyziku, ktorú študoval na Kalifornskom technologickom inštitúte (*Caltech*). Iróniou osudu bolo, že sa mu podarilo z fyziky prepadnúť kvôli školskému časopisu, ktorému venoval až príliš veľa času. S miernym oneskorením sa podarilo Rupertovi školu dokončiť a po prepuknutí II. svetovej vojny sa pridal k námorníctvu. Tam bolo jeho úlohou posudzovať nové rádiové a radarové prístroje, ktoré mali byť inštalované na vojnové lode. V roku 1946 sa rozhodol odísť z námorníctva a chcel sa vrátiť späť k štúdiu fyziky na svojej *alma mater*. Na univerzitu ho ale nechceli prijať kvôli zmenenej skúške. To ho neodradilo a v štúdiu pokračoval na Univerzite Johnsa Hopkinsa v Baltimore, kde ho po čase oslovili kolegovia s prosbou o pomoc s projektom zameriavajúcim sa na vplyv infračerveného žiarenia na kvety. Následne sa mu biológia natoľko zapáčila, že sa nechal zlákať Rogerom Herriottom a Solom Goodgalom do ich laboratória, kde sa snažili odhaliť tajomstvo fotoreaktivácie.

V TOMTO OBDOBÍ SA UŽ VEDELO, ŽE DNA NESIE GENETICKÚ INFORMÁCIU. Tiež bolo akceptované, že DNA môže byť poškodená UV žiarením, i keď priamy dôkaz chýbal. Ale to, čím sa Rupert a jeho spolupracovníci líšili od svojich predchodcov bolo, že mali k dispozícii funkčný experimentálny systém, ktorým sa dala fotoreaktivácia študovať. Rozsiahly skríning ukázal, že fenomén fotoreaktivácie nie je univerzálne prítomný. Napríklad o *E. coli* sa vedelo, že má účinnú fotoreaktiváciu, ale baktéria *Haemophilus influenzae* fotoreaktiváciu nevykazuje. Tento poznatok využil Rupert so spolupracovníkmi vo svojich experimentoch.

Zhrňme si, aké informácie mali k dispozícii. Vedeli, že DNA je schopná absorbovať UV žiarenie. UV žiarením inaktivované bakteriofágy môžu byť reaktivované, iba ak sú inkubované spolu s bunkami *E. coli*. Z toho vyplývalo, že musí existovať nejaký bunkový mechanizmus interakcie s DNA, ktorá sa do buniek dostala z bakteriofágov. Reaktivované bakteriofágy vykazovali rovnakú senzitivitu k UV, ako pôvodne neožiarené fágy, čo poukazovalo skôr na to, že efekt UV žiarenia bol nejakým spôsobom napravený, než že sa podarilo tomuto efektu zabrániť. Navyše, teplotná závislosť naznačovala, že v reakcii je zapojený enzým. Z tohto Rupert s kolegami vyvodili, že musí existovať nejaký bunkový enzymatický systém, obsahujúci fotochemický krok, ktorý dokáže opraviť DNA poškodenú UV žiarením, a že sledovaný efekt fotoreaktivácie je výsledkom takéhoto procesu.

Na to, aby svoju hypotézu dokázali, navrhli experiment, pri ktorom bola použitá transformačná DNA (*transformačný princíp*)[318] z baktérií *H. influenzae*, ktoré boli rezistentné voči streptomycínu.[319] Prostredníctvom tohto selekčného markera bolo možné sledovať reaktivačný účinok viditeľného svetla. Logika experimentu spočívala v tom, že transformanty boli schopné rásť v prítomnosti streptomycínu iba v prípade, ak bol s transformačnou DNA prijatý nepoškodený selekčný marker. K dispozícii mali aj kmeň *H. influenzae* senzitívny k streptomycínu a *E. coli*, o ktorej vedeli, že je schopná fotoreakivácie. Dôležité bolo, že kmeň *H. influenzae* nie je schopný fotoreaktivácie a zároveň je prirodzene transformovateľný, čo ho robilo vhodným recipientom transformačnej DNA.

Jedným z prvých krokov bol dôkaz, že UV žiarenie poškodzuje DNA. A skutočne, ak izolovanú DNA z rezistentných baktérií inaktivovali UV žiarením a následne ju transformovali do senzitívnych baktérií *H. influenzae*, zistili, že UV inaktivovaná DNA má v porovnaní s neožiarenou DNA asi 100-krát menšiu transformačnú aktivitu.[320] Keďže sa DNA nachádzala v roztoku, existovala možnosť, že namiesto DNA je za zníženú transformačnú účinnosť zodpovedná nejaká iná zložka. Túto možnosť sa podarilo Rupertovi s kolegami vylúčiť, pretože ak bol roztok ovplyvnený UV žiarením, a až následne bola pridaná transformačná DNA, jej aktivita bola rovnaká ako pri neožiarenej DNA. To dokazovalo, že DNA musí byť cieľom UV poškodenia. Navyše, transformačná DNA ožiarená UV svetlom zostala rovnako aktívna, resp. inaktívna aj po dlhodobom skladovaní. Z toho sa dali vyvodiť tieto závery: (1) účinok UV žiarenia musí byť veľmi rýchly, pretože k inaktivácii došlo iba počas ožiarenia; (2) zmeny zapríčinené týmto žiarením sú stabilné.

Len čo sa výskumníci presvedčili, že UV žiarenie výrazne znižuje transformačnú aktivitu DNA, bolo cieľom pokúsiť sa tento efekt zvrátiť pomocou fotoreaktivácie. Z Dulbeccových experimentov vyplývalo, že katalytická zložka fotoreaktivácie sa musí prirodzene nachádzať v baktériách. Tento záver podporovalo aj pozorovanie, že ak bola DNA inaktivovaná UV žiarením vystavená viditeľnému svetlu, nedochádzalo k fotoreaktivácii a jej transformačná aktivita zostala bez zmeny. Z toho dôvodu sa Rupert so spolupracovníkmi rozhodli otestovať fotoreaktivačnú aktivitu bunkového extraktu z *E. coli*. Experiment bol zostavený nasledovne. DNA izolovanú z kmeňa *H. influenzae* rezistentného voči streptomycínu inaktivovali pomocou UV žiarenia, a potom ju pridali k bunkovému extraktu z *E. coli*. Jednu časť vystavili svetlu a druhú nechali

---

[318] Kapitola 4.3.

[319] Goodgal, S.H., Rupert, C.S., Herriott, R.N. (1956). Photoreactivation of *Hemophilus influenzae* transforming factor for streptomycin resistance by an extract of *Escherichia coli* B. In: A symposium on the chemical basis of heredity. McElroy, W.D., Glass, B. (ed). Baltimore, The Johns Hopkins Univ. Press, str. 341-343.

[320] Rupert so spolupracovníkmi definovali transformačnú aktivitu ako počet narastených bakteriálnych kolónií na miskách s prídavkom streptomycínu.

v tme. Ďalej bola táto DNA transformovaná do senzitívneho kmeňa *H. influenzae* a transformanty boli vysiate na pevné médiá s prídavkom streptomycínu (**Obrázok 16**). Na miskách mohli narásť iba tie baktérie, ktoré obsahovali funkčný selekčný marker. To pri pôvodne inaktivovnej transformačnej DNA znamenalo, že muselo dôjsť k oprave poškodenia (reaktivácii). Táto stratégia umožňovala dokázať, že bunkový extrakt je zdrojom katalytickej zložky fotoreaktivácie.

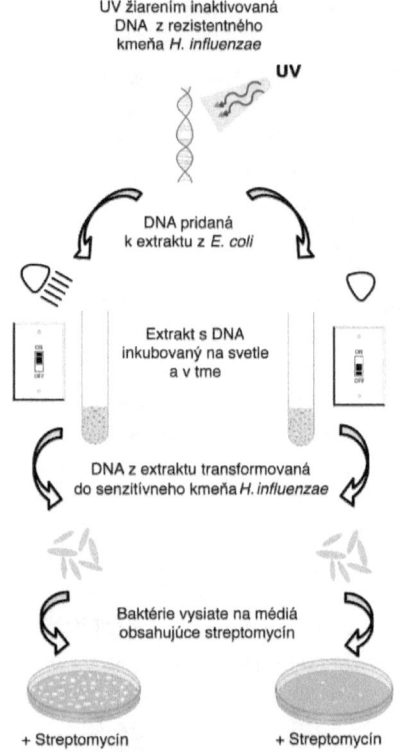

Obrázok 16. Schematické znázornenie experimentálnej stratégie, ktorú použil Rupert so spolupracovníkmi na dokázanie fotoreaktivačného účinku bunkového extraktu *E. coli*. Inaktivovaná DNA z rezistentného kmeňa *H. influenzae* bola pridaná k bunkovému extraktu z *E. coli*. Následne bola časť tejto zmesi inkubovaná pri viditeľnom svetle a časť v tme. Takto ovplyvnená DNA bola transformovaná do senzitívnych baktérií *H. influenzae*. K reverzii inaktivovanej DNA došlo iba v prípade, ak bola zmes DNA a bunkového extraktu inkubovaná pri viditeľnom svetle. To bol dôkaz, že sa v bunkovom extrakte musí nachádzať nejaká zložka schopná opraviť DNA poškodenú UV žiarením.

A skutočne, ak bol k DNA pri ožiarení viditeľným svetlom pridaný bunkový extrakt, došlo k výraznému nárastu transformačnej aktivity (**Obrázok 17**). V experimentoch s bakteriálnym extraktom pokračovali a podarilo sa im zistiť, že miera fotoreaktivácie bola závislá na koncentrácii bunkového extraktu, intenzite a čase ožiarenia viditeľným svetlom a tiež, že účinnosť fotoreaktivácie sa zvyšovala s rastúcou teplotou od 3 do 37 °C. Tieto výsledky a fakt, že extrakt z E. *coli* strácal svoju fotoreaktivačnú aktivitu po zahriatí na 90 °C, pričom transformačná účinnosť DNA zostávala nezmenená, iba potvrdzovali predpoklad o enzymatickom základe fotoreaktivácie.

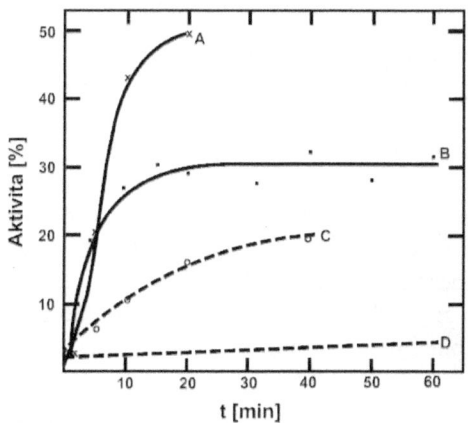

Obrázok 17. Graf popisujúci závislosť transformačnej aktivity od času, počas ktorého pôsobilo na bunkový extrakt s inaktivovanou DNA viditeľné svetlo. Transformačná aktivita je vyjadrená ako podiel pôvodnej aktivity neožiarenej DNA. Reakčná zmes obsahovala DNA inaktivovanú UV, $MgSO_4$ a rôzne objemy extraktu E. *coli.* (A) Najaktívnejší extrakt, inkubácia na svetle. (B) Dvojnásobné množstvo toho istého extraktu, po 6 týždňoch skladovania pri -20 °C, inkubácia na svetle. (C) Extrakt s priemernou aktivitou, inkubácia na svetle. (D) Rovnaké množstvo toho istého extraktu ako pri C, inkubácia v tme.

V roku 1958, kedy boli známe iba DNA degradujúce enzýmy, a kedy sa nevedelo, ako vplýva UV žiarenie na DNA, ani o mechanizme fotoreaktivácie, formulovali Rupert, Goodgal a Herriott výsledky svojich experimentov nasledovne: *„Experiment shows that some persistent change exists in transforming DNA after ultraviolet irradiation which diminishes its effectiveness in producing transformations. This change is reasonably called ‚damage'. The present evidence indicates that another change which overcomes this damage is produced by the cell extract during illumination. This second change is reasonably called ‚repair' without presuming anything about its exact nature. The simplest kind of repair would, of course, be the reversal of some photochemical change produced by the ultraviolet radiation."*[321]

---

[321] „Experimenty ukazujú, že v transformačnej DNA po ožiarení ultrafialovým svetlom, ktoré znižuje jej účinnosť v produkcii transformácií, nastáva trvalá zmena. Táto zmena sa primerane nazýva ‚poškodenie'. Súčasné dôkazy naznačujú, že bunkový extrakt produkuje počas vystavenia viditeľnému svetlu inú zmenu, ktorá prekoná zmienené poškodenie. Táto druhá zmena sa, bez ohľadu na jej presnú povahu, primerane nazýva ‚oprava'. Najjednoduchšou formou opravy by samozrejme bola reverzia nejakej fotochemickej zmeny zapríčinenej ultrafialovým žiarením."

TIETO VÝSLEDKY MALI OBROVSKÝ OHLAS. Rupertovi sa s kolegami podarilo sériou elegantných experimentov položiť základ nového smeru výskumu zaoberajúceho sa opravou DNA. Rupert v štúdiu tohto fenoménu pokračoval. Namiesto extraktu z *E. coli* používal extrakt zo *Saccharomyces cerevisiae*, ktorá je tiež schopná fotoreaktivácie. Po objave, že reaktivačný agens má katalytickú aktivitu, podlieha kompetitívnej inhibícii a je senzitívny voči proteáze, nazval zložku zodpovednú za fotoreaktiváciu „fotoreaktivačný enzým".[322] Súčasný názov fotolyáza tento enzým dostal až po tom, čo sa zistilo, že jeho katalytická aktivita spočíva v rozštiepení väzieb medzi dvoma atómami uhlíka.

PRIBLIŽNE V ROVNAKOM ČASE, AKO RUPERT so spolupracovníkmi publikovali výsledky svojej práce, sa Arthurovi Rörschovi s kolegami[323] podarilo odhaliť, že UV žiarenie zapríčiňuje tvorbu tymínových dimérov. Práve tymínové diméry boli poškodením inaktivujúcim transformačnú DNA, ktorú Rupert používal vo svojich experimentoch. Objav UV fotoproduktov bol ďalšou senzáciou. Konečne vedci vedeli, na čo sa majú zameriavať. Navyše sa tymínové diméry dali ľahko sledovať.[324] V krátkom čase sa podarilo vytvoriť mutantné kmene *E. coli*, ktoré boli buď rezistentné alebo senzitívne voči UV žiareniu. Vďaka tomu v roku 1964 Richard Setlow a William Carrier[325] súčasne s Richardom Boyceom a Paulom Howardom-Flandersom[326] popísali spôsob opravy DNA, ktorý bol nezávislý na svetle. Zistili, že namiesto reverzie UV poškodenia dochádzalo k výmene poškodených oligonukleotidov. To bol prvý dôkaz tzv. bázovej excíznej opravy (angl. *base excision repair*, BER). Od toho času boli postupne popísané ďalšie spôsoby opravy DNA, ktoré sú dnes súčasťou učebníc genetiky.

Objav fotolyázy roku 1958 je historickým míľnikom, ktorý mal enormný dopad nielen na biológiu, ale aj na medicínu. Ako bolo spomenuté v úvodnom citáte, v súčasnosti si ťažko vieme predstaviť mutáciu bez toho, aby sme súčasne neuvažovali o jej oprave.

OTÁZKY NA ZAMYSLENIE:

1. Čo by sa stalo, ak by Kelner alebo Dulbecco používali pri svojich experimentoch RTG žiarenie?

---

[322] Rupert, C. S. (1960). Photoreactivation of transforming DNA by an enzyme from bakers' yeast. *J. Gen. Physiol.* 43: 573 – 595.

[323] Rörsch, A., Beukers, R., Ijlstra, J., Berends, W. (1958). The effect of UV-light on some components of the nucleic acids: I. Uracil, thymine. *Recl. Trav. Chim. Pays-Bas.* 77: 423 – 429.

[324] Prítomnosť tymínových dimérov v DNA sa prejaví poklesom absorbancie pri 270 nm. Ďalej vykazujú rezistenciu voči hydrolýze pri vyššej teplote alebo pôsobeniu kyselín. Iným rozšíreným spôsobom je sledovať tymínové diméry pomocou vplyvu UV špecifickej endonukleázy a chromatografie. Najnovšie sa na detekciu používajú špecifické protilátky.

[325] Setlow, R.B., Carrier, W.L. (1964). The disappearance of thymine dimers from DNA: An error-correcting mechanism. *Proc. Natl. Acad. Sci. USA.* 51: 226 – 231.

[326] Boyce, R. P., Howard-Flanders, P. (1964). Release of ultraviolet light – induced thymine dimers from DNA. *Proc. Natl. Acad. Sci. USA* 51: 293 – 300.

2. Prečo bolo dôležité, aby recipientné baktérie *H. influenzae* neboli schopné fotoreaktivácie?

3. Navrhnite stratégiu, ktorou by ste identifikovali gén kódujúci fotolyázu v *E. coli*.

Brenner, S., Jacob, F., Meselson, M. (1961). An unstable intermediate carrying information from genes to ribosomes for protein synthesis. *Nature* 190: 576 – 581.[327]

Sydney Brenner[328]   François Jacob[329]   Matthew S. Meselson[330]
(13. 1. 1927)   (17. 6. 1920 – 19. 4. 2013)   (24. 5. 1930)

[327] http://genetics.stanford.edu/gene222/class%20texts/Time/brenner1961.pdf

[328] http://www.nobelprize.org/nobel_prizes/medicine/laureates/2002/brenner – facts.html

[329] http://en.wikipedia.org/wiki/François_Jacob

[330] http://www.nature.com/nrm/journal/v9/n12/full/nrm2552.html

KAPITOLA 5.4.

RNA je sprostredkovateľom toku genetickej informácie z DNA k ribozómom

„...the main function of the genetic material is to control (not necessarily) directly the synthesis of proteins. There is a little direct evidence to support this, but to my mind the psychological drive behind this hypothesis is at the moment independent of such evidence. Once the central and unique role of proteins is admitted there seems little point in genes doing anything else."

Francis H. C. Crick[331]

UŽ NA ZAČIATKU 40. ROKOV SI VEDCI VŠIMLI, že bunky, ktoré aktívne syntetizujú proteíny, sú bohaté na RNA. O niekoľko rokov neskôr sa ukázalo, že proteíny sa syntetizujú na veľkých sférických proteínových komplexoch, ktorých súčasťou je RNA (v súčasnosti sú tieto častice známe ako ribozómy).[332] Akú konkrétnu úlohu zohráva RNA v syntéze proteínov však nebolo známe.

Po objave, že nositeľkou genetickej informácie je DNA, a že ribozómy, a teda aj syntéza proteínov prebieha u eukaryotov v cytoplazme (zatiaľ čo DNA je lokalizovaná v jadre), vedci začali uvažovať o nevyhnutnosti existencie nejakého sprostredkovateľa (posla) medzi DNA a ribozómami. Rozlúštenie štruktúry DNA v roku 1953 Francisom Crickom a Jamesom Watsonom[333] umožnilo dať hypotéze konkrétnejšiu podobu. Vtedy už bolo známe, že DNA sa skladá zo štyroch druhov nukleotidov, ktorých poradie v sebe skrývalo informáciu o aminokyselinovej sekvencii proteínov. Na základe podobností DNA

---

[331] Crick, F.H.C. (1958). On protein synthesis. *Symp. Soc. Exp. Biol.* 12: 138 – 163.
„...hlavnou úlohou genetického materiálu je (nie nevyhnutne) priama kontrola syntézy proteínov. Existuje málo priamych dôkazov, ktoré by to potvrdzovali, ale podľa môjho názoru nie je motív v pozadí tejto hypotézy v súčasnosti závislý na týchto dôkazoch. Akonáhle sa prijme centrálna a unikátna úloha proteínov, zdá sa, že nezostáva veľa dôvodov, aby gény robili niečo iné."
[332] Baktérie obsahujú ribozómy, ktoré majú sedimentačnú konštantu 70 S. Tie sa skladajú z malej (30 S) a veľkej (50 S) podjednotky. Obe podjednotky sa skladajú z ribozomálnej RNA a viacerých proteínov.
[333] Watson, J.D., Crick, F.H. (1953). Molecular structure of nucleic acids: A structure for deoxyribose nucleic acid. *Nature* 171: 737 – 738.

a RNA sa uvažovalo, že z každého génu je vytvorená kópia RNA, ktorá determinuje aminokyselinovú sekvenciu jedného proteínu. RNA sa tak stala najvážnejším kandidátom na post posla genetickej informácie.

Na základe navrhnutej hypotézy o prenášači genetickej informácie James Watson (1928) vyslovil, dnes samozrejmý, ale v tom čase experimentálne neoverený výrok: „DNA produkuje RNA produkuje proteín" (angl. *„DNA makes RNA makes protein"*). RNA bola chýbajúcim dielikom do skladačky o tom, ako sa prenáša genetická informácia v biologickom systéme. Tento pohyb popísal prvýkrát v roku 1958 Francis Crick (1916 – 2004) vo svojej hypotéze, ktorú nazval Centrálnou dogmou molekulárnej biológie.[334] RNA bola molekulou spájajúcou DNA a proteíny, i keď sa nevedelo ako.

Experimentálne prístupy k riešeniu tohto problému boli rôzne. Vedelo sa, že proteíny sa skladajú z aminokyselín. Tie sa musia poskladať za sebou v určitom poradí, ktoré udáva dovtedy neidentifikovaný templát. Všetko poukazovalo na to, že týmto templátom je RNA. V roku 1954 sa Watson spolu s Leslie Orgelom (1927 – 2007) snažili skonštruovať hypotetický model RNA obsahujúci štruktúrne motívy, ktoré by boli komplementárne k špecifickým aminokyselinám. Takýmto spôsobom by sekundárna štruktúra RNA mohla riadiť syntézu polypeptidového reťazca. Toto sa im ale nedarilo, najmä kvôli tomu, že neboli schopní navrhnúť štruktúru, ktorá by bola špecifická pre veľmi podobné aminokyseliny. Crick dospel k rovnakému záveru a navrhol, že namiesto priameho kontaktu aminokyselín a templátovej molekuly existuje tretia molekula, ktorá tento kontakt sprostredkúva. Táto molekula mala zohrávať úlohu adaptora. Crick nazval svoju predikciu *Adaptorová hypotéza*,[335] podľa ktorej sa v bunke nachádza špeciálny adaptor pre každú jednu z 20 štandardných aminokyselín.

Medzitým sa členom laboratória Paula Zamecnika (1912 – 2009) podarilo vytvoriť *in vitro* systém obsahujúci natívne ribozómy. Nový systém umožňoval skúmať inkorporáciu aminokyselín do polypeptidového reťazca za využitia energie pochádzajúcej z hydrolýzy ATP. Tento systém použil Mahlon Hoagland (1921 – 2009), ktorý zistil, že aminokyseliny sú najprv aktivované pomocou ATP za vytvorenia vysokoenergetického komplexu aminokyseliny a AMP. Ďalej pozoroval, že takto aktivované aminokyseliny sú prenášané na molekuly RNA s nízkou molekulovou hmotnosťou za vzniku komplexu aminokyseliny, AMP a RNA.[336] Objavená ribonukleová kyselina bola rozpustná vo vode, a z toho dôvodu bola označovaná ako solubilná RNA. V súčasnosti ju poznáme pod názvom transferová RNA (tRNA). Práve tRNA bola hľadaným, Crickom postulovaným, adaptorom. Tento objav vyvolal veľké nadšenie. Konečne bolo

---

[334] Crick, F.H.C. (1958). On protein synthesis. *Symp. Soc. Exp. Biol.* 12: 138 – 163.

[335] Crick, F.H.C. (1955). On degenerate templates and the adaptor hypothesis. *Draft* 1 – 18; Crick, F.H.C. (1958). On protein synthesis. *Symp. Soc. Exp. Biol.* 12: 138 – 163.

[336] Hoagland, M.B., Stephenson, M.L., Scott, J.F., Hecht, L.I., Zamecnik, P.C. (1958). A soluble ribonucleic acid intermediate in protein synthesis *J. Biol. Chem.* 231: 241–257.

známe, akým spôsobom môže byť genetická informácia dekódovaná do aminokyselinovej sekvencie. Templát, ktorý by niesol túto informáciu od DNA k ribozómom, však ostával stále zahalený tajomstvom.

Koncom 50. rokov tak boli známe dva typy RNA. Spomínaná tRNA, ktorá hrá úlohu adaptora pri syntéze proteínov a ribozomálna RNA (rRNA), ktorá tvorí hlavnú súčasť ribozómov. Keďže na ribozómoch prebieha syntéza nových proteínov, bolo pochopiteľné, že sa rRNA stala kandidátom na hľadanú templátovú molekulu sprostredkujúcu tok informácií z DNA až k proteínom. V rámci tejto hypotézy sa uvažovalo, že každý gén je prepísaný do sekvencie rRNA, ktorá asociuje s ribozomálnymi proteínmi za vzniku ribozómu. Takýto ribozóm by následne produkoval iba jeden druh proteínu. Táto hypotéza sa tiež označuje ako: „Jeden gén – jeden ribozóm – jeden enzým" (angl. *„One gene – one ribosome – one enzyme"*). Avšak už na začiatku jej testovania narazili vedci na problém. Ak je rRNA templátom pre syntézu proteínov, tak očakávali, že dĺžka rRNA v ribozómoch sa bude meniť v závislosti od dĺžky proteínu, ktorého sekvenciu kóduje. Ukázalo sa, že rRNA existuje iba v dvoch konzervovaných veľkostiach. Tieto veľkosti boli veľmi podobné dokonca i medzi evolučne vzdialenými organizmami. Okrem toho, v roku 1960 Cedric Davern a Matthew Meselson ukázali, že rRNA je v bakteriálnych ribozómoch veľmi stabilná. To by znamenalo, že ribozóm si zachováva schopnosť syntetizovať špecifický proteín po veľmi dlhú dobu.[337] To sa nezhodovalo s predstavami o metabolizme rýchlo rastúcich baktérií. Ďalšie veľmi dôležité pozorovanie uskutočnili Jacques Monod a François Jacob v Pasteurovom inštitúte v Paríži pri štúdiu syntézy enzýmov zúčastnených v katabolizme laktózy v baktériách *Escherichia coli*. K dispozícii mali dva druhy mutantov v produkcii β-galaktozidázy.[338] Prvý mutant nebol schopný produkovať aktívny proteín a druhý produkoval β-galaktozidázu konštitutívne. To znamená, že druhý mutant nepotreboval prítomnosť induktora na zapnutie syntézy enzýmu. Jacob s Monodom premýšľali, čo môže spôsobovať pozorovaný fenotyp. Vedeli, že musí existovať nejaká kontrola expresie génu kódujúceho β-galaktozidázu. Tento fenomén sa rozhodli preskúmať pomocou bakteriálnej konjugácie. Konjugácia je proces, pri ktorom dochádza k transferu genetickej informácie medzi bakteriálnymi bunkami.[339] Pomocou tohto procesu bolo možné dostať do recipientnej baktérie žiadanú alelu génu. Na konjugačných experimentoch sa podieľal aj Američan Arthur Pardee (1921), ktorý v tom čase navštívil Pasteurov inštitút. Pomocou konjugácie sa im podarilo preniesť DNA z inducibilnej baktérie do mutanta konštitutívne produkujúceho β-galaktozidázu. Výsledkom bolo, že alela podmieňujúca indukciu syntézy bola dominantná nad konštitutívnou alelou a baktéria neprodukovala β-galaktozidázu, ak nebol

---

[337] Davern, C.I., Meselson, M. (1960). The molecular conservation of ribonucleic acid during bacterial growth. *J. Mol. Biol.* 2: 153 – 160.
[338] β-galaktozidáza je enzým štiepiaci laktózu na dva monosacharidy, glukózu a galaktózu.
[339] Kapitola 4.2.

prítomný induktor.[340] Tento poznatok mal obrovský význam pre mechanizmus indukcie a represie syntézy enzýmov, za čo Jacob a Monod dostali spolu s Andrém Lwoffom roku 1965 Nobelovu cenu. Druhé, pre náš príbeh dôležitejšie pozorovanie, sa týkalo spôsobu, akým sú prenesené alely v baktériách exprimované. Pomocou bakteriálnej konjugácie bolo možné preniesť funkčný gén do baktérie, ktorá nebola schopná zodpovedajúci proteín syntetizovať. Experiment ukázal, že akonáhle je gén prenesený do recipientnej baktérie, syntéza produktu začína bez oneskorenia a prebieha maximálnou rýchlosťou. To bolo prekvapivým zistením, ktoré sa vôbec nezhodovalo s predpokladanými predstavami, že pre syntézu každého proteínu existuje špeciálny ribozóm. Na tomto základe sa očakávalo, že chvíľu potrvá, kým sa ribozóm vytvorí a môže začať syntéza daného proteínu. Taktiež sa očakávalo, že rýchlosť tvorby proteínu sa bude s časom zvyšovať, až kým nedosiahne svoje maximum.[341] Na výsledky experimentu nadviazala Monika Rileyová (1926 – 2013) v laboratóriu Arthura Pardeeho. Rileyová chcela zistiť, čo sa stane so syntézou proteínov, ak zničí gény kódujúce zodpovedajúce proteíny. Zámer uskutočnila veľmi vynaliezavo. Pomocou konjugácie preniesla do recipientnej baktérie úsek bakteriálneho chromozómu obsahujúci štandardnú alelu génu kódujúceho β-galaktozidázu. Trik bol v tom, že tento chromozóm bol bohato značený rádioaktívnym izotopom fosforu ^{32}P. Potom stačilo počkať, až prenesený gén zanikne účinkom prirodzeného rozpadu ^{32}P. Ukázalo sa, že ani krátko po rozpade génu nie je bunka schopná pokračovať v syntéze proteínov, čo je v rozpore s hypotézou o špeciálnych ribozómoch, ktoré sú stabilné.[342]

Na základe spomínaných experimentov bolo vedcom jasné, že expresia génov nemôže prebiehať cez stabilné intermediáty, ktoré by slúžili ako templát pre syntézu proteínov. Inak povedané, rRNA nemôže byť hľadaným poslom. Zostávalo jediné riešenie, musí existovať ďalší typ RNA. Jacob a Monod nazvali túto, ešte neobjavenú RNA, *messengerová* RNA (mRNA). Podľa ich predpokladov musí byť táto RNA nestabilná, aby mohla bunka rýchlo reagovať na zmeny v prostredí. Ďalej musí byť schopná sprostredkovať genetickú informáciu medzi DNA a ribozómami. Tie sú v tomto prípade, na rozdiel od predchádzajúcej hypotézy, nešpecifickými štruktúrami, ktoré prekladajú informáciu zapísanú v mRNA do aminokyselinovej sekvencie.[343]

Kde sa ale skrývala mRNA? Prečo ju nikto nebol schopný pozorovať? Jej existencia by vysvetľovala všetky doterajšie výsledky a skladačka by bola konečne kompletná. Tvrdenie, že mRNA nikto predtým nepozoroval, nie je úplne pravdivé. V roku 1956 Elliot Volkin a Lazarus Astrachan pracovali

---

[340] Pardee, A.B., Jacob, F., Monod, J. (1959). The genetic control and cytoplasmic expression of „inducibility" in the synthesis of β-galactosidase by *E. coli. J. Mol. Biol.* 1: 165 – 178.

[341] Viac informácií je v kapitole 5.6. venovanej tomuto tzv. *PaJaMo* experimentu.

[342] Riley, M., Pardee, A.B., Jacob, F., Monod, J. (1960). On the expression of a structural gene. *J. Mol .Biol.* 2: 216 – 225.

[343] Jacob, F., Monod, J. (1961). Genetic regulatory mechanisms in the synthesis of proteins. *J. Mol. Biol.* 3: 318 – 356.

s bakteriofágom T2. Kládli si otázku, ako je možné, že rýchlo rastúce bunky *E. coli* majú aktívnu syntézu proteínov a DNA, ale nič podobné nepozorujú s RNA. DNA bakteriofága T2 a *E. coli* sa značne líšia, čo umožnilo nasledovné pozorovanie. Po izolácii nukleových kyselín zmerali bázové zastúpenie z infikovaných a neinfikovaných buniek a zistili, že sa výrazne odlišujú. Vo frakcii infikovaných baktérií sa nachádzala aj RNA, ktorá sa svojím zložením veľmi podobala na infekčnú DNA bakteriofága. Tento druh RNA pomenovali: „RNA ponášajúca sa na DNA" (angl. *„DNA-like RNA"*). [344] Žiaľ, Volkin s Astrachanom si neuvedomovali, čo sa im vlastne podarilo objaviť. Teraz už vieme, že bakteriofág po infekcii preberie riadenie nad bunkovou mašinériou a namiesto bakteriálnych proteínov začnú ribozómy syntetizovať proteíny fága. Tento zásah do metabolizmu baktérie si vyžaduje syntézu nového druhu RNA, ktorá je kópiou fágovej DNA a slúži ako templát pre syntézu proteínov. Ich objav bol pozoruhodný, ale žiaľ zostal nevysvetlený. Výsledky ich experimentov Volkin prezentoval v Cold Spring Harbor, kde bol pozvaný, aby prednášal o bakteriálnych vírusoch. Medzi poslucháčov patril Sydney Brenner, ktorého Volkinova prednáška veľmi zaujala.

Sydney Brenner sa narodil 13. januára 1927 v Juhoafrickej republike. Vďaka jeho inteligencii a vrodenej učenlivosti absolvoval strednú školu už ako 14-ročný. Keď sa rozhodoval, ktorým smerom sa bude v živote uberať, vybral si medicínu v Johannesburgu. Bolo mu vyčítané, že po skončení štúdia bude príliš mladý na to, aby mohol vykonávať lekársku prax. Z toho dôvodu dostal možnosť stráviť jeden rok v bakalárskom kurze anatómie a fyziológie. Pobyt v kurze bol pre mladučkého Brennera skvelým zážitkom, ktorý ho poznačil na zvyšok života. Bol mu pridelený laboratórny stôl, kde sa pod vedením skúsenejších vedeckých pracovníkov oboznamoval so skutočným výskumom. Možno i vďaka tomu sa jeho pozornosť nakoniec upriamila na bunkovú fyziológiu a cytogenetiku. Po dokončení medicíny sa rozhodol, že namiesto lekárskej praxe je pre neho oveľa lákavejší výskum, konkrétne molekulárna biológia. Brennerova rodina nebola jeho rozhodnutím veľmi nadšená, ale aj naďalej podporovala jeho, teraz už, záľubu. V roku 1952 prišiel Brenner do Oxfordu, kde pracoval počas svojej doktorandskej práce na štúdiu mechanizmov rezistencie baktérií voči bakteriofágom. Už vtedy mal plnú hlavu toho, ako rozlúštiť štruktúru DNA a úlohu nukleových kyselín v syntéze proteínov. Našťastie ho so štruktúrou DNA v roku 1953 predbehli Francis Crick a James Watson. Aspoň čiastočným zadosťučinením bola pre Brennera možnosť ísť sa na model DNA osobne pozrieť a zoznámiť sa s jeho autormi. Práve toto stretnutie bolo začiatkom ich dlhodobej spolupráce. Pri pohľade na štruktúru DNA si uvedomil, že komplementárne bázy sú kľúčom k mnohým problémom v biológii. Po získaní doktorátu sa vrátil

---

[344] Volkin, E., Astrachan, L. (1956). Phosphorus incorporation in *Escherichia coli* ribonucleic acid after infection with bacteriophage T2. *Virology* 2: 149 – 161.

domov, kde začal intenzívne pracovať na probléme genetického kódu a RNA v prenose genetickej informácie. V roku 1957 Brenner publikoval článok, kde za pomoci štatistiky a sekvencie aminokyselín dokázal, že aminokyseliny sú kódované tromi nukleotidmi. [345] Francis Crick sa rovnako ako Brenner mimoriadne zaujímal o tému, ako sa genetická informácia prenáša do poradia aminokyselín v proteínoch. Crick navrhol, že by mohli s Brennerom spolupracovať. Netrvalo dlho a Brenner za pomoci Cricka získal miesto v Cambridge, kde spolu preberali aktuálne problémy molekulárnej biológie vrátane výsledkov z Pasteurovho inštitútu. Vedeli, že poslom musí byť RNA, ale zatiaľ taká nebola popísaná. Vtedy si Brenner spomenul na svoje stretnutie s Volkinom a uvedomil si, že práve Volkinova a Astrachanova RNA podobajúca sa na fágovú DNA spĺňala všetky požiadavky na posla, ktorého existenciu predpovedali Jacob a Monod! Zostávalo len vymyslieť experiment dokazujúci existenciu nestabilnej molekuly RNA.

Brenner oslovil Jacoba[346] s prosbou o pomoc pri dizajne experimentu. Dvojici výskumníkov však chýbal experimentátor, ktorý by mal bohaté skúsenosti so stratégiou, ktorú Brenner s Jacobom plánovali použiť. Týmto experimentátorom bol Matthew Meselson,[347] Američan, ktorý v roku 1957 spolu s Franklinom Stahlom a Jeromeom Vinogradom zaviedli metódu, ako separovať makromolekuly na základe ich hustoty. Metóda centrifugácie v hustotnom gradiente bola dostatočne senzitívna na to, aby umožnila separovať molekuly obsahujúcu ťažké a ľahké izotopy dusíka. Týmto spôsobom sa Meselsonovi a Stahlovi podarilo v roku 1958 ukázať v jednom z najznámejších biologických experimentov, že DNA sa replikuje semikonzervatívne.[348] Práve táto metóda mala byť kľúčová pri dokazovaní existencie mRNA.

CIEĽOM BRENNERA, JACOBA A MESELSONA BOLO testovať hypotézu predpokladajúcu existenciu nestabilnej mRNA prenášajúcej genetickú informáciu z génov k proteínom. V hypotéze sa o ribozómoch uvažovalo ako o nešpecifických bunkových štruktúrach, ktorých úlohou je syntéza proteínov na základe dodaného templátu v podobe mRNA. Túto predstavu podporovalo aj pozorovanie, že baktéria infikovaná bakteriofágom začne produkovať novú nestabilnú RNA, ktorá je odlišná od bakteriálnej DNA, ale veľmi sa podobá na DNA fága.

Doposiaľ popísané výsledky mohli byť vysvetlené tromi modelmi. Podľa modelu I sa po infekcii fágom bakteriálna translačná mašinéria vypne a nové ribozómy sú syntetizované z fágových génov. Aby tento model mohol obstáť,

---

[345] Brenner, S. (1957). On the impossibility of all overlapping triplet codes in information transfer from nucleic acid to proteins. *Proc. Natl. Acad. Sci. USA* 43: 687 – 694.
[346] Životopis F. Jacoba viď kapitola 5.6..
[347] Životopis M. Meselsona viď kapitola 5.2.
[348] Meselson, M., Stahl, F. (1958). The replication of DNA in *E. coli. Proc. Natl. Acad. Sci. USA* 44: 671 – 682; kapitola 5.2.

museli by byť ribozómy nestabilné. Model II predpokladal, že v prípade infekcie bakteriofágom sa fágové proteíny syntetizujú priamo na DNA, a že novovznikajúca RNA inhibuje činnosť ribozómov. Model III predpovedal existenciu špeciálneho typu RNA, ktorý by sprostredkoval informáciu medzi DNA a nešpecializovanými ribozómami. Po infekcii je syntéza nových ribozómov vypnutá a mRNA fága nahrádza mRNA baktérie.

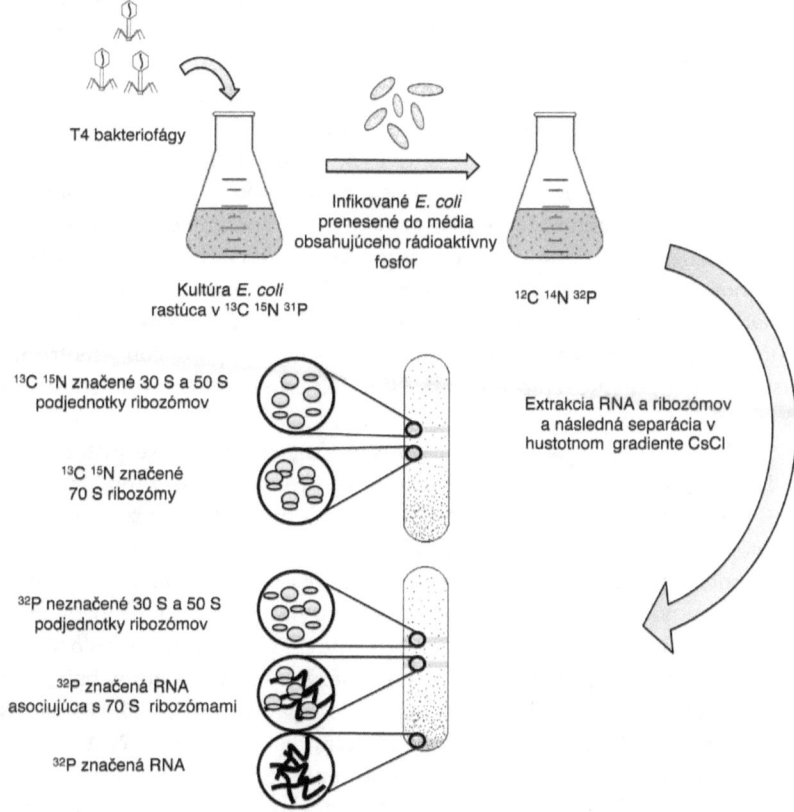

Obrázok 18. Dizajn experimentu dokazujúceho existenciu mRNA. Baktérie *E. coli* rástli v prítomnosti izotopov ^{13}C a ^{15}N. Následne boli tieto baktérie infikované bakteriofágom T4 a okamžite prenesené do média bez izotopov dusíka a uhlíka, ale s prídavkom rádioaktívneho fosforu ^{32}P. Extrahovaná RNA a ribozómy boli separované v hustotnom gradiente chloridu cézneho. Všetky ribozómy v hustotnom gradiente boli značené „ťažkými" izotopmi. To znamenalo, že po infekcii bakteriofágom sa netvoria žiadne nové ribozómy. Naopak, po infekcii bola detegovateľná vysokomolekulová RNA na dne centrifugačnej skúmavky značená rádioaktívnym fosforom. Navyše sa táto RNA asociovala s 70 S ribozómami, čo naznačovalo jej účasť v syntéze proteínov.

Prvým krokom bolo dokázať existenciu nestabilnej RNA. Kultúra *E. coli* bola infikovaná bakteriofágmi a následne bol do média na krátku dobu pridaný rádioaktívne značený uracil.[349] Z polovice takejto kultúry boli izolované ribozómy a k druhej bol pridaný 200-násobný nadbytok nerádioaktívneho uridínu, ktorý je preferečne inkorporovaný do RNA.[350] Po krátkom čase boli aj z tejto kultúry izolované ribozómy. Zistili, že bezprostredne po pridaní rádioaktívneho uracilu bunky produkovali vysokomolekulovú RNA, ktorá asociovala s ribozómami. Táto RNA bola nestabilná, pretože krátko po pridaní nadbytku nerádioaktívneho uridínu sa rádioaktívny signál z RNA dramaticky znížil. Výsledok experimentu potvrdzoval existenciu nestabilnej vysokomolekulovej RNA.

Ďalším krokom bolo testovať platnosť popísaných modelov, ktoré sa dali rozlíšiť nasledujúcim spôsobom: Baktérie na začiatku rástli v prostredí, ktoré obsahovalo „ťažké" izotopy dusíka a uhlíka. To znamená, že všetky bunkové komponenty takýchto baktérií by mali obsahovať „ťažké" izotopy. Následne boli baktérie infikované bakteriofágom T4 a okamžite prenesené do prostredia, ktoré neobsahovalo „ťažké" izotopy, ale obsahovalo rádioaktívny fosfor. Fosfor je prirodzenou súčasťou nukleových kyselín, takže tento prístup umožňoval sledovať, čo sa deje s nukleovými kyselinami počas infekcie. Distribúcia ribozómov, RNA a proteínov bola analyzovaná pomocou centrifugácie v hustotnom gradiente chloridu cézneho. Experimentálnu stratégiu ilustruje **Obrázok 18.**

Ak platí model I, mali by byť po centrifugácii vo vzorke prítomné nové „ľahké" ribozómy, ktoré by syntetizovali nové proteíny. Podľa modelu II by po infekcii malo dôjsť k syntéze novej RNA. Tá by inhibovala syntézu proteínov na ribozómoch a jediným spôsobom, akým by mohli vznikať nové proteíny, by bola priama syntéza na fágovej DNA. Model III naopak predpovedá, že sa po infekcii fágom tvorí nová mRNA, ktorá asociuje so starými „ťažkými" ribozómami. Tá slúži ako templát pre syntézu fágových proteínov. Po centrifugácii bolo vidieť, že sa žiadne nové ribozómy netvorili. To znamená, že všetky ribozómy boli „ťažké". Výsledok vylučoval model I. Brenner s kolegami pozoroval, že sa tvorí vysokomolekulová RNA značená rádioaktívnym fosforom, ktorej časť asociuje so 70 S ribozómami. O nich sa vedelo, že sú aktívne v proteosyntéze. Avšak to neumožňovalo odlíšiť model II a III. RNA podľa modelu II inhibovala syntézu. Podľa modelu III, bola RNA templátom. Aby bolo možné odlíšiť tieto dva modely, bolo nutné zistiť, kde prebieha syntéza fágových proteínov. S týmto cieľom bol uskutočnený experiment, pri ktorom baktérie rástli v prítomnosti izotopu ^{15}N a po infikovaní boli ihneď prenesené do média s ^{14}N, kde bol navyše pridaný rádioaktívny izotop síry ^{35}S. Síra nie je štandardným komponentom RNA, ale je súčasťou aminokyselín metionínu a cysteínu. To znamená, že

---

[349] Uracil je stavebným komponentom RNA, prídavok jeho rádioaktívneho izotopu umožňuje sledovať syntézu RNA.
[350] Uridín vznikne po pridaní cukru ribózy k molekule uracilu. Spolu s cytozínom, adenozínom a guanozínom je uridín stavebným blokom RNA.

rádioaktívne značené by mali byť novovznikajúce polypeptidy. Tento prístup umožnil identifikovať, že rádioaktívnou sírou boli značené iba 70 S ribozómy. Táto rádioaktívna značka sa dala z ribozómov odstrániť, ak bol do kultúry pridaný nadbytok nerádioaktívneho izotopu síry ^{32}S. To znamená, že na ribozómoch dochádzalo k syntéze proteínov, ktoré boli špecificky značené. Tento výsledok znamenal elimináciu modelu II.

Zosumarizujme si teda pozorované fakty. Po infekcii sa nevytvárali žiadne nové ribozómy. Dochádzalo k takmer okamžitej syntéze nového druhu RNA, ktorá má krátku životnosť. Táto RNA ponášajúca sa na DNA fága asociovala s ribozómami. Syntéza pravdepodobne všetkých proteínov prebiehala na už existujúcich ribozómoch. S týmito závermi bol kompatibilný iba model III.

Krátko po zverejnení výsledkov Brennera, Jacoba a Meselsona, Benjamin Hall so Solom Spiegelmanom zistili, že DNA a mRNA z bakteriofága T2 sú navzájom komplementárne.[351] K rovnakému záveru onedlho dospeli aj ďalší výskumníci študujúci mRNA baktérií. To znamenalo, že o pôvode mRNA a jej úlohe posla genetickej informácie z DNA k proteínom už nebolo žiadnych pochýb.

OTÁZKY NA ZAMYSLENIE

1. Čo bolo dôvodom, že messengerová RNA tak dlho odolávala objaveniu?
2. Pri ultracentrifugácii bakteriálnych ribozómov ste narazili na zaujímavý úkaz. Popri 30 S, 50 S a 70 S ribozómoch ste si všimli výskyt niekoľkých rôzne veľkých štruktúr, ktoré majú všetky vyššiu sedimentačnú konštantu, ako aktívne ribozómy. Ďalej ste zistili, že súčasťou týchto štruktúr je ako rRNA, tak aj mRNA. Navrhnite vysvetlenie tohto pozorovania.
3. Navrhnite, ako by ste dekódovali genetickú informáciu zapísanú v DNA, respektíve RNA.

---

[351] Hall, B.D., Spiegelman, S. (1961). Sequence complementarity of T2-DNA and T2-specific RNA. *Proc. Natl. Acad. Sci. USA* 47: 137 – 146.

Nirenberg, M.W., Matthaei, H.J. (1961). The dependence of cell-free protein synthesis in *E. coli* upon naturally occurring or synthetic polyribonucleotides. *Proc. Natl. Acad. Sci. USA* 47: 1588 – 1602.[352]

Marshall Warren Nirenberg[353]
(10. 8. 1927 – 15. 1. 2010)

---

[352] http://www.ncbi.nlm.nih.gov/pmc/articles/PMC223178/pdf/pnas00214-0066.pdf
[353] http://profiles.nlm.nih.gov/JJ/

KAPITOLA 5.5.
Genetický kód je tvorený trojicami nukleotidov determinujúcimi špecifické aminokyseliny

„We found that all species, all forms of life on this planet use the same language, molecular language. We compared the code in bacteria to the language used in an amphibian, to a mammal and found that it's the same language... You can look at trees, flowers, squirrels, birds and you know that we're all related."

Marshall W. Nirenberg[354]

PRÍBEH O ROZLÚŠTENÍ GENETICKÉHO KÓDU, ktorý spojil Nobelovou cenou práce troch výnimočných vedcov, sa začal v roku 1953. V tom čase bolo už experimentálne potvrdené, že dedičné vlastnosti organizmov sú determinované molekulami DNA [355] a bola tiež známa detailná štruktúra tejto nukleovej kyseliny.[356] Otvorená už ostávala iba otázka, akým spôsobom je informácia, kódovaná poradím nukleotidov v DNA, interpretovaná v živých systémoch. Keďže na rozdiel od proteínov, tvorených množstvom rozličných aminokyselín, molekulu DNA tvoria iba štyri rôzne stavebné jednotky – nukleotidy, obsahujúce bázy adenín, guanín, cytozín a tymín, predpokladalo sa, že každé slovo genetického kódu tvorí viacero nukleotidov. Detaily však boli záhadou, ktorá vtiahla tímy vedcov z celého sveta do pretekov o rozlúštenie podstaty genetickej šifry. V roku 1954 založil George Gamow (1904 – 1968), teoretický fyzik

---

[354] „Zistili sme, že všetky druhy a všetky formy života na tejto planéte používajú rovnaký molekulárny jazyk. Porovnali sme genetický kód baktérií, obojživelníkov, cicavcov a zistili sme, že je u všetkých identický... Môžeme sa pozrieť na stromy, kvety, veveričky, vtákov, a vieme, že sme všetci príbuzní." Citovaná časť rozhovoru počas 55. stretnutia laureátov Nobelovej ceny v Lindau; http://www.nobelprize.org/mediaplayer/index.php?id=383

[355] Hershey, A.D., Chase, M. (1952). Independent functions of viral protein and nucleic acid in growth of bacteriophage. *J. Gen. Physiol.* 36: 39 – 56.

[356] Watson, J.D., Crick, F.H. (1953). Molecular structure of nucleic acids: A structure for deoxyribose nucleic acid. *Nature* 171: 737 – 738.

a kozmológ, inšpirovaný prácou Watsona, Cricka a Franklinovej, spolu s Jamesom Watsonom *RNA Tie Club* („Klub RNA kravát"), neformálny spolok 20 vedcov (ich počet korešpondoval s počtom esenciálnych aminokyselín), venujúcich sa genetickému kódu. Bol to práve Gamow, kto ako prvý vyslovil hypotézu, že každá aminokyselina je kódovaná trojicou báz. Mýlil sa však v predpoklade, že jednotlivé trojice sa navzájom prekrývajú a nukleotidy môžu byť v rámci jedného tripletu usporiadané v ľubovoľnom poradí. Napriek tomu, že Gamow a Watson združili vo svojom klube množstvo popredných odborníkov, nedokázali záhadu genetického kódu vyriešiť. Rozlúštenie genetického kódu sa nakoniec nepodarilo teoretikom, ale experimentátorom. Kľúčovú úlohu v tomto objave totiž zohral Marshall W. Nirenberg, americký biochemik a genetik, ktorý nikdy nebol členom *RNA Tie Club*-u, ale spolu so svojím kolegom Heinrichom J. Matthaeiom zrealizoval experimenty, ktoré viedli k pochopeniu základných princípov genetického kódu a najmä k priradeniu jednotlivých kombinácií nukleotidov v DNA ku kódovaným aminokyselinám. Spolu s Nirenbergom boli za rozlúštenie genetického kódu v roku 1968 odmenení Nobelovou cenou aj Har Gobind Khorana (1922 – 2011), biochemik, ktorý ako prvý syntetizoval biologicky aktívny gén (pozri nižšie) a Robert W. Holley (1922 – 2003), ktorý ako prvý stanovil sekvenciu nukleovej kyseliny (transferovej RNA pre alanín).

MARSHALL W. NIRENBERG SA NARODIL V ROKU 1927 v New York City a už ako malý chlapec prejavoval veľký záujem o biológiu. Keď mal 12 rokov, prekonal reumatickú horúčku, čo prinútilo celú rodinu presťahovať sa na Floridu, kde sa vplyvom subtropického podnebia jeho zdravotný stav zlepšil a umožnil mu venovať sa plnohodnotne svojim záľubám vrátane prírodných vied. Strednú školu dokončil v Orlande a následne sa dostal na Floridskú univerzitu. V rokoch 1948 – 1952 študoval ekológiu a taxonómiu potočníkov (*Trichoptera*), biochémii sa začal venovať až na Michiganskej univerzite, kde získal titul PhD. Po skončení štúdia sa zamestnal v *National Institute of Health* (NIH) v Marylande, kde sa v roku 1959 začal venovať genetickému kódu. V novembri roku 1960 sa k Nirenbergovi pridal nemecký biochemik Heinrich J. Matthaei, ktorý spolu s ním identifikoval trojicu báz kódujúcu aminokyselinu fenylalanín. V tom istom roku upriamil svoju pozornosť na genetický kód aj Har Gobind Khorana, ktorý opustil Univerzitu Britskej Kolumbie vo Vancouveri, zamestnal sa na Wisconsinskej univerzite a stavajúc na výsledkoch Nirenberga a Matthaeia začal pracovať na chemickej syntéze génu. Khoranov tím pripravil oligonukleotidy, zložené z rôznych kombinácií báz a sledoval, ktoré aminokyseliny sa objavujú v proteínoch v prípade, že sú tieto oligonukleotidy použité ako templát pre proteosyntézu.[357] V rokoch 1961 a 1962 dosiahli preteky o rozlúštenie kódu

[357] Khorana, H.G., Tener, G.M. Moffatt, J.G., Pol, E.H. (1956). A new approach to the synthesis of polynucleotides. Chem. and Ind. London, 1523; pre novší historický prehľad viď Khorana, H.G. (1979). Total synthesis of a gene. *Science* 203: 614 – 625.

vrchol. Nirenbergovým hlavným súperom sa stal Severo Ochoa, laureát Nobelovej ceny za fyziológiu alebo medicínu z roku 1959 a Nirenberg využil pomoc ďalších laboratórií z NIH, aby napokon dokončil prácu ako prvý. Posledný dielik do skladačky pridal v roku 1965 Robert Holley, ktorý na záver svojej desaťročnej práce s RNA izoloval a stanovil nukleotidovú sekvenciu tRNA pre aminokyselinu alanín. Čoskoro boli Holleyho metódou popísané aj ostatné typy tRNA, a tak bol už v polovici 60. rokov genetický kód konečne rozlúštený a traja hlavní aktéri ocenení Nobelovou cenou za fyziológiu alebo medicínu.[358]

TEMPLÁTOVÁ RNA		PEPTID		KODÓN = AMINOKYSELINA
UUUUUUUU	⟶	Phe Phe Phe	⟶	UUU = Phe
UGUGUGUGU	⟶	Cys Val Cys	⟶	UGU = Cys GUG = Val
UACUACUAC	⟶	Tyr Tyr Tyr Thr Thr Thr Leu Leu Leu	⟶	UAC = Tyr ACU = Thr CUA = Leu

Obrázok 19. Identifikácia tripletov kódujúcich jednotlivé aminokyseliny. V hornom riadku sa nachádza schéma Nirenbergovho a Matthaeiovho experimentu, v ktorom identifikovali prvý kodón pre aminokyselinu fenylalanín, v spodných dvoch riadkoch sú schémy Khoranových experimentov.[359]

Skôr, ako sa Nirenberg a Matthaei pustili do lúštenia kódu, sledovali závislosť priebehu proteosyntézy od prítomnosti RNA. Použili na to bezbunkový systém tvorený extraktom z baktérií *Escherichia coli*, v ktorom sa nachádzal funkčný proteosyntetický aparát. K extraktu pridávali aminokyselinu valín, značenú rádioaktívnym izotopom uhlíka (^{14}C) a sledovali, v akom množstve sa táto aminokyselina stáva súčasťou novovytvorených proteínov. Ukázalo sa, že pridávanie ribozomálnej RNA stimuluje utilizáciu značenej aminokyseliny, a naopak, proteosyntéza je úplne zastavená po pridaní ribonukleázy, zatiaľ čo pridanie deoxyribonukleázy jej priebeh neovplyvňuje. Okrem ribozomálnej RNA sa Nirenbergovi podarilo stimulovať inkorporáciu značených aminokyselín aj pridaním kvasinkovej RNA a RNA vírusu mozaiky tabaku. Keď už si boli Nirenberg a Matthaei istí, že pre správny priebeh proteosyntézy je potrebná templátová aj ribozomálna RNA, napriek tomu, že funkcia ribozomálnej RNA pre nich ostávala záhadou, pristúpili ku kľúčovému experimentu. Ako templát použili syntetickú RNA, zloženú len z nukleotidov obsahujúcich uracil (polyU) a k 20 rovnocenným frakciám extraktu pridali rovnaké množstvo aminokyselín, pričom v každej reakcii bola rádioaktívne značená len jedna. Výsledok experimentu bol jednoznačný. Rádioaktívny signál, detegovaný vo frakcii so

[358] http://www.nobelprize.org/nobel_prizes/medicine/laureates/1968/index.html
[359] Ghosh, H.P., Soll, D., Khorana, H.G. (1967). Studies on polynucleotides. LXVII. Initiation of protein synthesis *in vitro* as studied by using ribopolynucleotides with repeating nucleotide sequences as messengers. *J. Mol. Biol.* 25: 275 – 298.

značeným fenylalanínom, bol takmer 500-krát vyšší, než signál nameraný u ostatných frakcií. Inými slovami, ak bola polyU použitá ako templát, produktom bol polypeptid zložený exkluzívne z fenylalanínu. Nirenberg a Matthaei si v tej chvíli ešte neboli istí, či je genetický kód skutočne tripletový, ale vedeli, že kodón, obsahujúci iba uracilové bázy, kóduje aminokyselinu fenylalanín.

trinukleotidy   ribozómy a aminoacyl-tRNA   zachytenie ribozómov na filtri

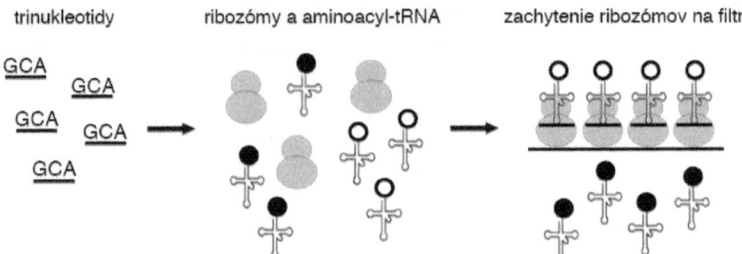

Obrázok 20. Nirenbergov a Lederov experiment. Trinukleotidy so špecifickou sekvenciou sú inkubované s ribozómami a rôznymi aminoacyl-tRNA,[360] pričom iba jedna aminokyselina je rádioaktívne označená (svetlý krúžok na tRNA). Ak sa aminoacyl-tRNA s označenou aminokyselinou viaže na daný trinukleotid, komplex ostane zachytený na filtri, zatiaľ čo voľné aminoacyl-tRNA s neoznačenými aminokyselinami (čierny krúžok na tRNA) filtrom prejdú.

Koncom roku 1961 sa Matthaei vrátil do Nemecka a Nirenberg pokračoval vo výskume bez neho. Už v roku 1962 sa však k jeho tímu pridal americký genetik Philip Leder, v spolupráci s ktorým urobil Nirenberg ďalší zásadný objav – potvrdil, že genetický kód je tripletový a identifikoval väčšinu zostávajúcich kodónov. V tomto experimente použili opäť bezbunkový systém, tentoraz však namiesto dlhého reťazca polyU využili ako templát rôzne varianty trinukleotidov, ktoré sa naviazali na ribozómy, a ako komplex potom špecificky interagovali s transferovými RNA. Nirenberg a Leder pridali v každom variante experimentu jednu rádioaktívne značenú aminokyselinu a na záver reakčnú zmes prefiltrovali cez špeciálny filter, ktorý umožnil prejsť voľným aminoacyl-tRNA, ale zachytil tie, ktoré sa nachádzali v komplexe s ribozómami. Zmeraním rádioaktívneho signálu potom poľahky priradili sekvenciu použitého trinukleotidu k značenej aminokyseline. Týmto spôsobom už v roku 1964 priradili aminokyseliny k väčšine kodónov.[361] V priebehu nasledujúceho roku publikoval Robert Holley sekvenciu tRNA pre alanín,[362] čím skompletizoval

[360] Aminoacyl-tRNA sú transferové RNA s kovalentne naviazanou špecifickou aminokyselinou.
[361] Leder, P., Nirenberg, M.W. (1964). RNA codewords and protein synthesis, 2. Nucleotide sequence of a valine RNA codeword *Proc. Natl. Acad. Sci. USA* 52: 420 – 427;
http://www.ncbi.nlm.nih.gov/pmc/articles/PMC300293/pdf/pnas00182-0224.pdf; Leder, P., Nirenberg, M.W. (1964). RNA codewords and protein synthesis: the effect of trinucleotides upon the binding of SRNA to ribosomes. *Science* 145: 1399 – 1407; Leder, P., Nirenberg, M.W. (1964). RNA codewords and protein synthesis, 3. On the nucleotide sequence of a cystein and a leucine RNA codeword. *Proc. Natl. Acad. Sci. USA* 52: 1521 – 1529.
[362] Holley, R.W., Everett, G.A., Madison, J.T., Zamir, A. (1965). Nucleotide sequences in the yeast alanine transfer ribonucleic acid. *J. Biol. Chem.* 240: 2122 – 2128.

predstavu o interakcii medzi kodónom, nachádzajúcim sa v mRNA a antikodónom v tRNA. Inšpirovaný Nirenbergovými experimentmi, Har Gobind Khorana využil syntetickú RNA, tvorenú striedavo nukleotidmi s uracilovou a guanínovou bázou, aby identifikoval hneď dva kodóny naraz. Keďže takáto templátová RNA kódovala polypeptid, zložený z dvoch striedajúcich sa aminokyselín – cysteínu a valínu, nebolo ťažké priradiť k prvej z nich kodón UGU a druhej kodón GUG. Podobným spôsobom postupoval Khorana pri RNA s tromi striedajúcimi sa nukleotidmi a vo frakciách, v ktorých vznikali len dipeptidy a tripeptidy, identifikoval sekvencie terminačných kodónov. Nezávisle na sebe tak Nirenberg a Khorana už v roku 1966 dekódovali takmer všetky existujúce kodóny a o dva roky neskôr, keď už bol genetický kód kompletne dešifrovaný, získali spolu s Holleym Nobelovu cenu.

Rozlúštenie genetického kódu bolo prelomovým objavom, ktorý umožnil vznik modernej genetiky a molekulárnej biológie, objavom, ktorý mnohých vedcov fascinoval a desil zároveň. Dokonca aj sám Nirenberg bol v súvislosti s aplikáciou získaných poznatkov opatrný. V roku 1967 napísal v článku pre časopis Science: „Decisions concerning the application of this knowledge must ultimately be made by society, and only an informed society can make such decisions wisely."[363] Tento váhavý postoj s ním však nezdieľal ani Khorana, ani Holley. Už v roku 1972 dokázal Khorana nasyntetizovať kompletný funkčný gén, kódujúci alanínovú tRNA[364] a Holley sa niekoľko ďalších rokov venoval štruktúre rôznych typov tRNA a enzýmom, zodpovedných za modifikácie ich báz. Zvyšok svojej vedeckej kariéry zasvätil štúdiu regulácie bunkového cyklu a mechanizmom spôsobujúcim nádorovú transformáciu eukaryotických buniek. Nirenberg sa v priebehu rokov 1965 – 1969 začal čoraz viac venovať v tom čase ešte málo preskúmanej oblasti neurobiológie. Podobným spôsobom, akým sa mu podarilo dešifrovať genetický kód, sa pokúšal analyzovať aj mechanizmy, ktorými spracováva a vyhodnocuje informácie ľudský mozog, no úspech, podobný tomu z roku 1961, už nikdy nedosiahol.

OTÁZKY NA ZAMYSLENIE

1. Ako je možné, že polyU RNA slúžila ako templát pre syntézu peptidov, napriek tomu, že sa v jej sekvencii nenachádza iniciačný kodón AUG?
2. Ktoré ďalšie kodóny mohli Nirenberg a Matthaei dešifrovať už v roku 1961, predtým, ako bolo experimentálne potvrdené, že genetický kód je tripletový?

---

[363] „Rozhodnutia ohľadom využitia týchto vedomostí musia byť urobené spoločnosťou, pričom iba informovaná spoločnosť dokáže múdro rozhodnúť." Nirenberg, M.W. (1967). Will society be prepared? Science 157: 633.
[364] Van de Sande, J.H., Caruthers, M.H., Sgaramella, V., Yamada, T., Khorana, H.G. (1972). CXIV. Total synthesis of the structural gene for an alanine transfer RNA from yeast. Enzymic joining of the chemically synthesized segments to form the DNA duplex corresponding to nucleotide sequence 46 to 77. J. Mol. Biol. 72: 457 – 474.

Pardee, A.B., Jacob, F., Monod, J. (1959). The genetic control and cytoplasmic expression of „inducibility" in the synthesis of β-galactosidase by *E. coli. J. Mol. Biol.* 1: 165 – 178.[365]

François Jacob[366]
(17. 6. 1920 – 19. 4. 2013)

Jacques Lucien Monod[367]
(9. 2. 1910 – 31. 5. 1976)

[365] http://202.114.65.51/fzjx/wsw/newindex/wswfzjs/pdf/404pardee.pdf
[366] http://en.wikipedia.org/wiki/François_Jacob
[367] http://en.wikipedia.org/wiki/Jacques_Monod

KAPITOLA 5.6.
Syntéza bakteriálnych enzýmov je regulovaná

„The most striking observation that emerged from the study of phage production by lysogenic bacteria and of induction of β-galactosidase synthesis was extraordinary degree of analogy between the two systems. In both cases protein synthesis is a subject to a double determinism: on one hand, by structural genes, which specify the configuration of the peptide chains; on other hand, by regulatory genes, which control the expression of these structural genes."

François Jacob[368]

„There is in science, however, quite a gap between belief and certainty. But would one ever have the patience to wait and to establish the certainty if the inner conviction was not already there? Our experiments, however, showed that β-galactosidase is entirely stable in vivo, as other bacterial proteins, under condition of normal growth. We knew, thenceforth, that ,enzyme adaptation' actually corresponds to the total biosynthesis of a stable molecule and that consequently, the increase of enzyme activity in the course of induction is an authentic measure of the synthesis of the specific protein."

Jacques Lucien Monod[369]

UŽ OD ROKU 1900 BOLO VĎAKA francúzskemu mikrobiológovi Frédericovi Dienertovi známe,   že   enzýmy   metabolizmu   galaktózy   sa   nachádzajú

---

[368] „Najzávažnejší poznatok, ktorý vyplynul zo štúdia produkcie fágov v lyzogénnych baktériách a indukcie syntézy β-galaktozidázy, viedol k záveru, že oba fenomény sa vyznačujú neobyčajne vysokým stupňom analógie. V oboch prípadoch podlieha ich proteosyntéza dvojitému genetickému determinizmu: na jednej strane na základe štruktúrnych génov, ktoré špecifikujú konfiguráciu peptidových reťazcov a na druhej strane vďaka fungovaniu regulačných génov, ktoré kontrolujú expresiu týchto štruktúrnych génov." Citovaná časť nobelovskej prednášky F. Jacoba z roku 1965. Genetics of bacterial cell. From *Nobel Lectures, Physiology or Medicine 1963 – 1970*, Elsevier Publishing Company, Amsterdam, 1972.

[369] „Vo vede je určitá priepasť medzi domnienkou a istotou. Avšak môže niekto trpezlivo čakať na istotu bez toho, aby bol o nej vnútorne presvedčený? Naše experimenty však ukázali, že β-galaktozidáza je úplne stabilná v podmienkach normálneho rastu *in vivo* podobne, ako aj iné bakteriálne proteíny. Vieme, že ,enzymatická adaptácia' skutočne korešponduje s celkovou biosyntézou stabilnej molekuly, a že v konečnom dôsledku zvýšenie enzymatickej aktivity počas indukcie je spoľahlivým indikátorom syntézy špecifického proteínu." Citovaná časť nobelovskej prednášky J. Monoda z roku 1965. From enzymatic adaptation to allosteric transition. From *Nobel Lectures, Physiology or Medicine 1963 – 1970*, Elsevier Publishing Company, Amsterdam, 1972.

v kvasinkách len vtedy, keď bunka využíva galaktózu ako jediný zdroj uhlíka.[370] Koncom 40. rokov minulého storočia sa v Paríži v Pasteurovom inštitúte v laboratóriu Andrého Lwoffa začal výskum adaptácie baktérií *Escherichia coli* na prítomnosť laktózy v médiu, ktorý vyvrcholil objavom univerzálneho princípu regulácie aktivity génov. Hlavnými protagonistami boli François Jacob a Jacques L. Monod. Ich experimentálna stratégia vychádzala z poznatku, že niektoré enzýmy sa u mikroorganizmov syntetizovali len v prítomnosti špecifického substrátu. Tento fenomén pôvodne nazývaný „enzymatická adaptácia" bol neskôr nahradený termínom „enzymatická indukcia". Treba však zdôrazniť, že v tom čase nebola ešte známa štruktúra DNA, o štruktúre proteínov bolo dostupných veľmi málo poznatkov a takmer nič nebolo známe o ich biosyntéze. Štúdium mutanta *E. coli* (*lac⁺*) fermentujúceho laktózu zo zbierky *lac⁻* kmeňov, ktorú získal Joshua Lederberg,[371] viedlo Monoda k záveru, že schopnosť *lac⁺* mutanta využívať laktózu, je dôsledkom konštitutívnej syntézy enzýmu β-galaktozidázy (v tom čase nazývaného laktáza). Tieto poznatky dovolili nastoliť fundamentálnu otázku o vzťahu medzi génom, enzýmom a induktívnym substrátom (laktózou). Podstata enzymatickej indukcie bola odhalená v polovici 50. rokov, keď sa ukázalo, že indukčný efekt laktózy vedie k syntéze β-galaktozidázy.[372] Objav konjugácie baktérií v roku 1946 Lederbergom a jej experimentálne využitie pri spolupráci Jacoba s Éliem Wollmanom (1917 – 2008), im umožnilo uskutočniť genetickú analýzu génov determinujúcich metabolizmus laktózy. Tieto gény sú lokalizované v tzv. *lac* lokuse, ktorý tvoria tri štruktúrne gény (*lacZ, lacY* a *lacA*) kódujúce β-galaktozidázu, permeázu a tiogalaktozidtransacetylázu.

François Jacob sa narodil v roku 1920 vo francúzskom Nancy.[373] Napriek tomu, že mal talent na fyziku a matematiku, pri rozhodovaní o profesionálnom zameraní prevládol jeho záujem o biológiu a v Paríži začal študovať medicínu. Štúdium však prerušila vojna, počas ktorej sa ako dôstojník zúčastnil viacerých vojenských operácií v Afrike a v Normandii. Za mimoriadne zásluhy v týchto operáciách bol vyznamenaný najvyšším francúzskym vojenským vyznamenaním *Croix de la Libération*. Po vojne dokončil štúdium medicíny. Od roku 1950 začal pracovať v laboratóriu, ktoré viedol André Lwoff (1902 – 1994) v Pasteurovom inštitúte v Paríži. Keď v roku 1954 úspešne obhájil na parížskej Sorbonne doktorskú dizertáciu pod názvom „Lyzogénne baktérie a provírusová koncepcia", iste ešte netušil, že raz bude

---

[370] Dienert, F., (1900). Sur la fermentation du galactose. *Ann. Inst. Pasteur* 14: 139 – 189.

[371] Kapitoly 3.3. a 4.2.

[372] http://en.wikipedia.org/wiki/François_Jacob

[373] Jacob napísal nádhernú autobiografiu, ktorá je zaujímavá nielen faktograficky, ale je aj literárnym skvostom; Jacob, F. (1995). The statue within: An autobiography. Cold Spring Harbor Laboratory Press, Cold Spring Harbor, NY. Okrem toho stojí za prečítanie jeho populárno-vedecká kniha *Le jeu des possibles*, ktorá v roku 1999 vyšla v českom preklade vo vydavateľstve Karolinum pod názvom Hra s možnosťami.

spolutvorcom modelu objasňujúceho princípy regulácie expresie prokaryotických génov.

Vedeckú prácu Jacob postupne nasmeroval na štúdium genetických mechanizmov regulácie génov u baktérií a bakteriofágov. Osobitnú pozornosť venoval štúdiu špecifických vlastností lyzogénnych baktérií. Poukázal napríklad na ich „imunitu", teda na existenciu mechanizmov, ktoré inhibujú aktivitu (expresiu) génov profágov prítomných v baktériách v latentnej forme. V roku 1954 začal plodnú experimentálnu spoluprácu s Éliem Wollmanom, ktorá mu pomohla splniť jeho ambíciu odhaliť podstatu vzťahu medzi profágmi a genetickým materiálom baktérií. Nadväzujúc na Lederbergov objav bakteriálnej konjugácie mohli spolu s Wollmanom ďalej využiť tento mechanizmus na analýzu genetického aparátu baktérií a podrobnejšie študovať orientovaný proces prenosu genetického materiálu medzi bunkami.[374] Odhalenie pozoruhodnej analógie medzi lyzogéniou a indukciou enzýmu β-galaktozidázy pomocou genetickej analýzy v roku 1958 viedlo Jacoba a Monoda intuitívne k štúdiu mechanizmov zodpovedných za prenos genetickej informácie, ako aj regulačných mechanizmov usmerňujúcich syntézu enzýmov v bakteriálnej bunke. V poslednej dekáde života prekvapivo obrátil Jacob svoje vedecké nadšenie a výskumné zámery na štúdium počiatočných štádií vývoja myšacích embryí. Jeho hlavným cieľom bola analýza regulačných okruhov participujúcich na vývoji a bunkovej diferenciácii v skorých štádiách embryogenézy.[375]

JACQUES LUCIEN MONOD SA NARODIL V ROKU 1910 v Paríži v rodine francúzskeho maliara – portrétistu a Američanky. Strednú školu navštevoval v juhofrancúzskom Cannes. V roku 1928 začal študovať prírodné vedy na parížskej Sorbonne. Záujem o prírodné vedy v ňom podnietil otec, ktorý sa nikdy netajil obdivom k Charlesovi Darwinovi. Mladý Monod sa aj vďaka pozitívnemu vplyvu otca s veľkým nasadením pustil do štúdia a experimentovania, takže už v roku 1931 dosiahol prvú vedeckú hodnosť a v roku 1940 obhájil doktorát. Úspešnú vedecko-pedagogickú kariéru naštartoval už v roku 1934 prednáškami na Fakulte prírodných vied na Sorbonne. O dva roky neskôr sa mu podarilo vďaka podpore Borisa Ephrussiho[376] získať prestížny Rockefellerov grant, takže sa dostal na známy Kalifornský technologický inštitút (*Caltech*) do laboratória Thomasa Morgana.[377] Je zaujímavé, že genetický výskum drozofily ho nezaujal a po návrate z USA Monod nastúpil do Pasteurovho inštitútu do Lwoffovho laboratória venujúceho sa genetike baktérií. Podobne ako Jacob počas II. svetovej vojny participoval v protifašistickom odboji.[378]

---

[374] Wollman, É., Jacob, J. (1959). La Sexualité Des Bactéries, Etc. *Monographies de l'Institut Pasteur.*

[375] Venoval sa aj evolučným otázkam. Zvlášť vplyvnou v tejto oblasti bola jeho esej Jacob, F. (1977). Evolution and tinkering. *Science* 196: 1161 – 1166.

[376] Kapitola 6.3.

[377] Kapitola 2.3.

[378] Monod bol aj filozofujúcim vedcom. Príkladom je jeho aj dnes inšpiratívna kniha (Monod, J. (1971). Chance and Necessity. New York: Alfred A. Knopf. p. 180), ktorá vyšla v českom preklade spolu s jeho

VÝSKUM *LAC* OPERÓNU SA ZAČAL V ZIME ROKU 1940. Monod, v tom čase mladý tridsaťročný vedec, požiadal Lwoffa o radu, ako vysvetliť zaujímavý fenomén, ktorý objavil. Ak poskytol baktériám zmes dvoch zdrojov uhlíka, baktérie najprv využili prvý z nich, a až potom začali využívať aj ďalší. Odpoveď Lwoffa znela, že ide o „adaptívne enzýmy". Vysvetlil mu, že baktérie a kvasinky adaptujú svoj metabolizmus a enzýmy na zdroj uhlíka, ktorý sa im pridá do média. Monod sa rozhodol tento fenomén podrobne preskúmať.[379]

Spolu s Jacobom mohol koncom roku 1950 Monod využiť poznatky o prenose chromozómu z donorovej baktérie do recipientnej počas procesu konjugácie a experimentálne uplatniť tento nový netradičný prístup aj pri objasňovaní princípov regulácie génovej expresie u baktérií. Genetická analýza ukázala, že gény z a i sú na chromozóme lokalizované vedľa seba a sú vo väzbe.[380] Tieto poznatky jednoznačne prispeli k realizácii známeho *PaJaMo* experimentu,[381] pri ktorom trojica experimentátorov (Arthur **Pa**rdee, François **Ja**cob, Jacques **Mo**nod) uskutočnila konjugáciu donorového Hfr *lac z⁺i⁺* a recipientného F⁻ *lac z⁻i⁻* bakteriálneho kmeňa *E. coli* v neprítomnosti a prítomnosti induktora (laktózy).[382] Syntézu enzýmu β-galaktozidáza hodnotili v rôznych časových intervaloch. Ukázalo sa, že bezprostredne po konjugácii sa β-galaktozidáza síce syntetizovala, avšak po niekoľkých minútach sa syntéza enzýmu zastavila. Keď po niekoľkých minútach pridali laktózu, syntéza sa opäť obnovila (**Obrázok 21**).

Interpretácia výsledkov tohto experimentu bola jednoduchá: pri sledovaní prenosu chromozómu sa gén z⁺ môže exprimovať (transkribovať) v cytoplazme i⁻, avšak bezprostredný prenos i⁺ génu vedie k zastaveniu syntézy β-galaktozidázy. V paralelnom experimente, pri zmenenom smere prenosu génov, t. j. pri krížení kmeňa *E. coli* Hfr i⁻z⁻ s kmeňom F⁻ i⁺z⁺ sa enzým vôbec nezačal syntetizovať. Znamená to, že gén i⁺ v recipientnej bunke dominuje nad donorovým génom i⁻. Tento poznatok viedol k formulovaniu hypotézy, že gén i⁺ zodpovedá za produkciu substancie, ktorá zastavuje syntézu enzýmov. Nazvali ju represor, ktorý je kódovaný tzv. regulačným génom. Spolu s objavom mediátorovej RNA zodpovednej za prenos genetickej informácie zo štruktúrnych génov na proteíny,

---

nobelovskou prednáškou a ďalšími zaujímavými (aj keď miestami kontroverznými) esejami českých a slovenských prírodovedcov (Markoš, A. (ed.) (2008). Náhoda a nutnost. Jacques Monod v zrcadle naší doby. Pavel Mervart (vyd.), 443 s.)

[379] http://www.nobelprize.org/nobel_prizes/medicine/laureates/1965/monod-bio.html

[380] Gén z (štruktúrny) kóduje enzým β–galaktozidázu. Gén i (regulačný) kóduje represorový proteín.

[381] Pardee, A.B., Jacob, F., Monod, J. (1959). The genetic control and cytoplasmic expression of „inducibility" in the synthesis of β-galactosidase by *E. coli*. *J. Mol. Biol.* 1: 165 – 178; https://www.pasteur.fr/ip/resource/filecenter/document/01s-000046-03t/genetic-regulatory.pdf

[382] Ak je faktor F (angl. *fertility factor*) súčasťou bakteriálneho chromozómu, je prenos chromozómu pri konjugácii oveľa častejší, a takéto kmene sa nazývajú Hfr (angl. *high frequency of recombination*). DNA, ktorá je schopná sa integrovať do bakteriálneho chromozómu, sa nazýva epizóm. Kmene *Hfr* (podobne ako kmene F⁺) sú schopné iniciovať konjugáciu, pričom sa pri prenose DNA z donorovej bunky do recipientnej obyčajne prenáša celý bakteriálny chromozóm.

viedli získané experimentálne poznatky Jacoba a Monoda k formulovaniu tzv. operónového modelu regulácie syntézy enzýmov u baktérií. [383] Z unikátneho modelu regulácie expresie prokaryotických génov vyplynulo, že u baktérií je transkripcia, resp. syntéza mRNA negatívne regulovaná represorom, a že pri regulácii štruktúrnych génov lokalizovaných v lokuse *lac* je potrebné eliminovať pôsobenie represora jeho interakciou s induktorom (laktózou).

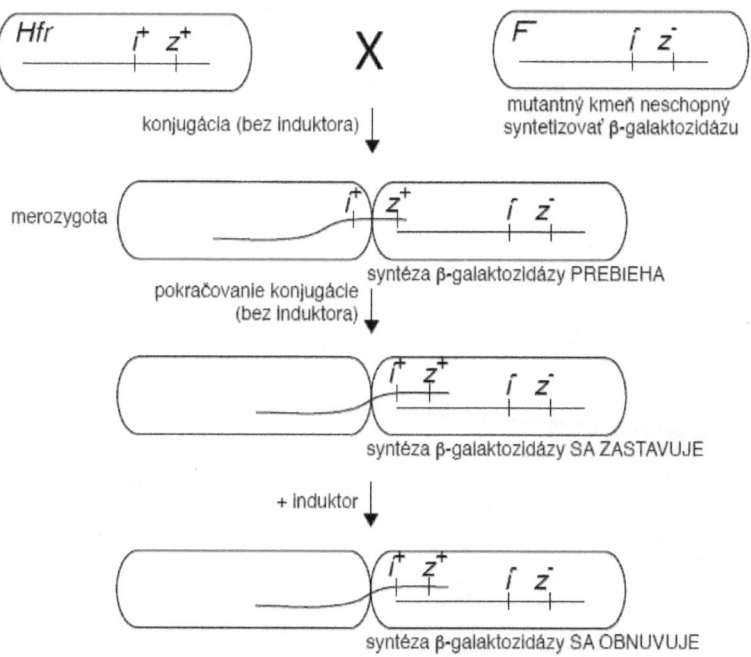

Obrázok 21. Schematické zobrazenie tzv. *PaJaMo* experimentu. Krížením donorového (*Hfr*) kmeňa s funkčnými génmi pre represor (*i*⁺) a β-galaktozidázu (*z*⁺) s recipientným (F⁻) kmeňom, ktorý má obidva gény nefunkčné, sa v prvých fázach konjugácie dostane do F⁻ kmeňa z *Hfr* bunky gén *z*⁺. Jeho expresia nemá byť čím potlačená, takže sa tento gén transkribuje, t. j. β-galaktozidáza sa syntetizuje. Neskôr sa do F⁻ bunky dostane aj gén *i*⁺ kódujúci represor, ktorý zastaví transkripciu génu *z*⁺. Po pridaní induktora sa represor inaktivuje a syntéza β-galaktozidázy sa obnoví.

PAJAMO EXPERIMENT VIEDOL K PODSTATNÝM záverom týkajúcich sa princípov, definovania a terminológie regulácie proteosyntézy u prokaryotov. Jeho výsledky potvrdili operónovú koncepciu regulácie prokaryotických génov, ktorá ani v súčasnosti nestráca nič zo svojej elegancie. [384] Vďaka správnej

[383] Jacob, F., Monod, J. (1961). Genetic regulatory mechanisms in the synthesis of proteins. *J. Mol. Biol.* 3: 318 – 356; https://www.pasteur.fr/ip/resource/filecenter/document/01s-000046-03t/genetic-regulatory.pdf

[384] Pardee, A.B., Jacob, F., Monod, J. (1959). The genetic control and cytoplasmic expression of „inducibility" in the synthesis of β-galactosidase by *E. coli. J. Mol. Biol.* 1: 165 – 178;

interpretácii výsledkov sa podarilo objasniť úlohu represora, podstatu negatívnej kontroly enzymatickej indukcie a úlohu mRNA v regulácii transkripcie u prokaryotov. [385]

Jacob s Monodom sú všeobecne považovaní za dvojicu rovnocennú Jamesovi Watsonovi a Francisovi Crickovi i napriek tomu, že sa paradoxne vo svojej rodnej krajine – Francúzsku – stali slávni až po tom, ako v roku 1965 získali Nobelovu cenu. Boli to práve oni dvaja, ktorí ako prví zrozumiteľne vysvetlili, ako gény „pracujú". Ako prví pochopili, že gény sa buď podľa potrieb bakteriálnej bunky exprimujú (zapínajú) alebo umlčujú (vypínajú), ako keby bakteriálna bunka „vedela", ako má syntetizovať správny enzým v správnom čase.

Jacob a Monod zaviedli do molekulárnej genetiky množstvo dodnes používaných pojmov, napr. regulačné a štruktúrne gény, induktor, represor, operátor, operón, alosterické proteíny a objasnili niektoré zo základných princípov prenosu genetickej informácie. Ukázalo sa, že tieto princípy, ktoré popísali u *E. coli*, do istej miery platia aj pre eukaryotické bunky podčiarkujúc tak Monodove odvážne tvrdenie: „Čo platí pre *E. coli*, platí aj pre slona".

Otázky na zamyslenie

1. Napriek tomu, že v modeli Jacoba a Monoda hral dôležitú úlohu represor, oni nikdy tento inhibičný proteín neizolovali. Prečo bolo také ťažké inhibítor v bunke nájsť?
2. Ako by dopadol *PaJaMo* experiment, ak by bol ako donor použitý kmeň s genotypom $i^- z^-$ a ako recipient kmeň s genotypom $i^+ z^+$?
3. Ako by dopadol *PaJaMo* experiment, ak by bolo poradie génov *i* a *z* na chromozóme *E. coli* opačné?

https://www.pasteur.fr/ip/resource/filecenter/document/01s-000046-03t/genetic-regulatory.pdf
[385] Ullman, A. (2009). *Escherichia coli* Lactose Operon. In: *Encyclopedia of Life Sciences* (ELS). John Willey and Sons, Ltd: Chister. DOI: 10.1002/9780470015902.a0000849.pub2.

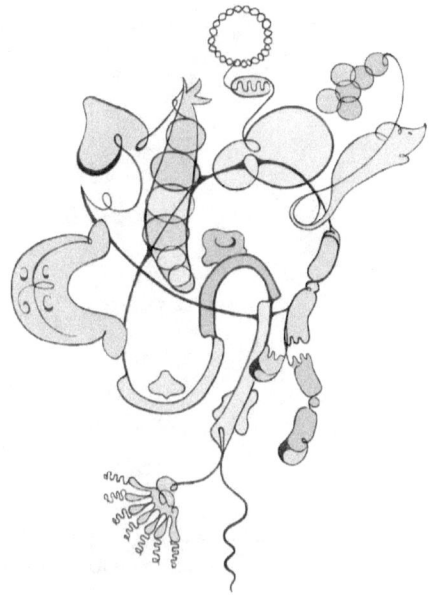

Holliday, R. (1964). A mechanism for gene conversion in fungi. *Genet. Res.* 5: 282 – 304.[386]

Robin Holliday[387]
(6. 11. 1932 – 9. 4. 2014)

[386] http://journals.cambridge.org/action/displayAbstract?fromPage=online&aid=1745916&fileId=S00166723000 01233
[387] http://en.wikipedia.org/wiki/Robin_Holliday

KAPITOLA 5.7.

Crossing-over a génová konverzia sú prepojené a prebiehajú iba na dvoch chromatidách

„If you have not been interested in ageing before, you will be"

Robin Holliday[388]

CROSSING-OVER ALEBO PREKRÍŽENIE CHROMOZÓMOV je proces výmeny genetického materiálu medzi homologickými chromozómami. K tomuto procesu dochádza v pachyténnom štádiu počas profázy I. meiotického delenia. Sesterské chromatidy homologických chromozómov sa prekrížia a vytvárajú medzi sebou spojenia. Následne dochádza k zlomom v týchto spojeniach, kde si chromozómy vymenia zodpovedajúce (homologické) úseky. Hlavným významom homologickej rekombinácie je (1) výmena úsekov materských a otcovských chromozómov pri vytváraní pohlavných buniek, ktorej výsledkom je genetická diverzita potomstva, (2) správna segregácia chromozómov, pri ktorej *crossing-over* zabezpečuje fyzické spojenie homológov v meióze I a (3) oprava poškodení DNA a tým zabezpečenie genetickej stability. Objaviteľom *crossing-overu* je americký biológ Thomas Hunt Morgan,[389] prvý genetik, ktorý dostal v roku 1933 Nobelovu cenu za fyziológiu alebo medicínu. Morgan a jeho žiaci dali základ aj modernej predstave usporiadania génov na chromozóme. Pri genetických analýzach vychádzali z výsledkov kríženia a frekvencie vzniku rekombinantných potomkov. Pri cytologických analýzach pozorovali chiazmy a prítomnosť homologických chromozómov v pároch. Na základe svojich experimentov definovali väzbu génov, ktorá znamená, že gény, ktoré sú na jednom

---

[388] „Ak vás doteraz starnutie nezaujímalo, tak vás čoskoro začne"; Holloman, B. (2014). Obituary, Robin Holliday 1932–2014. *Cell* 157: 539 – 541.
[389] Kapitola 2.3.

chromozóme sa dedia spolu, gény sú na chromozóme lineárne usporiadané a vytvorenie nových génových kombinácií je možné iba rekombináciou následkom *crossing-overu*. Mechanizmus *crossing-overu* v tom čase nebol známy a bol navrhnutý oveľa neskôr. Je spájaný hlavne s menom Robina Hollidaya, po ktorom je pomenovaný aj hlavný medziprodukt rekombinácie, tzv. Hollidayov spoj (angl. *Holliday junction*).[390] Priblížme si okolnosti vzniku Hollidayovho modelu rekombinácie a pokúsme sa vysvetliť jeho význam.

ROBIN HOLLIDAY SA NARODIL 6. NOVEMBRA 1932 v palestínskom meste Jaffa, ktoré bolo v tom čase pod správou Veľkej Británie. Jeho otec bol architekt a pracoval v Jaffe na modernizácii infraštruktúry po páde Osmanskej ríše. Počas detstva žil Holliday s rodinou na rôznych miestach (Srí Lanka, Gibraltár, Južná Afrika). Rodina prišla do Anglicka po skončení II. svetovej vojny a po niekoľkých rokoch na strednej škole začal Robin Holliday v roku 1952 študovať prírodné vedy na Univerzite v Cambridge. Život na univerzite ho veľmi nenapĺňal, podľa neho vedecké myslenie na Cambridge v tom čase nezodpovedalo dobe. Sťažoval sa, že lektor botaniky odmietal veriť mendelovskej genetike a učebnice boli ešte z 19. storočia. Jeho pesimistický pohľad sa však úplne stratil na jeseň roku 1954, keď si vypočul prednášku Harolda Whitehousea o štruktúre DNA a závažnom vplyve tejto štruktúry na párovanie medzi homologickými chromozómami v meióze. Nechápal, prečo trvalo až 18 mesiacov, kým sa objav Watsona a Cricka, ktorí pracovali v Cambridge, dostal na prednášky študentov tejto univerzity. Bol to však prelomový moment, ktorý rozhodol, že bude študovať genetiku. Už počas štúdia začal pracovať vo Whitehouseovom laboratóriu, ktoré sa zaoberalo hlavne machmi, ale študenti riešili aj projekty na menej geneticky charakterizovaných modeloch. Whitehouse Hollidayovi navrhol, aby začal výskum na niektorej z rastlinných snetí, pretože sneti na rozdiel od väčšiny húb rastú podobne ako kvasinky v jednobunkovej forme. Od Jonasa J. Christensena z Minnesotskej univerzity získal spóry *Ustilago maydis* a začal študovať genetiku tohto organizmu. Na konci svojho trojročného pobytu nebol veľmi spokojný s napredovaním svojho projektu, ale už vtedy začal postupne formulovať svoju predstavu, ktorá vysvetľovala vznik génovej konverzie[391] lepšie, ako dovtedy preferovaný model *copy-choice*. Odišiel z Cambridge na *John Innes Horticultural Institution*, kde mu dovolili ďalej pracovať na *U. maydis*. Tam pracoval aj na zdokonalení svojho rekombinačného modelu. Bohužiaľ jeho článok bol odmietnutý aj v časopisoch *Nature* aj *Genetics*, a tak ho publikoval v novom, nie príliš známom časopise *Genetical Research*.[392] Napriek tomu bol článok objavený vedeckou komunitou a zakrátko bol považovaný za rozhodujúci krok na ceste k pochopeniu detailného mechanizmu homologickej rekombinácie. Túto skúsenosť Robin Holliday často pripomínal svojim študentom a zdôrazňoval im,

---

[390] http://en.wikipedia.org/wiki/Holliday_junction
[391] viď nižšie, Obrázok 21.
[392] Holliday, R. (1964). A mechanism for gene conversion in fungi. *Genet. Res.* 5: 282 – 304.

aby verili svojim zisteniam a nedali sa odradiť editormi módnych časopisov. Robin Holliday pracoval ďalej na rekombinačných experimentoch s *U. maydis*. Zistil, že frekvencia rekombinácie môže byť zvýšená žiarením a izoloval prvého mutanta eukaryotického organizmu, ktorý mal defekt v rekombinácii aj v oprave DNA.[393] Krátko po publikovaní týchto výsledkov prešiel na mikrobiologické pracovisko v *National Institute for Medical Research* (NIMR) v Mill Hill na predmestí Londýna. Riaditeľom inštitútu bol Sir Peter Medawar, ktorý v roku 1960 dostal Nobelovu cenu za fyziológiu alebo medicínu.[394] Po čase ponúkol Hollidayovi pozíciu vedúceho nového oddelenia genetiky so súhlasom, že môže ďalej pracovať aj na *U. maydis*. Po niekoľkých rokoch sa jeho záujem začal posúvať k výskumu starnutia. Starnutie považoval z evolučného hľadiska za úžasný fenomén.[395] Výskumu starnutia sa venoval ďalších 18 rokov, kým neodišiel do dôchodku, najskôr na Mill Hill a aj neskôr, keď sa presťahoval do Austrálie. Jeho skupina z Mill Hill publikovala vyše 100 publikácií o starnutí. Známy je jeho polovážny výrok uvedený na začiatku tejto kapitoly, ktorý hovoril často kolegom. Nadčasovosť Hollidayovho modelu rekombinácie spočíva v predpovedi existencie krížového spojenia (*Holliday junction*), enzýmov systému rozpojenia krížového spojenia a enzýmov pre tzv. *mismatch* opravu[396], ktoré boli objavené až o niekoľko rokov. Čo predchádzalo vzniku rekombinačného modelu a čo ho doviedlo k tomu, že začal rekombináciu skúmať?

HOLLIDAY SVOJ VÝSKUM ZAČAL v roku 1955, teda v tom istom roku, keď bola dokázaná génová konverzia aj u *Neurospora crassa*, predtým známa iba v kvasinkách. Tieto huby produkujú v meióze uzavreté tetrády alebo oktády, ktoré sa dajú izolovať, čo dovoľuje genetickú analýzu meiózy v jednej bunke.[397] Analýzu jednotlivých tetrád a nie jednotlivých spór preto nazývame tetrádová analýza. Pri normálnej segregácii alel je pomer genotypov v tetráde 2 : 2 alebo pri oktáde 4 : 4. Génová konverzia bola opisovaná ako odchýlka od normálneho mendelovského pomeru, pretože markery segregovali v pomeroch 3 : 1, 1 : 3 alebo 6 : 2, 2 : 6. Množstvo príkladov génovej konverzie bolo objavených v heteroalelických kríženiach, to znamená kríženiach medzi mutantmi v rôznych alelách toho istého génu. Z takýchto kríženi môžu vznikať občas štandardné spóry, ak jedna mutantná alela nesegreguje normálne a v tetráde je tak prítomná iba jedna kópia mutantnej alely. Tento typ génovej konverzie bol popísaný práve v bunkách *N. crassa* a bol nazvaný nereciproká rekombinácia, čo je dodnes pojem, ktorý sa používa pre génovú konverziu. Ďalšie výskumy však dokazovali, že génová konverzia je často spojená so vznikom *crossing-overu* a rekombináciou

---

[393] Holliday, R. (1965). Radiation sensitive mutants of *Ustilago maydis*. *Mut. Res.* 2: 557 – 559.

[394] http://en.wikipedia.org/wiki/Peter_Medawar

[395] Na rozdiel od rekombinačného modelu bol jeho prvý článok o starnutí publikovaný bez problémov v *Nature*.

[396] *Mismatch* oprava je systém pre rozpoznanie a opravu chybnej inzercie, delécie a chybného zaradenia nukleotidu, ktoré môžu vzniknúť v priebehu replikácie alebo rekombinácie.

[397] Kapitola 4.1.

vedľajších markerov. Ďalším dôležitým faktom, prečo sa Holliday zaoberal rekombináciou, bolo mapovanie génov, ktoré bolo v tomto období veľmi populárne a vychádzalo hlavne z rekombinačných dejov pri trojbodových kríženiach, teda aj z génovej konverzie. Holliday vo svojej publikácii píše: *„In general, tetrad analysis of crosses between allelic mutants shows either non-reciprocal recombination (conversion for one or the other allele), or a mixture of this with reciprocal recombination, where both alleles show a 2 : 2 segregation, but a cross-over or reciprocal exchange between the alleles results in the production of a wild-type allele and a doubly mutant one."*[398] Na vysvetlenie vzniku génovej konverzie sa používal model *„copy-choice"*. Dnes už na tento model ťažko nájdeme odkazy. V slovníku preň nájdete pomerne strohé vysvetlenie[399] *„Copy-choice model is model of the mechanism for crossing-over, suggesting that crossing-over occurs during chromosome division and can occur only between two supposedly new nonsister chromatids; the experimental evidence does not support this model."*[400] Tento proces je založený na konzervatívnom modele replikácie,[401] pri ktorom parentálna molekula slúži ako templát na syntézu dcérskej molekuly.[402] Bola akceptovaná predstava, že syntéza dcérskej molekuly môže prepínať medzi templátmi počas meiotickej syntézy DNA, a že reciproké prepínanie vytvorí *crossing-over* a chybné skopírovanie vedie ku vzniku génovej konverzie. V sumáre malo uplatnenie modelu *copy – choice* tieto špecifické podmienky: (1) Genetický materiál sa musel replikovať konzervatívnym spôsobom; (2) genetické párovanie muselo prebiehať v rovnakom čase ako replikácia; (3) ak sa mala táto hypotéza použiť aj na vysvetlenie *crossing-overu* aj génovej konverzie a bola vylúčená výmena sesterských chromatíd za vzniku zlomu a znovuspojenia, tak *crossing-overy* idúce za sebou pozdĺž chromozómu by mali zahŕňať tie isté dve chromatidy; (4) v danom heterozygotnom mieste by sa mala vyskytovať konverzia z mutantnej na štandardnú a zo štandardnej na mutantnú alelu s rovnakou frekvenciou; (5) kríženie medzi rôznymi mutantmi v jednom géne by malo dávať približne rovnakú frekvenciu konverzie na štandardný typ ako je vzdialenosť medzi mutáciami, čo by umožnilo zostavenie lineárnej mapy sčítaním rekombinačných frekvencií.

Z experimentálnych výsledkov z rôznych organizmov bolo jasné, že nepodporujú prvé štyri predpoklady. Napriek týmto rozporom bol model *copy-choice* preferovaný mnohými autormi hlavne preto, lebo vyžadoval replikáciu. Ak

---

[398] „Vo všeobecnosti platí, že tetrádová analýza krížením alelických mutantov ukazuje buď nereciprokú rekombináciu (konverziu, pre jednu alebo druhú alelu), alebo zmes reciprokej a nereciprokej rekombinácie, kde obe alely segregujú 2 : 2, ale *crossing-over* alebo vzájomná výmena medzi alelami produkuje štandardný typ a dvojitého mutanta."

[399] http://groups.molbiosci.northwestern.edu/holmgren/Glossary/Definitions/Def-C/copy-choice_model.html

[400] „Model *copy-choice* vysvetľuje mechanizmus pre *crossing-over* a vychádza z predpokladu, že ku *crossing-overu* dochádza počas delenia chromozómov a môže nastať iba medzi dvoma novými nesesterskými chromatidami. Experimentálne dôkazy však tento model nepodporujú."

[401] http://www.phschool.com/science/biology_place/biocoach/dnarep/classical.html

[402] Kapitola 5.2.

mala byť frekvencia génovej konverzie využitá na zostavenie lineárnych máp, musela byť výsledkom rekombinačného deja. Keďže v *Ascobolus* bola objavená výrazne polarizovaná génová konverzia (frekvencia génovej konverzie z mutantnej alely na štandardnú alelu bola oveľa vyššia ako naopak, teda preferovaná jedným smerom),[403] zdalo sa, že je to vysvetliteľné iba tak, že prebehne polarizovaná replikácia a prepínanie. Nikto z autorov nepredpokladal, že môže existovať „veľmi presný mechanizmus chybného kopírovania DNA".[404] Takéto výsledky mohli byť vysvetlené, iba ak by mechanizmus zahŕňal prekríženie a výmenu genetického materiálu bez delécie a bez replikácie. Napriek tomu, že v baktériách a bakteriofágoch boli už pádne dôkazy o rekombinácii prebiehajúcej mechanizmom zlomu a znovuspojenia, a takisto dôkazy o genetickej rekombinácii bez syntézy DNA, stále bol tento spôsob odmietaný ako nie dosť presný, aby vysvetlil genetické dáta.

V Hollidayovej publikovanej štúdii bol predstavený model vzniku génovej konverzie bez replikácie, ktorý vysvetľoval aj prepojenie génovej konverzie s *crossing-overom*. Tento model (**Obrázok 22**) využíva komplementaritu dvoch reťazcov DNA na vysvetlenie párovania na molekulárnej úrovni, ktoré môže nastať medzi chromatidami dvoch homologických chromozómov. Tieto sa prekrížia a vytvoria štvorvláknovú štruktúru. Po výmene homologickej časti chromatidy dochádza k rozpojeniu štruktúry. Podľa spôsobu, akým je rozpojená, vznikajú produkty so vzájomne vymenenou časťou chromatidy (*crossing-over*), ale aj produkty iba s časťou jedného skopírovaného reťazca v chromatide (génová konverzia). Vznikajú rôzne dlhé heteroduplexy, ktoré majú chybne spárované bázy, hlavne v prípade heterozygotov. Holliday predpovedal, že tieto heteroduplexy musia byť opravené podobným mechanizmom, ako sú opravované bodové mutácie. Dnes vieme, že sú to tzv. *mismatch* opravné systémy, ktoré monitorujú hlavne správne párovanie báz. V závislosti od toho, v prospech ktorého reťazca je heteroduplex opravený, vzniká génová konverzia, čo sa prejaví zmeneným segregačným pomerom v tetrádach 1 : 3 alebo 3 : 1, a to bez potreby syntézy DNA.

Model navrhnutý Hollidayom riešil všetky problémy spojené s modelom *copy-choice*. Génová konverzia aj *crossing-over* mohli prebiehať po replikácii DNA vo fáze, keď sa chromozómy viditeľne párovali. Mechanizmus vysvetľoval aj to, prečo sa v danom heterozygotnom mieste mohla frekvencia konverzie z mutantnej na štandardnú formu líšiť od frekvencie konverzie opačným smerom. Z 12 možných spôsobov vzniku heteroduplexu môžu byť niektoré opravované rýchlejšie, iné pomalšie. Na rozdiel od modelu *copy-choice* Hollidayov model vysvetľuje prepojenie génovej konverzie a *crossing-overu*, a takisto ukazuje možnosť, ako môže vzniknúť konverzia aj bez *crossing-overu*. Holliday

---

[403] Lissouba, P., Motjsseau, J., Rizet, G., Rossignol, J. L. (1962). Fine structure of genes in the Ascomycete *Ascobolus immersus. Advc. Genet.* 11: 343 – 38

[404] Výsledok génovej konverzie je kópia DNA z nesprávneho templátu, je to teda chybné kopírovanie, ale prebieha veľmi presným mechanizmom.

v publikácii uznával, že model je všeobecný a v jednotlivých organizmoch môžu existovať určité špecifiká, navrhoval dokonca niekoľko možností, ako sa dá model experimentálne overiť.

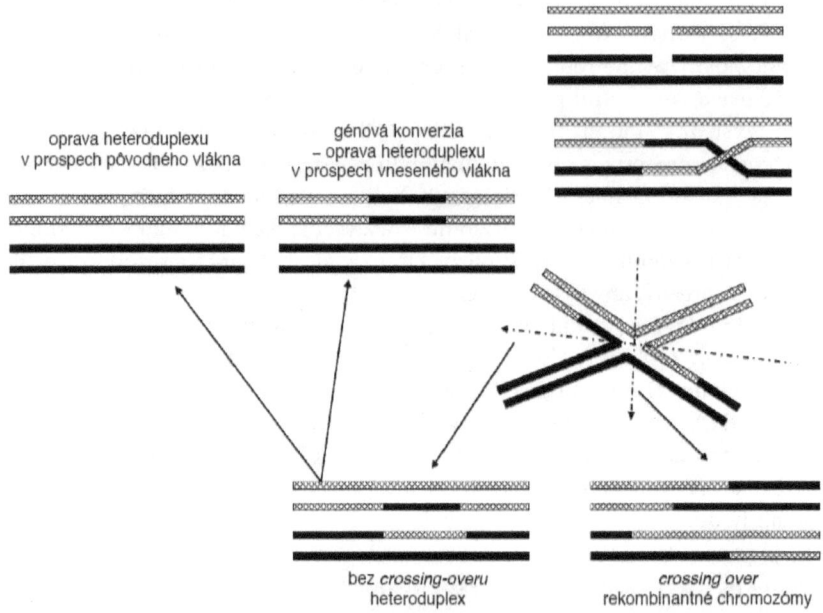

Obrázok 21. Hollidayov model homologickej rekombinácie. Model predpokladá jednoreťazcový zlom v oboch chromatidách, priblíženie chromatíd v mieste homológie. Nasleduje prekríženie reťazcov a spojenie s druhou chromatidou za vzniku krížovej štruktúry (Hollidayov spoj). Tá môže byť posúvaná pozdĺž chromatíd. Miesto rozpojenia môže byť náhodné, ale môže súvisieť aj s nedostatočnou homológiou oboch reťazcov. Hollidayov spoj môže byť rozpojený dvoma spôsobmi. Pri vertikálnom rozpojení dochádza ku *crossing-overu*, heteroduplexové časti sú opravené *mismatch* systémom. Pri horizontálnom rozpojení môže vzniknúť génová konverzia v závislosti od toho, podľa ktorého reťazca bude vzniknutý heteroduplex opravený.

ZHRŇME SI TEDA VŠETKY PRÍNOSY HOLLIDAYOVHO MODELU. Jeho cieľom bolo vysvetliť vznik génovej konverzie iným mechanizmom, ako bol dovtedy preferovaný model *copy-choice*, ktorý nebol v súlade s mnohými experimentálnymi výsledkami. Hollidayov model predpokladal, že párovanie chromozómov počas meiózy prebieha prostredníctvom krátkych oblastí, keď sa oddelia reťazce DNA v chromatide a dochádza k pripojeniu reťazcov dvoch homologických chromatíd. Ak sa v pripojenej časti nachádza heterozygotná časť, vzniká heteroduplex. Taká situácia je podobná poškodeniu DNA mutagénom a opraviť ju môžu rovnaké alebo podobné opravné mechanizmy podľa niektorého z reťazcov. Tak môže vzniknúť génová konverzia bez toho, aby vyžadovala replikáciu. Model ukazuje veľkú presnosť mechanizmu vzniku zlomu a znovuspojenia chromatíd, keď môže vzniknúť génová konverzia, ale aj *crossing-over.* To vysvetľuje častú prepojenosť týchto dejov. Model je na rozdiel od mechanizmu *copy-choice* kompatibilný so semikonzervatívnym modelom replikácie, nevyžaduje syntézu DNA ani počas, ani po párovaní homologických chromatíd. Okrem toho navrhuje molekulárny mechanizmus špecifického párovania.

ROBIN HOLLIDAY SA SNAŽIL ROZPÚTAŤ DISKUSIU o svojom rekombinačnom modele medzi širokou vedeckou verejnosťou a dostal príležitosť v roku 1970 na konferencii organizovanej EMBO (*European Molecular Biology Organization*). Oslovil kolegu Nevilla Symondsa na univerzite v Sussexe a spolu zorganizovali sériu medzinárodných workshopov venovaných rekombinácii. Na konferencii chceli mať vedcov, ktorí robia na rôznych modelových objektoch s cieľom rozpútať širokú diskusiu. Okrem prvej konferencie, ktorá sa konala v Taliansku, boli ostatné zorganizované na Škótskej vysočine. Na prvej z nich bola diskusia zameraná na Hollidayov model a na experimentálne výsledky, podporujúce rovnakú pravdepodobnosť vzniku heteroduplexu na oboch chromatidách. Niektoré údaje zo segregácie markerov v kvasinkách totiž skôr potvrdzovali pravdepodobnosť, že heteroduplex vzniká iba na jednej chromatide. Meselson a Radding na konferencii predstavili modifikovaný model, ktorý vysvetľoval možný vznik symetrického aj asymetrického heteroduplexu.[405] Ďalší pokrok nastal v roku 1983 keď Szostak, Rothstein a Stahl predstavili nový model, ktorý vychádzal z dvojreťazcového zlomu na jednom chromozóme a predpovedal vznik dvoch Hollidayových spojení.[406] Model však predpokladal vznik génovej konverzie dosyntetizovaním medzery vzniknutej pri dvojvláknovom zlome a nie *mismatch* opravou heteroduplexu, ako predpokladal Holliday. Ďalšie experimenty Fogela a Kolodnera ale jednoznačne dokázali, že génová konverzia u kvasiniek je výsledkom *mismatch* opravy tak, ako to bolo navrhnuté v pôvodnom Hollidayovom modeli. Po roku 1987 prebrali organizovanie workshopov venovaných rekombináciám DNA Steve West a Alain Nicolas, ktorí zmenili miesto konania na Seillac vo Francúzsku. Robin Holliday bol čestným hosťom v roku 2004 pri príležitosti 40. výročia publikovania jeho modelu. Okrem zhrnutia niektorých historických faktov dojal prítomných originálnym papierovým modelom, ktorý zostavil ešte za študentských čias. V roku 1988 sa Robin Holliday presťahoval do Austrálie, kde získal pozíciu vedúceho vedeckého pracovníka Oddelenia bunkovej a molekulárnej biológie v CSIRO (*The Commonwealth Scientific and Industrial Research Organisation*), kde pôsobil až do odchodu do dôchodku v roku 1997. Aj potom bol veľmi kreatívny, nielenže písal

---

[405] Meselson, M. S., Radding, C.M. (1975). A general model for genetic recombination. *Proc. Natl. Acad. Sci. USA* 72: 358 – 361.
[406] Szostak, J.W., Orr-Weaver, T.L., Rothstein, R.J., Stahl, F.W. (1983). The double-strand-break repair model for recombination. *Cell* 33: 25 – 35.

odborné články, ale prejavil sa aj ako talentovaný sochár. Vytvoril z bronzu abstrakciu génovej konverzie a *crossing-overu*. Kópie tohto diela sú vystavené v rôznych vedeckých inštitúciách vrátane Kráľovskej vedeckej spoločnosti v Londýne. V roku 50. výročia pôvodnej práce v *Genetical Research* Robin Holliday zomrel. Jeho model je však doteraz základom pre všeobecne akceptovanú predstavu mechanizmu homologickej rekombinácie.

OTÁZKY NA ZAMYSLENIE

1. Ak predpokladáme, že sa vytvoria dve Hollidayove spojenia, ktoré vytvoria D slučku, koľko možných kombinácií ich rozpojenia vznikne?
2. Prečo je nepravdepodobné, že homologická rekombinácia prebehne v G1 fáze bunkového cyklu?

6. Základy mimojadrovej dedičnosti

Baur, E. (1909). Das Wesen und die Erblichkeitsverhältnisse der „Varietates albomarginatae hort" von *Pelargonium zonale*. *Zeitschrift für induktive Abstammungs-und Vererbungslehre* 1: 330 – 351.[407]

Erwin Baur[408]
(16. 4. 1875 – 2. 12. 1933)

---

[407] angl. *The nature and the inheritance properties of the „Varietates albomarginatae hort" of Pelargonium zonale*; časopis má v súčasnosti anglický názov *Molecular Genetics and Genomics*.
[408] DSB; Schmidt; Image: Museum für Naturkunde, Berlin: Collection of Portraits – HBSB ZM B I/502; http://vlp.mpiwg-berlin.mpg.de/people/data?id=per369

KAPITOLA 6.1.
Plastidy sú nositeľmi dedičných faktorov, ktoré môžu mutovať

„Die Hypothese macht (...), dass die befruchteten Eizellen die entstanden sind durch Vereinigung einer „weissen" mit einer „grünen" Sexualzelle, zweierlei Chromatophoren enthalten: weisse und grüne (oder besser: „nicht ergrünungsfähige" und „ergrünungsfähige"). Woher diese zweierlei Chromatophoren kommen könnten, weiss ich nicht."

Erwin Baur[409]

LEN DEVÄŤ ROKOV PO ZNOVUOBJAVENÍ MENDELOVÝCH ZÁKONOV [410] boli objavené formy dedičnosti, ktoré sa týmito pravidlami nedali vysvetliť. Tento fenomén, ktorým sa zaoberá samostatná vetva genetiky, sa nazýva tiež mimojadrová, extrachromozómová, cytoplazmatická, či ne-mendelovská dedičnosť. Objav mimojadrovej dedičnosti je výsledkom veľkého záujmu o problematiku dedičnosti na začiatku minulého storočia, a to hlavne v Nemecku, kde štúdium kríženia viacerých druhov rastlín a ich rôznofarebných foriem ukázalo, že panašovanie [411] sa z rodičov na potomstvo neprenáša v súlade s Mendelovými pravidlami.

S objavom mimojadrovej dedičnosti sú nerozlučne spájaní dvaja nemeckí vedci, experimentálni botanici, Erwin Baur a Carl Correns, ktorí ju objavili simultánne a nezávisle na sebe a svoje výsledky uverejnili v rovnakom čísle časopisu *Zeitschrift für induktive Abstammungs-und Vererbungslehre*.[412] Doteraz sa

---

[409]„Hypotéza je (...), že oplodnené vajíčka, ktoré vznikli zo spojenia ‚bielej' so ‚zelenou' pohlavnou bunkou, obsahujú dvojaké chromatofory: biele a zelené (alebo lepšie: ‚neschopné ozelenenia' a ‚schopné ozelenenia'). Odkiaľ tieto dvojaké chromatofory mohli prísť, neviem." Citát z práce Baur (1909), strana 350.

[410] Kapitola 2.2.

[411] Panašovanie: dvoj- alebo viacfarebné pruhovanie alebo škvrnitosť listov, či výhonkov rastlín; popri zelených sektoroch sa vyskytujú biele, či žlté; príčinou sú poruchy tvorby chlorofylu v nezelených častiach.

[412] Baur, E. (1909). Das Wesen und die Erblichkeitsverhältnisse der „Varietates albomarginatae hort" von *Pelargonium zonale. Z. Indukt. Abstamm. Vererbunsl.* 1: 330 – 351; Correns, C. (1909). Vererbungsversuche mit

vedú spory o význame ich príspevkov, interpretáciách ich výsledkov i o tom, ktorému z nich patrí primát objaviteľa. [413] O Carlovi Corrensovi pojednáva samostatná kapitola,[414] život a dielo Erwina Baura priblížime v nasledujúcich riadkoch.

ERWIN BAUR SA NARODIL V ROKU 1875 v Ichenheime (Bádensko, Nemecko) v rodine chemika. V roku 1894 začal študovať medicínu na univerzite v Heidelbergu, pokračoval v ňom na univerzitách vo Freiburgu, Breisgau a Štrasburgu a ukončil ho na univerzite v Kiele v roku 1900. Popri štúdiu medicíny navštevoval aj prednášky z botaniky a biológie a pracoval ako asistent lekára na psychiatrickej klinike. Medicíne a psychiatrii sa však už neskôr nevenoval, lebo sa rozhodol pre doktorandské štúdium botaniky na univerzite vo Freiburgu. Pod vedením Friedricha Oltmannsa (1860 – 1945) ho absolvoval v roku 1903. Študoval reprodukčné orgány a proces fertilizácie u lišajníkov rodu *Collema*. Následne sa stal asistentom Simona Schwendenera[415] na Botanickom ústave Berlínskej univerzity. V roku 1904 sa na základe práce o myxobaktériách kvalifikoval za súkromného docenta. V roku 1910 sa stal mimoriadnym profesorom botaniky a riaditeľom Botanického ústavu na poľnohospodárskej škole v Berlíne. O tri roky neskôr (1914) založil v Berlíne (časť Friedrichshagen) prvý Ústav pre výskum genetiky. Po skončení I. svetovej vojny (v roku 1922) otvoril obdobný ústav v berlínskej časti Dahlem, ktorým sa on sám a jeho študenti dostali do povedomia svetovej vedeckej komunity ako experti v oblasti genetiky rastlín. Najväčšieho uznania sa mu však dostalo ako zakladateľovi a riaditeľovi Ústavu pre kríženie rastlín a genetický výskum cisára Wilhelma v Münchenbergu, ktorý viedol od roku 1929 až do svojej smrti (1933). Pre založenie ústavu a jeho chod sa mu podarilo získať finančnú podporu nielen od vedeckej komunity, ale aj bánk a súkromných investorov a udržať jeho chod na špičkovej úrovni ho stálo enormné úsilie (od roku 1938 niesol tento ústav jeho meno). Počas Baurovho pôsobenia na ústave sa tam každoročne stretávali priam davy študentov z celého sveta, aby od tohto veľkého majstra a učiteľa absorbovali čo možno najviac poznatkov, názorov, ideí a usmernení ako študovať kríženie rastlín.

Popri týchto aktivitách bol Erwin Baur v roku 1908 aj iniciátorom založenia časopisu *Zeitschrift für induktive Abstammungs-und Vererbungslehre* (prvý

---

blass(gelb)grünen und buntblättrigen Sippen bei *Mirabilis jalapa, Urtica pilulifera* und *Lunaria annua*. Z. *Indukt. Abstamm. Vererbunsl.* 1: 291 – 329.

[413] Hagemann, R. (2000). Erwin Baur or Carl Correns: who really created the theory of plastid inheritance? *J. Hered.* 91: 435 – 440; Hagemann, R. (2010). The foundation of extranuclear inheritance: plastid and mitochondrial genetics. *Mol. Genet. Genomics* 283: 199 – 209; Rheinberger, H.-J. (2000). Mendelian inheritance in Germany between 1900 and 1910. The case of Carl Correns (1864 – 1933). *C. R. Acad. Sci. III, Sci. Vie.* 323: 1089 – 1096.

[414] Kapitola 6.2.

[415] Simon Schwendener (1829 – 1919) prvý popísal lišajníky ako symbiotické konzorcium húb a fototrofných mikroorganizmov.

medzinárodný genetický časopis a predchodca *Molecular and General Genetics* a následne *Molecular and General Genomics*).[416] Vtedy mal Baur len 33 rokov a bol asistentom na Botanickom ústave Berlínskej univerzity. Zdalo sa mu preto rozumné prizvať za spolueditorov tohto časopisu renomovaných profesorov biológie z nemecky hovoriacich krajín (Nemecko, Rakúsko). To sa mu aj podarilo (jedným z nich bol aj Carl Correns); samotný Baur prijal pozíciu tzv. manažujúceho redaktora (*„geschäftsführender Redakteur"*), v ktorej zotrval až do svojej smrti. Pomerne dlhý názov časopisu mal zdôrazňovať, že bude uverejňovať práce z oblasti dedičnosti, premenlivosti a evolúcie, a to hlavne experimentálne štúdie (preto je v názve slovo *induktive*). V tom čase sa termín „genetika" (navrhnutý Williamom Batesonom v roku 1906) v nemeckom vedeckom jazyku ešte nepoužíval. Časopis bol v Nemecku známy pod skratkou *„ZfiAuVererbungsl."*, resp. len *„ZfiAuV"*, no v iných európskych krajinách sa väčšinou nazýval „Baurov časopis".

Práve v tomto časopise (v treťom čísle prvého zväzku), uverejnili Carl Correns a Erwin Baur samostatne svoje články o ne-mendelovskej dedičnosti rôznofarebných fenotypov kvitnúcich rastlín. Mimoriadne výstižne tu sformuloval základné princípy mimojadrovej (plastidovej) dedičnosti práve Baur; Correns sa nezmieňuje priamo o plastidoch, no hovorí o mimojadrovej dedičnosti.

Erwin Baur bol (na rozdiel od Carla Corrensa) typom vedca, ktorý rád a často prednášal študentom i laikom. S veľkým entuziazmom sa na nich pokúšal preniesť svoj zápal pre genetiku a kríženie rastlín. Veľmi aktívne loboval za genetiku a šľachtenie nielen u predstaviteľov štátu, ale aj medzi priemyselníkmi. Napísal veľmi známe učebnice genetiky, ktoré v rokoch 1910 až 1930 vyšli vo viacerých edíciách. Na medzinárodnej scéne po dve desaťročia reprezentoval nemeckú vedu na genetických konferenciách a prednáškových turné o aplikovanej genetike, evolúcii a eugenike, napr. v Anglicku, Švédsku a Južnej Amerike;[417] rečnil pred pomníkom Gregora Mendela v Brne v roku 1922 pri príležitosti stého výročia jeho narodenia. V roku 1927 bol prezidentom 5. Medzinárodného genetického kongresu v Berlíne a podarilo sa mu presvedčiť predstaviteľov vlády a štátu otvoriť tento kongres. Pre jeho život bolo typické vysoké nasadenie a entuziazmus pre výskum na poli genetiky a kríženia rastlín, jeho propagáciu, organizáciu a získavanie finančného zabezpečenia. Historici sa zhodujú v názore, že aj to sa podpísalo na jeho predčasnom úmrtí vo veku 58 rokov, ktoré prišlo prekvapivo náhle,[418] v plnom zápale tvorivých síl a veľkých očakávaní od tohto génia, za ktorého ho mnohí považovali.

Popri iných publikáciách bol Baur spoluautorom aj dvojdielnej knihy *„Grundlagen der menschlichen Erblichkeitslehre und Rassenhygiene"* (1921 a 1932),

---

[416] Hohmann, S., Hagemann, R. (2010). One hundred years of *Molecular Genetics and Genomics*: 100 years of extra-nuclear inheritance. *Mol. Genet. Genomics* 283: 197 – 198.
[417] Bol ocenený titulom doktor/profesor *honoris causa* vo Viedni, Uppsale a Buenos Aires.
[418] Ochorel na anginu pectoris

preložené do dnešnej terminológie: „Základy výučby dedičnosti človeka a eugeniky" (termín *„Rassenhygiene"* bol vtedy najčastejšie používaným nemeckým slovom pre eugeniku). V tejto veľmi rozsiahlej knihe, stručne nazývanej podľa jej troch autorov „Baur – Fischer – Lenz" (známej aj ako učebnica dedičnosti človeka), Baurova časť predstavovala relatívne stručné zhrnutie vtedajších poznatkov o genetike. Kniha sa však stala kultovým materiálom nacionálnych socialistov v Nemecku po nástupe Adolfa Hitlera k moci; uvádza sa, že predstavovala pre neho významný inšpiračný zdroj pri písaní jeho knihy *„Mein Kampf"*. S tým podľa všetkého súvisí aj skutočnosť, že dielo a meno Erwina Baura sa po II. svetovej vojne takmer prestalo spomínať a citovať, a to napriek tomu, že zomrel v roku 1933 a nebol nacistickým rasovým ideológom, ale propagátorom genetiky, no biľag spoluautorstva na kontroverznej knihe mu zostal. Baurov prínos pre genetiku sa z týchto dôvodov v mnohých učebniciach genetiky vôbec neuvádza, hoci je nespochybniteľným spoluobjaviteľom mimojadrovej dedičnosti. [419] Aké teda boli Baurove experimenty, z ktorých vyvodil závery predbiehajúce svoju dobu?

OBJAV PLASTIDOVEJ DEDIČNOSTI je nerozlučne spätý s Baurovými pokusmi na muškáte krúžkovanom (*Pelargonium zonale*). Výsledky recipročných krížení zelených rastlín s rastlinami s bielymi okrajmi listov (resp. s reprodukčnými orgánmi z bielych výhonkov na takýchto panašovaných rastlinách) uverejnil v práci z roku 1909. Baurova publikácia má síce len približne polovičný rozsah v porovnaní s príspevkom Corrensa, no nepochybne ju možno považovať za jednu z klasických genetických prác.

Prvá časť publikácie sa venuje rastlinným chiméram, t. j. organizmom pozostávajúcich z dvoch typov geneticky odlišných buniek. Analyzujúc odlišné variety panašovaných muškátov Baur popisuje existenciu dvoch typov chimér, a to sektorové a periklinálne. Detailné štúdium anatómie vegetačných vrcholov, výhonkov a listov ukazuje, že sektorové chiméry pozostávajú spravidla z diskrétne odlišných, čisto zelených, či bielych sektorov. Naproti tomu vegetačné vrcholy periklinálnych chimér, pozostávajú z viacerých, spravidla troch farebne odlišných vrstiev. V prípade listov s bielymi okrajmi sú bunky epidermy a palisádového parenchýmu biele a vnútorná vrstva buniek je zelená. Ak sú farebne odlišné vrstvy buniek opačne zoradené, formujú sa listy so zeleným okrajom a bielym centrom.

V ďalšej časti práce Baur popisuje experimenty s krížením rôzne sfarbených foriem muškátov. Dokumentuje, že zelené a biele výhonky panašovaných rastlín sa líšia v genetickej konštitúcii plastidov (používa termín „chromatofory"). Jeden typ plastidov je zelený (normálny, nemutovaný, schopný stať sa zeleným v priebehu vývinu rastliny), druhý typ je biely, prípadne žltý

[419] Hagemann, R. (2010). The foundation of extranuclear inheritance: plastid and mitochondrial genetics. *Mol. Genet. Genomics* 283: 199 – 209.

(poškodený, mutovaný, neschopný ozelenieť). Baur vysvetľuje vzťah medzi zeleno-bielou pestrofarebnosťou materských rastlín a objavením sa rôznych fenotypov rastlín v generácii F_1 (zelené, biele, pestrofarebné, sektorové a periklinálne chiméry) pomocou teórie „somatickej segregácie a vytrieďovania plastidov". Pestrofarebné rastliny sa vyvinuli zo zygot obsahujúcich dva odlišné typy plastidov (zelené, resp. biele/žlté). V priebehu nasledujúcich delení buniek plastidy náhodne segregujú. Toto náhodné segregovanie vyúsťuje počas vývinu rastliny k vytriedeniu dvoch typov plastidov, a tým k formovaniu čisto zelených a čisto bielych sektorov na jednej a tej istej rastline. To viedlo Baura k záveru, že po mnohých deleniach sa počet buniek s dvomi typmi plastidov percentuálne zníži v porovnaní s bunkami obsahujúcimi len jeden typ plastidov.

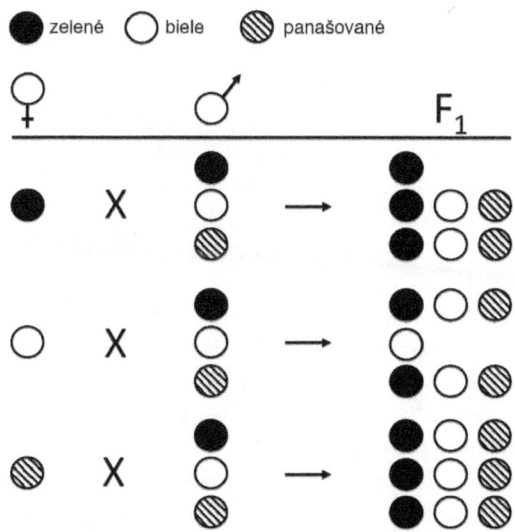

Obrázok 22. Schematické znázornenie výsledkov kríženi rôznych farebných foriem muškátu krúžkovaného (*Pelargonium zonale*), ktoré uskutočnil Erwin Baur.

Recipročné kríženia rôznofarebných rastlín muškátov odhalili biparentálnu dedičnosť. To znamená, že na potomstvo sa prenášajú dedičné faktory pre sfarbenie listov (zelené aj biele) od oboch rodičov (**Obrázok 22**). Potomstvo v generácii F_1 je zelené, zeleno-biele a biele. Štiepne pomery však boli odlišné od Mendelových pravidiel. Biparentálny prenos plastidov, ktorý Baur pozoroval v experimentoch s muškátmi, bol v tom čase priam revolučnou novinkou; všeobecne sa totiž akceptovalo, že panašovanie sa dedí len po materskej línii (tak ako to prezentoval Carl Correns v experimentoch s nocovkou). Baur si túto zásadnú odlišnosť od vtedy platnej doktríny hneď uvedomil a poskytol aj prijateľné vysvetlenie – samčie spermatické bunky sú v prípade muškátu taktiež schopné preniesť plastidy do buniek vajíčok. Popri experimentoch s muškátmi Baur krížil aj zeleno-biele formy papuľky väčšej (*Antirrhinum majus*), u ktorej pozoroval matroklínny prenos sfarbenia listov, takže nemal najmenší dôvod spochybňovať závery Corrensa a ďalších rastlinných genetikov o dedičnosti panašovania po materskej línii.

Možno teda zhrnúť, že Baurova práca z roku 1909, v ktorej prezentuje výsledky z kríženia rôznofarebných foriem *P. zonale*, priniesla tri zásadné zistenia a z nich plynúce postuláty: (1) plastidy sú nositeľmi dedičných faktorov, ktoré sú schopné mutovať; (2) v priebehu delenia buniek v panašovaných rastlinách dochádza k náhodnému vytrieďovaniu plastidov; (3) genetické výsledky z kríženia rôznofarebných muškátov poukazujú na biparentálnu dedičnosť plastidov u týchto rastlín – cez samičie bunky vajíčok a samčie spermatické bunky. Baur bol presvedčený, že mimojadrové dedičné faktory, ktoré sú zodpovedné za panašovanie rastlín, sú lokalizované v plastidoch, argumentoval, že sú to práve defekty v chloroplastoch *P. zonale* a spôsob ich dedičnosti, ktorým možno vysvetliť odlišnosti od Mendelových pravidiel. V nasledujúcich rokoch sa na základe jeho experimentov s krížením ďalších rastlín, ako aj prác iných autorov, potvrdila správnosť Baurovej hypotézy. Baur tým založil teóriu plastidovej dedičnosti. Ukázal, že u mnohých druhov rastlín sa plastidy prenášajú len po jednom rodičovi (po matke), no u niektorých druhov existuje biparentálny spôsob dedičnosti plastidov (dnes vieme, že u ihličín dochádza k uniparentálnemu prenosu plastidov po otcovskej línii). Následne, v priebehu vývinu rastliny, keď sa bunky delia, dochádza k náhodnému vytrieďovaniu plastidov a formovaniu zelených, bielych, či panašovaných sektorov.

Žiada sa spomenúť konštatovanie historikov vedy, že Thomas Hunt Morgan, ktorý bol veľmi skeptický k fenoménu cytoplazmatickej dedičnosti, vo svojej knihe *The Physical Basis of Heredity* (1919) vyslovil plný súhlas s Baurovou teóriou plastidovej dedičnosti. [420] Po Baurovej smrti jeho teóriu plastidovej dedičnosti ďalej v detailoch rozpracovávali a propagovali hlavne Nemci Otto Renner (1883 – 1960) a Julius Schwemmle (1894 – 1979), študujúci rôzne druhy rodu pupalka (*Oenothera*), ktoré sa vyznačujú istými osobitosťami plastidovej dedičnosti).

Hoci sa za krajinu zrodu genetiky plastidov považuje Nemecko, táto problematika pútala pozornosť aj vedcov z iných krajín. Už za života „otcov zakladateľov" Baura a Corrensa sa jej venoval napr. dánsky biológ Øjvind Winge (1886 – 1964), známejší skôr ako pionier genetiky kvasiniek. V roku 1919 uverejnil prácu, [421] v ktorej zdôraznil, že neexistuje žiadny zásadný rozdiel medzi uniparentálnou, maternálnou dedičnosťou panašovania, akú pozorujeme u nocovky (*Mirabilis*), papuľky (*Antirrhinum*), prvosienky (*Primula*) i ďalších rastlín a biparentálnou dedičnosťou plastidov, ktorú nachádzame u muškátu

---

[420] Citované z Hagemann, R. (2010). The foundation of extranuclear inheritance: plastid and mitochondrial genetics. *Mol. Genet. Genomics* 283: 199 – 209.

[421] Winge, Ø. (1919). On the non-mendelian inheritance in variegated plants. *C. R. Trav. Lab. Carlsberg* 14: 1 – 20.

(*Pelargonium*). Svoje stanovisko formuloval veľmi jasne. Podľa neho jediný rozdiel medzi uvedenými spôsobmi dedičnosti spočíva v tom, že u muškátu sa plastidy prenášajú od matky aj od otca (biparentálne), kým u ostatných spomenutých rastlín sa plastidy prenášajú do nasledujúcej generácie len cez vajíčko. V princípe sú oba spôsoby prenosu rovnocenné a predstavujú plastidovú dedičnosť. Erwin Baur sa plne stotožnil s Wingeho názormi a zapracoval ich do svojich ďalších prác. Aj iný významný genetik, Milislav Demerec,[422] Američan chorvátskeho pôvodu, naštartoval svoju vedeckú kariéru výskumom dedičnosti panašovania; ako doktorand sa venoval štúdiu albinizmu u kukurice a dokumentoval matroklínnu dedičnosť zeleno-bieleho prúžkovania. Američan Marcus Morton Rhoades (1903 – 1991) sa stal známym a často citovaným autorom vďaka celej sérii prác na pozoruhodnom mutantovi kukurice (*iojap*). Prvú zo svojich prác o cytoplazmatickej dedičnosti samčej sterility kukurice uverejnil už v roku 1931.[423] Veľmi zaujímavou vlastnosťou mutantov *iojap* je súčasný výskyt zeleno-bieleho prúžkovania listov (ktoré je podmienené poruchami v plastidoch) a cytoplazmatickej samčej sterility (ktorá je spravidla spätá s defektmi v mitochondriách).

Američanka Ruth Sagerová (1918 –1997) začala v roku 1954 systematicky študovať plastidovú dedičnosť na úplne odlišnom organizme, a to jednobunkovej zelenej riase *Chlamydomonas reinhardtii*.[424] Popísala spôsob dedičnosti rezistencie voči antibiotikám, ktorý nebol v súlade s Mendelovými pravidlami a poukázala, že rezistencia súvisí s mutáciami v plastidoch.[425] V nasledujúcich rokoch sa riasa C. *reinhardtii* stala unikátnym a po dlhé roky jediným modelom pre štúdium rekombinácie a mapovania plastidových génov. Prím pri tom zohrávali výskumné kolektívy Ruth Sagerovej a Nicholasa W. Gillhama, ktorí sú aj autormi niekoľkých monografií zaoberajúcich sa veľmi podrobne problematikou cytoplazmatickej dedičnosti, génmi a genómami organel.[426]

OTÁZKY NA ZAMYSLENIE

1. Erwin Baur svojimi experimentmi s krížením rôzne sfarbených foriem muškátov dokumentoval, že sfarbenie sa dedí po oboch rodičoch, t. j. biparentálne. Príslušné genetické faktory však nelokalizoval do jadra, ale mimo neho, dokonca presne do plastidov. Čo ho k tomu viedlo?
2. Pokúste sa nájsť nejaké dôvody, prečo je v prípade mimojadrovej dedičnosti častejšia, a teda asi aj výhodnejšia, dedičnosť uniparentálna ako biparentálna.

---

[422] Kapitola 5.3.

[423] Rhoades, M.M. (1931). Cytoplasmic inheritance of male sterility in *Zea mays. Science* 73: 340 – 341.

[424] Sager, R. (1954). Mendelian and non-Mendelian inheritance of streptomycin resistance in *Chlamydomonas reinhardi. Proc. Natl. Acad. Sci. USA* 40: 356 – 363.

[425] Sager, R. (1960). Genetic systems in *Chlamydomonas. Science* 132: 1459 – 1462.

[426] Sager, R. (1972). Cytoplasmic genes and organelles. Academic Press, New York, NY, USA; Gillham, N.W. (1978). Organelle heredity. Raven Press, New York, NY, USA; Gillham, N.W. (1994). Organelle genes and genomes. Oxford University Press, New York, NY, USA.

Correns, C. (1909). Vererbungsversuche mit blass(gelb)grünen und buntblättrigen Sippen bei *Mirabilis jalapa, Urtica pilulifera* und *Lunaria annua. Zeitschrift für induktive Abstammungs-und Vererbungslehre* 1: 291 – 329.[427]

Carl Erich Correns[428]
(10. 9. 1864 – 14. 2. 1933)

---

[427] angl. *Inheritance experiments with pale(yellow)green and variegated varieties of Mirabilis jalapa, Urtica pilulifera and Lunaria annua;* časopis má v súčasnosti anglický názov *Molecular Genetics and Genomics.*
[428] http://en.wikipedia.org/wiki/Carl_Correns

KAPITOLA 6.2.

Dedičné faktory sú lokalizované aj mimo jadra a ich prenos na potomstvo
neprebieha podľa Mendelových pravidiel

*„Von allen Annahmen die ich mir zur Deutung des albomaculata – Merkmales überlegt habe, scheint mir
die einer – nicht ansteckenden – Chlorose des Plasmas allein noch am besten zu passen, einer Chlorose, die
den Kern unverändert lässt. Die Kerne wären so auf der ganzen Pflanze gleichartig und gesund, das
Plasma dagegen in den Keimzellen, dem Mosaik entsprechend, krank oder gesund."*

Carl Correns [429]

ZNOVUOBJAVENIE MENDELOVÝCH ZÁKONOV v roku 1900 predstavuje
kľúčový medzník v histórii genetiky. Podieľali sa na ňom traja európski botanici:
Holanďan Hugo de Vries, Nemec Carl Correns a Rakúšan Erich Tschermak von
Seysenegg, ku ktorým niektorí historici priraďujú amerického agronóma
a ekonóma Williama Jaspera Spillmana.[430]

Carl Correns bol spomedzi uvedenej štvorice podľa všetkého
najdetailnejšie oboznámený s dielom Gregora Mendela, a to preto, že bol žiakom
Karla Nägeliho.[431] Hoci Nägeli neporozumel významu Mendelových zistení,
významne usmernil vedecké zameranie mladého Corrensa (s ktorým bol aj
rodinne prepojený) na botaniku, prostredníctvom ktorej narazil aj na pôvodnú
Mendelovu prácu. Preto, keď sa Correns v roku 1900 rozhodol uverejniť výsledky

---

[429] „Zo všetkých predpokladov, o ktorých som uvažoval pri objasňovaní charakteristík *albomaculata*, zdá sa
mi, že sa najlepšie hodí ten o existencii nejakej – neinfekčnej – chlorózy samotnej plazmy, chlorózy, ktorá
ponecháva jadro nezmenené. Jadrá by tak boli v celej rastline rovnaké a zdravé, plazma, naproti tomu,
v zárodočných bunkách, zodpovedajúc mozaike, chorá alebo zdravá." Citát z Correns, C. (1909).
Vererbungsversuche mit blass(gelb)grünen und buntblättrigen Sippen bei *Mirabilis jalapa, Urtica pilulifera*
und *Lunaria annua. Z. Indukt. Abstamm. Vererbunsl.* 1: 291 – 329, strana 322.

[430] Kapitola 2.2.

[431] Informácie, ktoré od Nägeliho mal, sa však týkali takmer výhradne Mendelových neúspešných pokusov
s jastrabníkom; pozri kapitolu 2.2.

svojich experimentov na rastlinách, jednoznačne ich spojil s Mendelovými zákonmi.

Všeobecne sa akceptuje, že Correns a de Vries boli tými, ktorí najjasnejšie „redefinovali" Mendelove zákony. Zatiaľ čo Correns vždy poctivo a s uznaním citoval Mendelovu prácu, veľmi ho zaskočilo, že de Vries tak vo svojej prvej publikácii neurobil. Correns rozpoznal Mendelove zákony medzi rokmi 1894 – 1900, keď sa snažil skúmaním viacerých druhov rastlín (hlavne kukurice a hrachu) zistiť, aký je mechanizmus fenoménu „xenia"; týmto termínom sa označoval priamy vplyv oplodňujúceho peľu na materskú rastlinu.[432]

V učebniciach genetiky sa bežne uvádza, že Correns sa po roku 1900 venoval hlavne štúdiu limitov mendelovskej dedičnosti z pohľadu všeobecnej platnosti jej zákonov, čo ho v priebehu desaťročia priviedlo k objavu cytoplazmatickej, t. j. mimojadrovej, resp. ne-mendelovskej dedičnosti. Podrobné štúdium jeho prác však skôr dokumentuje, že Corrensovým cieľom bolo hlavne detailné preskúmanie princípov, dosahu a rozsahu mendelovskej dedičnosti. Výsledkom komplexného experimentálneho programu kríženia desiatok rastlinných druhov je potvrdenie jadrovej paradigmy, teda kľúčovej úlohy jadra v genetike rastlín.[433] Objav mimojadrovej, cytoplazmatickej dedičnosti, s ktorým je meno Carla Corrensa najčastejšie spájané, sa skôr javí ako vedľajší produkt tohto úsilia.

CARL CORRENS SA NARODIL V ROKU 1864 v bavorskom Mníchove. Vo veľmi útlom veku osirel a vyrastal u svojho strýka vo Švajčiarsku. V roku 1885 začal študovať na univerzite v Mníchove, kde ho Karl Nägeli usmernil na štúdium botaniky. V rokoch 1892 – 1902 Correns pracoval ako súkromný docent na univerzite v Tübingene. Následne sa stal docentom na Ústave Wilhelma Pfeffera v Lipsku. V roku 1909 bol ustanovený za profesora botaniky a riaditeľa Botanickej záhrady na univerzite v Münsteri. V roku 1913 sa stal prvým riaditeľom novozaloženého Biologického ústavu (*Kaiser Wilhelm Institut für Biologie*) v berlínskej časti Dahlem.

Correns bol až do konca svojho života veľmi aktívny v oblasti výskumu genetiky (hlavne rastlín). Bol významnou a rešpektovanou autoritou. Po Corrensovej smrti v roku 1933 nastúpil na miesto riaditeľa Biologického ústavu jeho žiak, pražský rodák Fritz von Wettstein (1895 – 1945). Correns bol mimoriadne pracovitým a plodným vedcom, no veľkú časť svojich výsledkov nestihol počas života uverejniť. Na podnet von Wettsteina Corrensova blízka spolupracovníčka Emmy Steinová (1879 – 1954) začala triediť a spracovávať Corrensove nepublikované práce do podoby vedeckej biografie (biografia však nikdy nevyšla). Steinová zistila, že Correns v rokoch 1880 – 1930 skúmal rastliny

---

[432] Rheinberger, H.-J. (2000). Mendelian inheritance in Germany between 1900 and 1910. The case of Carl Correns (1864 – 1933). *C. R. Acad. Sci. III, Sci. Vie.* 323: 1089 – 1096.
[433] Correns, C. (1900). G. Mendel's Regel über das Verhalten der Nachkommenschaft der Rassenbastarde. *Ber. Dtsch. Bot. Ges.* 18: 158 – 168.

z približne 340 rodov, z ktorých každý bol spravidla zastúpený viacerými druhmi, či varietami.[434] Vyjadrila sa, že je pre ňu nepredstaviteľné, ako mohol jeden človek pracovať tak extenzívne s toľkými objektmi a zároveň tak intenzívne s každým z nich. Nanešťastie, prevažná časť Corrensovej práce zostala nepublikovaná a bola zničená počas bombardovania Berlína v roku 1945.

Podľa historikov Carl Correns predstavoval typ klasického vedca, ktorý si vždy želal byť čo najviac vo svojej experimentálnej záhrade, v ktorej vlastnými rukami uskutočňoval dobre naplánované pokusy s rôznymi rastlinami. Keď dospel k hypotéze vysvetľujúcej jeho výsledky, pridržal sa jej a overoval jej platnosť na ďalších druhoch, či varietách rastlín. Hoci pracoval v Berlíne, nevyučoval na Berlínskej univerzite. Výsledky svojich prác spravidla uverejňoval ako jediný autor danej publikácie.

Correns dokumentoval platnosť Mendelových zákonov na viacerých druhoch rastlín, pričom akcentoval úlohu dedičných faktorov lokalizovaných v jadre,[435] hoci venoval istú pozornosť aj faktorom prenášaným cytoplazmou. Pravdou je, že pri štúdiu genetickej determinácie pohlavia už v roku 1904 zistil, že spôsob dedičnosti niektorých znakov sa nedá vysvetliť v súlade s Mendelovými pravidlami, pretože sa dedia len po matke. Termín „ne-mendelovská" dedičnosť však použil po prvýkrát až v nadpise práce z roku 1928.[436] Za to, že sa meno Carla Corrensa spája s objavom, resp. spoluobjavením ne-mendelovskej dedičnosti, možno vďačiť hlavne Fritzovi von Wettsteinovi, ktorý zasvätil svoju vedeckú kariéru cytoplazmatickej dedičnosti. Snažil sa presvedčiť vedeckú komunitu, že jeho učiteľ bol prvý, kto popísal prípady mimojadrovej dedičnosti, a to pri krížení rastlín nocovky (*Mirabilis jalapa*).[437] Hoci primát zakladateľa cytoplazmatickej, konkrétne chloroplastovej dedičnosti mu súčasná historiografia odopiera,[438] jeho práce o úlohe mimojadrových faktorov v dedičnosti niektorých znakov, ktoré skúmal u viacerých druhoch rastlín, sú priekopnícke a majú svoju, nielen historickú hodnotu.

V roku 1909, v treťom čísle prvého zväzku časopisu *Zeitschrift für induktive Abstammungs-und Vererbungslehre* uverejnili Carl Correns a Erwin Baur [439] samostatne svoje články o ne-mendelovskej dedičnosti rôznofarebných fenotypov

---

[434] Stein, E. (1950). Dem Gedächtnis von Carl Erich Correns nach einem halben Jahrhundert der Vererbungswissenschaft. *Die Naturwissenschaften* 37: 457 – 463.

[435] Correns, C. (1909). Zur Kenntnis der Rolle von Kern und Plasma bei der Vererbung. *Z. Indukt. Abstamm. Vererbunsl.* 2: 331 – 340.

[436] Correns, C. (1928). Über nichtmendelnde Vererbung, *Z. Indukt. Abstamm. Vererbunsl.*, Supplementband 1: 131 – 168.

[437] von Wettstein, F. (1938). Carl Erich Correns. *Ber. Dtsch. Bot. Ges.* 56: 140 – 160.

[438] Hagemann, R. (2000). Erwin Baur or Carl Correns: who really created the theory of plastid inheritance? *J. Hered.* 91: 435 – 440; Hagemann, R. (2010). The foundation of extranuclear inheritance: plastid and mitochondrial genetics. *Mol. Genet. Genomics* 283: 199 – 209; Rheinberger, H.-J. (2000). Mendelian inheritance in Germany between 1900 and 1910. The case of Carl Correns (1864–1933). *C. R. Acad. Sci. III, Sci. Vie.* 323: 1089 – 1096.

[439] Kapitola 6.1.

rastlín, každý študujúc iné druhy kvitnúcich rastlín. [440] Mimoriadne výstižne sformuloval základné princípy plastidovej dedičnosti Baur; Correns sa nezmieňuje priamo o plastidoch, no hovorí o mimojadrovej dedičnosti. Predstavme si výskedky jeho práce z roku 1909, ktorá ho spolu s Baurom postavila na piedestál spoluzakladateľa cytoplazmatickej dedičnosti.

DEDIČNOSŤ ZNAKU PANAŠOVANIA (pestrofarebnosti – dvojaké/trojaké sfarbenie vegetatívnych častí rastlín) Correns podrobne opisuje na výsledkoch z rozsiahlej série experimentov. Ide predovšetkým o reciproké kríženia farebne odlišných variantov rastlín, hlavne u nocovky jalapovitej (*Mirabilis jalapa*), pŕhľavy guľkonosnej (*Urtica pilulifera*) a mesačnice ročnej (*Lunaria annua*). V sérii kríženi Correns navzájom opeľoval kvety zo zelených, žlto-bielych a panašovaných častí rastlín a sledoval, akú farbu bude mať potomstvo (**Obrázok 23**). [441] Samotná publikácia je pomerne rozsiahla (38 strán). Prvých 22 strán popisuje kríženia viacerých odrôd nocovky, líšiacich sa sfarbením listov a výškou rastliny. Tieto výsledky sú v súlade s mendelovskými pravidlami dedičnosti. Z hľadiska ne-mendelovskej dedičnosti sú zaujímavé až neskoršie pasáže práce, ktoré sú venované variete nocovky *M. jalapa albomaculata*. Tieto rastliny majú prevažne panašované výhonky so zelenými a žlto-bielymi sektormi na listoch a stonkách. Correns na výsledkoch kríženia viacerých variet nocovky, konkrétne dvoch zelených (*typica alba* a *typica rubra*) a žlto-zelenej (*chlorina*), ako samičích rodičov, s peľom z variety *albomaculata*, dokumentuje, že sfarbenie potomstva závisí len od materského rodiča. Možno to zhrnúť nasledovne: pri opelení kvetu zo zelenej časti rastliny (samičí rodič) peľom kvetu zo žlto-bielej časti (samčí rodič), majú všetky rastliny potomstva zelené sfarbenie. Pri recipročnom kríženi (samičí rodič žlto-biely a samčí zelený) má potomstvo žlto-biele sfarbenie (no v dôsledku absencie chlorofylu odumiera v štádiu klíčencov). Pri opelení kvetu z panašovanej (zeleno-žlto-bielej) časti rastliny (samičí rodič) peľom z kvetu ktorejkoľvek časti rastliny (samčí rodič) vzniklo potomstvo všetkých troch farebných foriem – zelená, žlto-biela, panašovaná. Z toho vyplýva, že prišlo k rozštiepeniu materskej panašovanej formy sfarbenia so zelenými a žlto-bielymi sektormi na listoch a stonkách nezávisle na sfarbení otcovskej formy (**Obrázok 23**). Týmito experimentmi Correns jednoznačne ukázal, že sfarbenie (panašovanie) sa dedí striktne len po materskej línii (matroklínne), a teda odlišne od pravidiel mendelovskej dedičnosti.

---

[440] Baur, E. (1909). Das Wesen und die Erblichkeitsverhältnisse der „Varietates albomarginatae hort" von *Pelargonium zonale*. Z. Indukt. Abstamm. Vererbunsl. 1: 330 – 351; Correns, C. (1909). Vererbungsversuche mit blass(gelb)grünen und buntblättrigen Sippen bei *Mirabilis jalapa, Urtica pilulifera* und *Lunaria annua*. Z. Indukt. Abstamm. Vererbunsl. 1: 291 – 329.

[441] Mnohé učebnice genetiky preberajú výsledky z Corrensovej práce na nocovke, no pre zjednodušenie nespomínajú žltú (žlto-bielu) farbu sektorov.

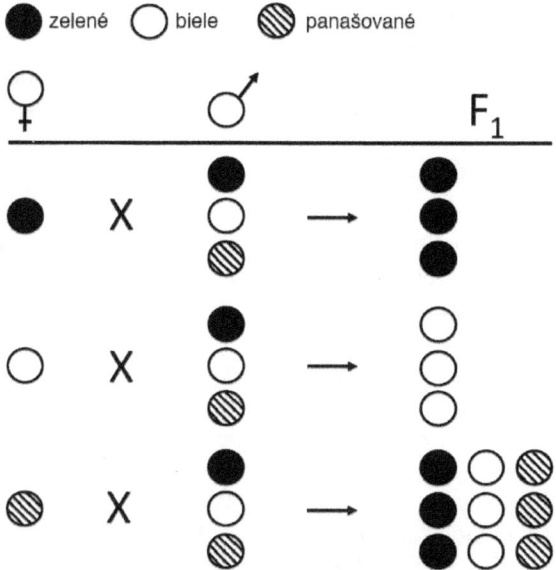

Obrázok 23. Schematické znázornenie výsledkov kríženia rôznych farebných foriem nocovky jalapovitej (*Mirabilis jalapa*), ktoré uskutočnil Carl Correns.

Correns však v tom čase nemohol tušiť, čo stojí v pozadí takejto dedičnosti.[442] Pokúšal sa však o vysvetlenie tohto fenoménu, a to odlišným spôsobom ako Baur, ktorého práce, argumenty a závery poznal. Kým Baur lokalizoval faktory ne-mendelovskej dedičnosti jednoznačne do chloroplastov/plastidov, Correns mal iný názor a zotrval na ňom až do svojej smrti. Prišiel s hypotézou zdravej a chorej plazmy (protoplazmy/cytoplazmy). Predpokladal, že príčinou bielej farby listov je chorobný stav cytoplazmy (nazýval ho neinfekčná chloróza). Ak sa nediferencované plastidy vnesú do zdravej cytoplazmy, vyvinú sa z nich normálne, zelené chloroplasty. Ak sa však plastidy vnesú do chorej cytoplazmy, potom zostanú (alebo sa stanú) bielymi, či žltými (leukoplasty). V neskorších prácach rozšíril túto hypotézu o ďalšiu novú myšlienku. Predpokladal, že u rastlín, ktoré sa stanú zeleno-bielo panašovanými, je cytoplazma embryonálnych buniek v „labilnom stave", ktorý sa neskôr môže zmeniť na normálny, permanentne zdravý (umožňujúci formovanie zelených chloroplastov), alebo sa zmení na permanentne chorý stav (vedúci k bielym plastidom a bunkám).

Jedným z hlavných argumentov, prečo Correns nechcel prijať Baurovu teóriu bolo, že predpokladal chýbanie zmiešaných buniek v panašovaných rastlinách. Ak sa totiž somatická segregácia zelených a bielych plastidov uskutočňuje náhodne, očakávalo by sa (podľa Baurovej teórie), že popri bunkách

---

[442] Dnes vieme, že ide o poruchy tvorby chlorofylu a degradáciu chloroplastov v priebehu diferenciácie samčích pohlavných buniek.

len so zelenými plastidmi a bunkách len s bielymi plastidmi, musia existovať aj bunky obsahujúce oba typy plastidov (za predpokladu, že sa oba typy plastidov vzájomne nevylučujú). Correns opakovane tvrdil, že takéto zmiešané bunky sa nenachádzajú v dostatočnom množstve, alebo vôbec. Correns sám však vo svojich prácach citoval viacerých autorov, ktorí relatívne často pozorovali zmiešané bunky v listoch niekoľkých druhov panašovaných rastlín. Jedným z nich bol aj jeho spolupracovník Seigo Funaoka, ktorý pozoroval pomerne hojný výskyt zmiešaných buniek v panašovaných listoch   hviezdice prostrednej (*Stellaria media*). Neskôr boli takéto zmiešané bunky pozorované svetelnou a elektrónovou mikroskopiou u mnohých rastlinných druhov.[443]

PROBLEMATIKA MIMOJADROVEJ DEDIČNOSTI sa celé desaťročia obmedzovala len na štúdium odlišných fenotypov plastidov, ktoré sa u kvitnúcich rastlín prenášajú z rodičov na potomstvo v rozpore s pravidlami mendelovskej dedičnosti. Pozoruhodnou výnimkou boli štúdie Tracyho Mortona Sonneborna na črievičkách *Paramecium aurelia*.[444] Zistil, že niektoré kmene črievičiek vylučujú do prostredia bielkovinovú látku (paramecín), ktorá usmrcuje iné kmene tohto druhu, ktoré toxín netvoria. Kmene produkujúce toxín nazval zabijakmi (*killer*) a ukázal, že schopnosť tvoriť toxín má mimojadrový spôsob dedičnosti. Neznámy faktor nachádzajúci sa v cytoplazme, ktorý zodpovedá za tvorbu toxínu, nazval *kappa* častica. Až neskôr sa zistilo, že sa jedná o endosymbionta podobného riketsiám, ktorý dostal názov *Caedobacter taeniospiralis*.

Až v roku 1949 sa objavili pionierske práce dokumentujúce prítomnosť dedičných faktorov v mitochondriách. Ich autormi boli Boris Ephrussi a Piotr Słonimski, skúmajúci respiračne deficientné mutanty kvasiniek.[445] Veľkým prínosom pre hlbšie preniknutie do tajov cytoplazmatickej dedičnosti predstavovalo zavedenie elektrónovej mikroskopie a biochemických metód do oblasti výskumu chloroplastov a mitochondrií začiatkom 60. rokov minulého storočia. Obrovským prelomom bolo identifikovanie vlastnej DNA a ribozómov v mitochondriách a chloroplastoch.[446] Dôsledkom toho bola aj následná renesancia ideí o endosymbiotickom, konkrétne baktériovom pôvode týchto organel (tu patrí veľká zásluha hlavne Lynn Margulisovej[447]), čo predstavovalo významný impulz pre ďalší rozvoj genetiky organel. V súčasnosti sú k dispozícii kompletné sekvencie organelových genómov z veľkého množstva druhov organizmov, ktoré vrhajú nové svetlo aj na problematiku extrachromozómovej dedičnosti. Je pozoruhodné, že gény lokalizované v mitochondriách a chloroplastoch sa môžu

---

[443] Citované z Hagemann, R. (2000). Erwin Baur or Carl Correns: who really created the theory of plastid inheritance? *J. Hered*. 91: 435 – 440; Hagemann, R. (2010). The foundation of extranuclear inheritance: plastid and mitochondrial genetics. *Mol. Genet. Genomics* 283: 199 – 209.

[444] Sonneborn, T.M. (1943). Gene and cytoplasm. I. The determination and inheritance of the killer character in variety 4 of *P. aurelia. Proc. Natl. Acad. Sci. USA* 29: 329 – 338.

[445] Kapitola 6.3.

[446] Kapitola 6.4.

[447] Margulis, L. (1970). *Origin of Eukaryotic Cells*, Yale University Press, NH, USA.

odovzdávať potomstvu odlišným spôsobom, t. j. že genóm mitochondrií sa dedí po jednom rodičovi a genóm chloroplastov po druhom, ako je tomu napr. u zelenej riasy *Chlamydomonas reinhardtii*. [448] Napriek obrovskému pokroku poznania si cytoplazmatická dedičnosť stále zachováva isté tajomstvá, ktoré sa zatiaľ nepodarilo   rozlúštiť, napr. prečo sa väčšinou preferuje uniparentálna dedičnosť?[449]

OTÁZKY NA ZAMYSLENIE

1. Carl Correns sa pokúšal vysvetliť dedičnosť panašovaného sfarbenia rastlín pomocou hypotézy zdravej a chorej cytoplazmy. Je takéto vysvetlenie zlučiteľné s princípmi mimojadrovej dedičnosti, ktoré v súčasnosti akceptujeme?
2. Carl Correns svojimi experimentmi na nocovke jasne dokumentoval, že sfarbenie (panašovanie) sa dedí striktne len po materskej línii (matroklínne). Ako by ste najjednoduchšie rozlíšili, či sa sledovaný znak dedí matroklínne alebo je viazaný na samičí pohlavný chromozóm?
3. Pokúste sa nájsť nejaké dôvody, prečo je matroklínna dedičnosť výhodnejšia ako patroklínna.

---

[448] Birky, C.W. (2001). The inheritance of genes in mitochondria and chloroplasts: laws, mechanisms, and models. *Annu. Rev. Genet.* 35: 125 – 148.
[449] Greiner, S., Sobanski, J., Bock, R. (2015). Why are most organelle genomes transmitted maternally? *BioEssays* 37: 80 – 94.

Ephrussi, B., Margerie-Hottinguer, H. de, Roman, H. (1955). Suppressiveness: A new factor in the genetic determinism of the synthesis of respiratory enzymes in yeast. *Proc. Natl. Acad. Sci. USA* 41: 1065 – 1071.[450]

Boris Ephrussi[451]
(9. 5. 1901 – 2. 5. 1979)

[450] http://www.ncbi.nlm.nih.gov/pmc/articles/PMC528198/pdf/pnas00727-0055.pdf
[451] http://embryo.asu.edu/handle/10776/2984

KAPITOLA 6.3.
V cytoplazme sa nachádzajú dedičné faktory determinujúce schopnosť bunkovej respirácie

„An hypothesis does not cease being an hypothesis when a lot of people believe it. "

Boris Ephrussi[452]

MITOCHONDRIE BOLI PRVÝKRÁT POPÍSANÉ V 19. STOROČÍ,[453] avšak ich úloha v bunke ostávala dlho neznáma. Koncom 40. rokov bolo po dlhých štúdiách preukázané, že v mitochondriách dochádza k bunkovej respirácii.[454] Za genetické centrum eukaryotickej bunky bolo stále považované jadro.[455] V tom istom období však Boris Ephrussi pozoroval fenomén, ktorý neskôr viedol k počiatku mitochondriálnej genetiky. Identifikoval kmene kvasiniek *Saccharomyces cerevisiae*, ktoré v dôsledku neschopnosti respirovať vykazovali spomalený rast a na médiu s glukózou ako zdrojom uhlíka tvorili malé, tzv. *petite* kolónie. Mutácie vedúce k *petite* fenotypu vznikali v bunkách *S. cerevisiae* aj spontánne, Ephrussi však zistil, že frekvencia ich vzniku môže byť zvýšená takmer na 100 % použitím mutagénu akriflavínu. Schopnosť/neschopnosť buniek respirovať bola prisúdená cytoplazmatickému faktoru označenému ako *rho* (ρ). Ephrussi zaviedol označenie *rho⁺* pre bunky, ktoré mali normálnu respiráciu a *rho⁻* pre *petite*

---

[452]„Hypotéza neprestáva byť hypotézou, aj keď jej začne veriť veľa ľudí." Davison, J.A. (2000). Unpublished evolution papers of John A. Davison. Laurel Highlands Media.

[453] Altmann, R. (1890). Die Elementarorganismen und ihre Beziehungen zu den Zellen. Leipzig, Germany: Veit & Co; termín „mitochondria" prvýkrát použil Carl Benda v roku 1898; Benda, C. (1898). Weitere Mitteilungen über die Mitochondria. *Verh. Physiol. Ges. Berlin* 376 – 383.

[454] Umožnila to kombinácia bunkovo-biologických techník umožňujúcich purifikáciu mitochondrií a biochemických analýz, ktoré dokázali, že oxidácia mastných kyselín a cyklus trikarboxylových kyselín prebiehajú v mitochondriách; Tzagoloff, A. (1982). Mitochondria. Plenum Press, New York.

[455] U rastlín už síce bola popísaná dedičnosť chloroplastov (kapitoly 6.1. a 6.2.), u ostatných eukaryotov sa však predpokladalo, že všetky gény sídlia v bunkovom jadre.

mutantov. Vzniknuté *petite* mutácie boli ireverzibilné a boli charakterizované ako mutácie, pri ktorých došlo k strate *rho* faktora. V roku 1964 kolektív vedený Gottfriedom Schatzom využitím biochemického prístupu zistil, že mitochondrie kvasiniek obsahujú genetický materiál (mitochondriálnu DNA; mtDNA).[456] O dva roky neskôr bolo pozorované, že v niektorých *petite* mutantoch mtDNA prechádza zmenami. Tieto výsledky naznačili, že *rho* faktor a mtDNA sú ekvivalenty. Zhruba o tridsať rokov neskôr bola stanovená sekvencia mtDNA *S. cerevisiae*[457] (ako aj viacerých iných organizmov) a bolo všeobecne známe, že *petite* fenotyp kvasiniek môže byť spôsobený mutáciami ako v jadrových, tak aj v mitochondriálnych génoch. Rozdiel je pozorovateľný po sporulácii diploidných buniek vzniknutých z kríženia mutantnej a normálnej bunky, kde pri jadrovej mutácii je pomer *grande* kolónií (bunky s normálnym fenotypom) k *petite* kolóniám 2 : 2, kým pri mitochondriálnej mutácii sa pomer odlišuje od typickej jadrovej mendelovskej dedičnosti (viď nižšie). Poďme sa pozrieť na príbeh *petite* mutácií detailnejšie.

BORIS SAMOJLOVIČ EPHRUSSI BOL RUSKO-FRANCÚZSKY GENETIK, profesor genetiky na univerzite v Paríži. Narodil sa v Moskve v bohatej židovskej rodine. Ephrussi začal svoj vedecký výskum v biologickej stanici v Roscoffe ako ruský emigrant v roku 1920. Zo začiatku sa pod vedením Louisa Rapkina (1904 – 1948) venoval štúdiu vplyvu teploty na vývin oplodnených vajíčok ježoviek. V roku 1922 získal atestáciu v zoológii na Sorbonne a s podporou profesora Emmanuela Fauré-Fremieta (1883 – 1991) začal výskum v experimentálnej embryológii, ktorý završil doktorátom v roku 1932. Študoval iniciáciu a reguláciu embryologických procesov pomocou vnútro- a mimobunkových faktorov. V tých časoch bolo vo Francúzsku štandardným postupom písanie druhej dizertačnej práce. Ephrussi začal pracovať s tkanivovými kultúrami, kde zistil, že „vnútorné faktory" (t. j. gény) zohrávajú kľúčovú úlohu vo vývine. Na to, aby rozlúštil embryologické procesy dospel k názoru, že musí pochopiť úlohu génov. Krátko na to získal štipendium Rockefellerovej nadácie, ktoré mu umožnilo ísť v roku 1934 do Kalifornského technologického inštitútu (*Caltech*), kde začal svoju kariéru vývinového genetika. Vedecká atmosféra, ktorú na inštitúte vytváral Thomas H. Morgan, musela byť pre mladého Ephrussiho veľmi stimulujúca. Na *Caltech*-u sa Ephrussi dostal pod vplyv Alfreda H. Sturtevanta a stretol sa s Georgeom W. Beadleom, s ktorým spolupracoval na sériách štúdií implantácie imaginálnych diskov a genetickej kontroly pigmentácie oka *Drosophila melanogaster*. Tieto štúdie

---

[456] Schatz, G., Haslbrunner, E., Tuppy, H. (1964). Deoxyribonucleic acid associated with yeast mitochondria. *Biochem. Biophys. Res. Comm.* 15: 127 – 132; kapitola 6.4.

[457] Foury, F., Roganti, T., Lecrenier, N., Purnelle, B. (1998). The complete sequence of the mitochondrial genome of *Saccharomyces cerevisiae*. *FEBS Lett.* 440: 325 – 331.

viedli k myšlienke, že gény kontrolujú postupné poradie chemických reakcií v bunke, a teda k počiatkom hypotézy „jeden gén – jeden enzým".[458]

POČAS DRUHEJ SVETOVEJ VOJNY strávil Ephrussi ako emigrant veľa času na Univerzite Johnsa Hopkinsa v Baltimore. Po vojne sa vrátil späť do Paríža, kde začal pracovať na genetickej analýze kvasiniek, pričom študoval prínos cytoplazmy k fenotypu bunky a sledoval vzájomný vplyv jadra a cytoplazmy na vytvorenie funkčného jednobunkového organizmu. [459] Zmenu modelového organizmu (na kvasinku S. cerevisiae) vysvetlil nasledovne: „What is needed is direct genetic analysis of somatic cells, for the assumed functional equivalence of irreversibly differentiated somatic cells, however plausible, is only an hypothesis. Crosses between such cells being impossible, only nuclear transplantation from one somatic cell to another, or grafting of fragments of cytoplasm, could provide the required information; such experiments however will have to await the development of adequate technical devices. In the meantime, the closest approximation to the evidence we would like to have is provided by the study of lower forms which propagate by vegetative reproduction and possess no isolated germ line." [460]

POPRI PRÁCI S KVASINKAMI S. CEREVISIAE SI EPHRUSSI všimol zaujímavý rast kolónií na tuhom médiu. Viaceré z kolónií rástli do zhruba rovnakej veľkosti, ale malé percento kolónií rástlo oveľa pomalšie a dosiahli len zlomok veľkosti ostatných kolónií. Keď boli bunky z takýchto malých (petite) kolónií odobraté a nechali sa znovu narásť, tvorili sa výhradne iba petite a žiadne štandardne veľké kolónie (grande), z čoho vyplývalo, že petite mutácia je stabilná.

Biochemické štúdie uskutočnené v roku 1949 jedným z Ephrussiho študentov, Piotrom Słonimskim,[461] ukázali, že pomalý rast petite mutantov bol spôsobený stratou schopnosti týchto buniek respirovať, podobne ako to bolo u buniek, ktorým chýbali respiračné enzýmy nachádzajúce sa v mitochondriách, resp. štandardných buniek, ktoré rástli bez prítomnosti kyslíka. Keď bol

---

[458] G. W. Beadle pokračoval v štúdiu tohto fenoménu s využitím mutantov Neurospora crassa, za čo bol v roku 1958 (spolu s Edwardom L. Tatumom a Joshuom Lederbergom) ocenený Nobelovou cenou; kapitola 4.1.

[459] Najskôr pracoval na Institut de Biologie Physicochimique a neskôr pracoval v Le Centre national de la recherche scientifique (CNRS).

[460] „Napriek tomu, že sa zdá, že diferencované somatické bunky sú rovnocenné, zatiaľ chýbajú dôkazy. Bolo by potrebné uskutočniť priamu genetickú analýzu somatických buniek. Kríženia medzi týmito bunkami sú však nerealizovateľné, a iba prenos jadra alebo časti cytoplazmy z jednej somatickej bunky do druhej by mohol poskytnúť požadované informácie. Takéto pokusy však budú musieť počkať na vývoj vhodných technických zariadení. Kým sa tak stane, isté objasnenie by mohlo poskytnúť štúdium iných (jednobunkových) eukaryotických buniek, ktoré sa rozmnožujú vegetatívne a netvoria zárodočnú líniu." Ephrussi, B. (1958). The cytoplasm and somatic cell variation. J. Cell. Comp. Physiol. 52: 35 – 53.

[461] Piotr P. Słonimski (1922 – 2009), francúzsky biológ poľského pôvodu, priekopník kvasinkovej mitochondriálnej genetiky. V Gif-sur-Yvette na juh od Paríža založil vedeckú školu, ktorá objasnila štruktúru a funkciu kvasinkovej mtDNA a v spolupráci s bratislavským laboratóriom Ladislava Kováča charakterizoval prvého mutanta v oxidačnej fosforylácii kvasiniek (Kováč, L., Lachowicz, T.M., Słonimski, P.P. (1967). Biochemical genetics of oxidative phosphorylation. Science 158: 1564 – 1567). V roku 2002 získal čestný doktorát Univerzity Komenského v Bratislave.

uskutočnený experiment, v ktorom boli mutantné bunky skrížené so štandardnými bunkami, vznikali buď výhradne štandardné bunky, alebo v rôznych pomeroch štandardné bunky aj *petite* mutanty. Oba výsledky sa nezhodovali so segregáciou typickou pre jadrové gény, čo viedlo k hypotéze, že *petite* mutácia vzniká v dôsledku straty, resp. nezvratného funkčného poškodenia cytoplazmatického autoreprodukujúceho sa faktora, potrebného pre syntézu respiračných enzýmov.

POMERNE JEDNODUCHÝM EXPERIMENTOM (**Obrázok 24**) Ephrussi so spolupracovníkmi odhalili, že napriek tomu, že *petite* mutácie sú na biochemickej úrovni rovnaké, existujú dva typy *petite* mutácií (nazvané *petite*-neutrálne a *petite*-supresívne mutácie), ktoré môžu byť odlíšené pomocou výsledku kríženia so štandardnými bunkami. Dve rozdielne *petite* kolónie, ktoré boli v experimente použité na testovacie kríženie a predstavovali oba typy *petite* mutácií, boli získané z haploidného kmeňa, ktorý vykazoval štandardnú respiráciu. Tieto kolónie boli jednotlivo rozrastené v tekutom médiu a krížené so štandardnými bunkami, ktoré boli opačného párovacieho typu, mali rozdielne auxotrofné mutácie a boli schopné respirácie. Po piatich hodinách kríženia obe zmesi obsahovali nespárované haploidné bunky a zygoty, ktoré vytvárali prvú dcérsku diploidnú bunku. Zmesi boli následne použité tromi rôznymi spôsobmi: (A) Časť zmesi bola riedená a vysiata na minimálne médium, na ktorom mohli rásť iba prototrofné bunky, tzn. potomkovia diploidných zygot. (B) Veľká časť zmesi bola nanesená na sporulačné médium. (C) Zopár kvapiek zmesi bolo prenesených do skúmaviek s komplexným médiom a kultivovaných cez noc, kedy došlo k tvorbe ďalších zygot a k produkcii diploidných buniek. Po kultivácii boli bunky nanesené na sporulačné médium. Výsledky (**Obrázok 24**), ktoré autori získali zo všetkých troch častí experimentu, boli nasledovné: (A) Väčšina kolónií vyrastených na minimálnom médiu po krížení buniek obsahujúcich neutrálnu *petite* mutáciu (ľavá strana obrázku) mala štandardnú veľkosť (*grande*). Len malé percento[462] kolónií bolo *petite*. Kríženie buniek obsahujúcich supresívnu *petite* mutáciu (pravá strana obrázku) dávalo opačné výsledky – väčšina kolónií bola *petite*. V prípade, že sa v populácii supresívnych buniek nachádzala aj bunka s neutrálnou mutáciou, po krížení so štandardnou bunkou vytvorila *grande* kolóniu. (B) V prípade, že sa zmes naniesla hneď po krížení na sporulačné médium, výsledky dvoch krížení sa odlišovali. Kým v prípade kríženia buniek s neutrálnou mutáciou obsahovali všetky (resp. skoro všetky) asky štyri spóry so štandardným fenotypom (potomstvo bolo schopné respirovať), takmer všetky asky vzniknuté z kríženia buniek obsahujúcich supresívnu mutáciu tvorili štyri spóry s *petite* fenotypom (respiračne deficitné). (C) Keď boli zmesi kultivované cez noc pred vysiatím na sporulačné médium, obsahovali asky z oboch krížení všetky štyri spóry schopné respirácie.

---

[462] Percento bolo zhodné so spontánnym vznikom *petite* kolónií pri štandardnom kmeni.

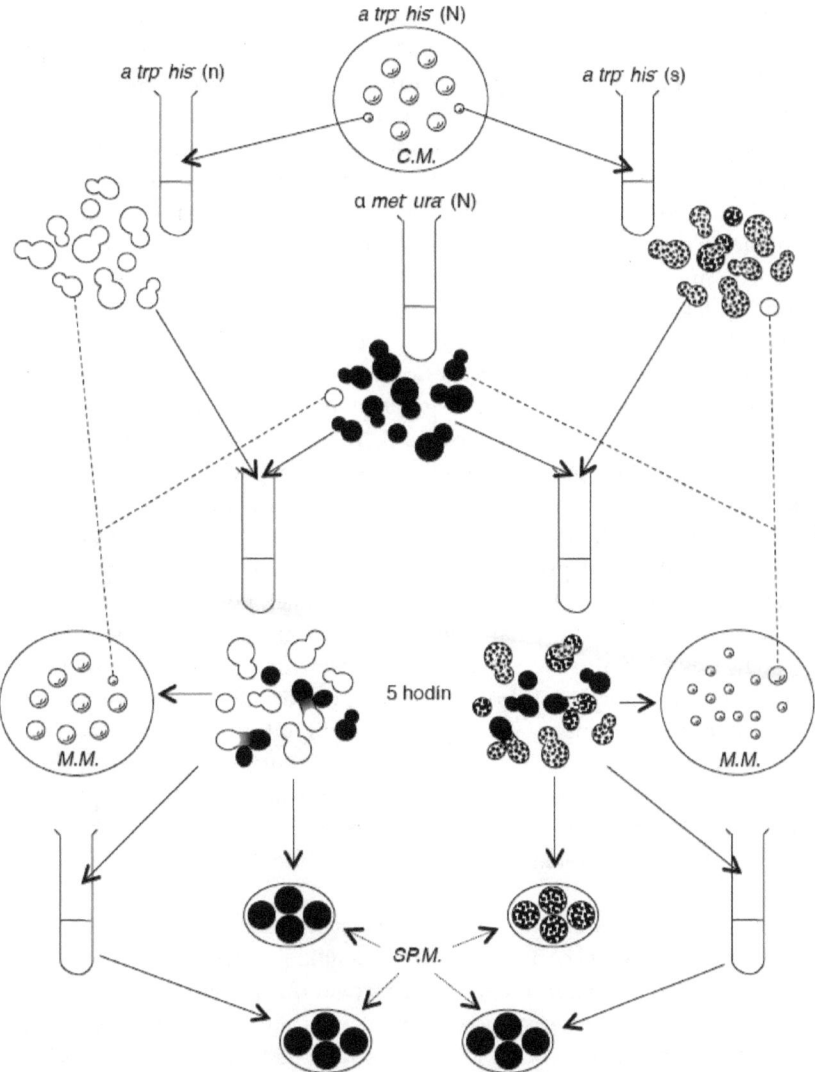

Obrázok 24. Schematické znázornenie modelového experimentu. Schéma ilustruje správanie *petite*-neutrálnych a *petite*-supresívnych buniek v krížení s normálnymi kvasinkovými bunkami. *Biele bunky*: *petite*-neutrálne (n); *bodkované bunky*: *petite*-supresívne (s); *čierne bunky*: normálne kvasinkové bunky (N). *C.M.*: komplexné médium; *M.M.*: minimálne médium; *SP.M.*: sporulačné médium. Veľkosť kolónie naznačuje štandardný (*grande*, respirujúci), resp. *petite* (nerespirujúci) klon. *a trp⁻ his⁻* **(N)**: pôvodný haploidný kmeň (párovací typ *a*) vysiaty na komplexnom médiu, ktorý vykazuje štandardnú respiráciu (N) a neschopnosť syntetizovať si tryptofán (*trp⁻*) a histidín (*his⁻*); *a trp⁻ his⁻* **(n)**: haploidný kmeň s *petite*-neutrálnou mutáciou; *a trp⁻ his⁻* **(s)**: haploidný kmeň s *petite* supresívnou mutáciou; *α met⁻ ura⁻* **(N)**: haploidný kmeň (párovací typ *α*), ktorý vykazuje štandardnú respiráciu (N) a neschopnosť syntetizovať si metionín (*met⁻*) a uracil (*ura⁻*).

Výsledky získané z kríženia boli autormi interpretované ako dôkaz existencie autoreprodukujúceho sa faktora, ktorý sa nachádza v cytoplazme štandardných buniek. V prípade *petite*-neutrálnych buniek tento faktor chýba resp. je poškodený a *petite*-supresívne bunky pravdepodobne vykazujú „aktívny proces supresie" voči cytoplazmatickému faktoru štandardných buniek. Inými slovami, *petite*-neutrálne bunky pri krížení so štandardnými bunkami prispievajú síce časťou cytoplazmy, avšak táto neobsahuje faktor. Ten je dodávaný iba v cytoplazme od štandardných buniek. Výsledkom je potomstvo, ktoré respiruje. Naproti tomu *petite*-supresívne bunky obsahujú vo svojej cytoplazme tzv. supresívny faktor, ktorý bráni prejavu normálneho cytoplazmatického faktora dodávaného cytoplazmou štandardnej bunky. Interpretácia výsledkov po sporulácii krížencov supresívnych mutantov so štandardnými bunkami je o niečo zložitejšia. Autori predpokladali, že supresívny faktor má oneskorený účinok v porovnaní s cytoplazmatickým faktorom. Teda, ak bola zmes buniek nanášaná na sporulačné médium po piatich hodinách kríženia, väčšina diploidných buniek obsahovala štandardný cytoplazmatický faktor a „zatiaľ nepôsobiaci" supresívny faktor. Diploidné bunky teda boli ešte schopné sporulácie, avšak vo vytvorených spórach sa časom začal prejavovať supresívny faktor, a teda spóry vykazovali supresívny *petite* fenotyp. Keď však bola zmes buniek po krížení kultivovaná cez noc v komplexnom médiu a nanášaná na sporulačné médium nasledujúci deň, supresívny faktor mal dostatok času sa prejaviť, a teda vytvorili sa prevažne diploidné bunky, ktoré už neboli schopné sporulácie.[463] Teda diploidné bunky, ktorých spóry mali normálny fenotyp mohli vzniknúť iba krížením štandardných buniek a buniek obsahujúcich *petite*-neutrálnu mutáciu, ktoré sa prirodzene vyskytovali v supresívnom kmeni. Autori sa potýkali ešte s ďalšími problémami a úvahami, avšak podstatné bolo, že boli popísané dva typy *petite* mutácií, ktoré sa správali odlišne v kríženiach so štandardnými bunkami.

V 60. ROKOCH SA EPHRUSSI VRÁTIL naspäť k práci s tkanivovými kultúrami a tvorbe medzidruhových hybridov. Stal sa tak pionierom v novom prístupe k ľudskej genetike. Výskum mtDNA pokračoval ďalej. Napríklad, objav mutácií v ľudskej mtDNA (kompletne sekvenovanej v roku 1981),[464] ktoré spôsobujú rôzne ochorenia, viedol k explózii výskumu zameraného na pochopenie a diagnostiku mitochondriálnych genetických ochorení. V roku 1987 analýza mtDNA populácií z rôznych geografických oblastí viedla k „hypotéze mitochondriálnej Evy",[465] mtDNA bola prvou sekvenciou identifikovanou

[463] Bunky obsahujúce *petite* mutáciu nie sú schopné sporulovať.
[464] Anderson, S., Bankier, A.T., Barrell, B.G., de Bruijn, M.H., Coulson, A.R., Drouin, J., Eperon, I.C., Nierlich, D.P., Roe, B.A., Sanger, F., Schreier, P.H., Smith, A.J., Staden, R., Young, I.G. (1981). Sequence and organization of the human mitochondrial genome. *Nature* 290: 457 – 465.
[465] Cann, R.L., Stoneking, M., Wilson, A.C. (1987). Mitochondrial DNA and human evolution. *Nature* 325: 31 – 36. Ľudská mtDNA je dedená uniparentálne (len od matky). Naproti tomu, mtDNA *S. cerevisiae* je dedená biparentálne (od oboch rodičov) v prípade, že obaja rodičia nesú štandardnú mtDNA (*rho*+). V kríženiach, pri ktorých jeden rodič má štandardnú mtDNA a druhý hypersupresívnu mutáciu, je mtDNA tiež dedená

v neandertálskom genóme[466] a od 90. rokov je využívaná vo forenznej genetike.[467] Ľudská mitochondriálna genómová databáza bola založená v roku 2000 ako zdroj pre populačnú genetiku a lekárske vedy. Ephrussi a jeho experimenty týkajúce sa cytoplazmatickej dedičnosti v kvasinkách pripravili pôdu pre rýchlo sa rozrastajúcu oblasť molekulárnej biológie.

Dnes sa už vie, že za *petite* fenotyp je zodpovedná mtDNA, resp. jej mutantné formy. Pôvodným označením *rho⁻* je v súčasnosti označovaná mtDNA, ktorá obsahuje zmnožený iba niektorý úsek pôvodného genómu. Spravidla sú tieto mutantné mtDNA supresívne, resp. hypersupresívne. Pre *petite*-neutrálne mutanty je naopak typická úplná absencia mtDNA (označovaná *rho⁰*), alebo prítomnosť bodových mutácií v mtDNA (tzv. *mit⁻* mutanty).

Ephrussi bol priekopníkom embryológie, pričom prispel k jej spájaniu s genetikou. Zomrel však skôr než mohol vidieť dramatické pokroky v tejto oblasti uskutočnené vďaka technikám rekombinantnej DNA. Určite by bol potešený tým, k akým poznatkom jeho nasledovníci dospeli.

OTÁZKY NA ZAMYSLENIE

1. Akým experimentom by ste vylúčili možnosť, že pri krížení supresívnych buniek so štandardnými bunkami nevzniká väčšie zastúpenie malých kolónií v dôsledku preferenčného párovania supresívnych buniek s *petite* bunkami bežne prítomnými v populácii štandardných buniek?

2. Máte tri haploidné kmene (A, B, C), ktoré vykazujú *petite* fenotyp. Krížite kmeň A a B a získate *grande* diploidov, ktorých necháte rásť a potom ich necháte sporulovať. Dostanete 100 askov, v ktorých je pomer spór *grande* a *petite* 2 : 2. Potom krížite B a C a získate *petite* diploidov, z ktorých po raste a sporulácii dostanete 100 askov, v ktorých všetky spóry sú *petite*. Aký typ *petite* mutantov predstavujú A, B, a C kmene?

---

biparentálne, avšak po niekoľkých deleniach v populácii prevládne mutantná mtDNA, čo sa v konečnom dôsledku javí ako uniparentálna dedičnosť.

[466] Krings, M., Stone, A., Schmitz, R.W., Krainitzki, H., Stoneking, M., Pääbo, S. (1997). Neandertal DNA sequences and the origin of modern humans. *Cell* 90: 19 – 30.

[467] Napríklad mtDNA bola využitá na identifikáciu tiel rodiny cára Mikuláša II, ktorá bola boľševikmi vyvraždená v roku 1918. Gill, P., Ivanov, P.L., Kimpton, C., Piercy, R., Benson, N., Tully, G., Evett, I., Hagelberg, E., Sullivan, K. (1994). Identification of the remains of the Romanov family by DNA analysis. *Nat. Genet.* 6: 130 – 135.

Schatz, G., Haslbrunner, E., Tuppy, H. (1964). Deoxyribonucleic acid associated with yeast mitochondria. *Biochem. Biophys. Res. Commun.* 15: 127 – 132.[468]

Gottfried Schatz[469]
(18. 8. 1936)

---

[468]   web.archive.org/web/20080910184516/http://www.biozentrum.unibas.ch/emeritus/schatz/pdf/Schatz_BBR C_1964.pdf

[469] http://upload.wikimedia.org/wikipedia/commons/d/db/Gottfried_Schatz_2001.jpg

KAPITOLA 6.4.
V mitochondriách kvasiniek sa nachádza DNA

„Since the mitochondrion represents an organelle present in most cells, including those of mammals, the occurrence of DNA in yeast mitochondria suggests the possibility, that extranuclear DNA is much more common that hitherto suspected."

Gottfried Schatz, Ellen Haslbrunner & Hans Tuppy[470]

ZAČIATKY EXTRACHROMOZOMÁLNEJ GENETIKY[471] sa spájajú s dedičnosťou deficiencie chlorofylu v plastidoch vyšších rastlín, ktorá bola opísaná začiatkom 20. storočia.[472] Prvé práce o mitochondriálnej dedičnosti u kvasiniek, spájané s pionierskymi prácami Borisa Ephrussiho[473] (1901 – 1979) a Piotra Słonimského[474] (1955 – 2009) v Paríži, boli publikované až o 40 rokov neskôr. Oni prvýkrát dokázali, že mimo jadra kvasiniek existuje „kritická informácia", neskôr identifikovaná v mitochondriách, ktorá je nevyhnutná pre dýchanie buniek a efektívne využívanie glukózy ako zdroja uhlíka a energie. Hoci v tom čase boli už kvasinky pomerne často využívaným organizmom v biochemickom výskume, iba veľmi málo sa vedelo o ich genetike.[475] Ephrussi, ktorý sa dlhé roky pred II. svetovou vojnou zaoberal interakciou jadrových a cytoplazmatických faktorov vo vývine *Drosophila melanogaster*, sa pokúsil využiť svoje skúsenosti a objasniť podstatu „adaptívnych mutácií" u pekárskych kvasiniek. Položil si otázku, či

---

[470] „Nakoľko mitochondrie reprezentujú organely prítomné vo väčšine buniek, zahrňujúc aj bunky cicavcov, výskyt DNA v mitochondriách kvasiniek naznačuje možnosť, že mimojadrová DNA je bežnejšia než sa doteraz tušilo." Schatz, G., Haslbrunner, E., Tuppy, H. (1964). Deoxyribonucleic acid associated with yeast mitochondria. *Biochem. Biophys. Res. Commun.* 15: 127 – 132.

[471] Hagemann, R. (2010). The foundation of extranuclear inheritance: plastid and mitochondrial genetics. *Mol. Genet. Genomics.* 283: 199 – 209.

[472] Kapitoly 6.1. a 6.2.

[473] http://en.wikipedia.org/wiki/Boris_Ephrussi; kapitola 6.3.

[474] http://en.wikipedia.org/wiki/Piotr_Słonimski

[475] Barnett, J.A. (2007). A history of research on yeast 10: foundation of yeast genetics. *Yeast* 24: 799 – 845.

environmentálny stres vedie k zmenám foriem kvasiniek, ktoré sú adaptívne, alebo či tieto zmeny už boli prítomné v populácii a prostredie podporilo iba ich selekciu.

Ephrussi spolu so svojimi spolupracovníkmi pozorovaním rastu kolónií pekárskych kvasiniek na povrchu pevného živného média obsahujúceho nízku koncentráciu glukózy zistil, že približne 2 % vyrastených kolónií sú výrazne menšie ako ostatné kolónie. Po opätovnom výseve suspenzie buniek vytvorenej z malých kolónií sa na živnom médiu vytvorili iba malé kolónie (preto dostali názov *petites*, z francúzštiny „malý"), zatiaľ čo po výseve buniek odobraných z veľkých kolónií sa okrem veľkých kolónií (nazvané *grandes*, z francúzštiny „veľký") opäť v nízkej frekvencii vytvorili aj malé kolónie. Správne usúdil, že bunky z malých kolónií sa zmenili geneticky – boli to stabilné mutanty, ktoré nikdy nerevertovali na dýchajúce bunky vytvárajúce veľké kolónie. Bunky týchto mutantov nedýchali, stratili niektoré respiračné enzýmy, ktoré sa vyskytovali v mitochondriách, a preto využívali glukózu menej efektívne ako dýchajúce bunky. Takéto respiračne deficitné mutanty bolo možné efektívne indukovať akriflavínom,[476] o ktorom už bolo známe, že interaguje s nukleovými kyselinami. Keď boli takéto mutanty skrížené so štandardnými kvasinkami, ich diploidné potomstvo bolo normálne, ale opäť sa v ňom objavilo 1 až 2 % *petite* kolónií. Keďže dedičnosť týchto mutácií nepodliehala zákonitostiam mendelovskej dedičnosti, Ephrussi a Słonimski vyslovili hypotézu, že fenotypový prejav *petite* mutantov je dôsledkom nie jadrovej, ale cytoplazmatickej mutácie.[477,478] Boli presvedčení, že *petite* mutácie odrážajú inaktiváciu alebo stratu nechromozomálneho genetického elementu, označovaného ako faktor *rho*, ktorý kontroluje tvorbu respiračného systému.[479] V tom čase sa všeobecne akceptovalo, že DNA je vektorom genetickej informácie, ktorá sa však vyskytuje výlučne v jadre, a jej prítomnosť v cytoplazme bola celkom neočakávaná. Tento nový aspekt extrachromozomálnej dedičnosti kvasiniek vyústil nakoniec do objavu mitochondriálnej DNA (mtDNA).

Začiatkom šesťdesiatych rokov Yoshio Yotsuyanagi [480] s použitím elektrónovej mikroskopie ukázal, že cytoplazmatické *petite* mutanty majú aberantné vnútorné mitochondriálne membrány. Približne v tom istom čase Gottfried Schatz so svojimi spolupracovníkmi z Viedenskej univerzity zistil, že z buniek *petite* mutantov kvasiniek aj napriek tomu, že mali znížený rastový výťažok na glukóze, je stále možné pripraviť preparáty mitochondrií. Tieto však

[476] Ephrussi, B., Hottinger, B., Chimenes, A.M. (1949). Action de lacriflavine sur les levures. I. La mutation petite colonie. Action de lacriflavine sur les levures. *Ann. Inst. Pasteur.* 76: 351 – 367.

[477] Ephrussi, B. (1953). Nucleo-cytoplasmic relations in microorganisms: their bearing on cell heredity and differentiation. Oxford: Clarendon.

[478] Słonimski, P.P. (1953). La formation des enzymes respiratoires chez la levure. Paris: Masson et Cie.

[479] Ephrussi, B., Słonimski, P.P. (1955). Subcellular units involved in the synthesis of respiratory enzymes in yeast. *Nature* 176: 1207 – 1208.

[480] Yotsuyanagi, Y. (1962). Study of yeast mitochondria. II. Mitochondria of respiration-deficient mutants. *J. Ultrastruct. Res.* 7: 141 – 158.

nemali respiračnú aktivitu a neobsahovali niektoré cytochrómy respiračného reťazca.[481] Položil si preto otázku, či genetickým elementom ovplyvneným v *petite* mutantoch nie je špeciálna DNA v mitochondriách. Opodstatnenosť tejto otázky podporovali aj morfologické a biochemické analýzy z rokov 1961 – 1963 naznačujúce, že mitochondrie a chloroplasty obsahujú vlastnú DNA. [482] Relevantné biochemické a fyzikálne dôkazy o existencii DNA v mitochondriách však stále chýbali. DNA bola všeobecne považovaná za nespochybniteľný marker bunkového jadra a jej prítomnosť v mitochondriálnych frakciách sa obyčajne považovala za kontamináciu fragmentmi jadrovej DNA, alebo dokonca za bakteriálnu infekciu preparátov. Prvý, kto pred päťdesiatimi rokmi jednoznačne preukázal, že mitochondrie kvasiniek obsahujú molekuly dvojreťazcovej DNA, bol Schatz so svojou prvou doktorandkou Ellenou Haslbrunnerovou a Hansom Tuppym, vedúcim Ústavu biochémie, na ktorom pracoval.[483]

GOTTFRIED SCHATZ[484]SA NARODIL V AUGUSTE 1936 v rakúskej obci Strem pri maďarských hraniciach. Jeho matka bola učiteľkou. Vysokoškolské vzdelanie a titul PhD. v odbore chémia získal na univerzite v Grazi. S veľkým potešením hrával na husliach, dokonca aj vo filharmónii a opere v Grazi, a neskôr i v opere vo Viedni. Túžil sa stať biochemikom, avšak univerzita v Grazi v tom čase neposkytovala vzdelávanie v tomto študijnom programe. Preto si ako samouk zvolil originálny prístup k vzdelávaniu, ktorý spočíval v štúdiu publikovaných prác slávnych biochemikov sveta, o ktoré žiadal pohľadnicami z Grazu. Takto sa dostal k stovke prác slávneho biochemika Davida E. Greena z Wisconsinskej univerzity v Madisone v USA. Výskum mitochondrií v jeho laboratóriu natoľko fascinoval Schatza, že mu ostal verný až do konca svojej vedeckej kariéry.

Od roku 1961 Schatz ako postdoktorand pracoval na Viedenskej univerzite u brilantného mladého biochemika, profesora Hansa Tuppyho. Tuppy bol mimoriadne nadaný a významnou mierou sa podieľal na prácach súvisiacich so sekvenovaním inzulínu, ocenených Nobelovou cenou pre Freda Sangera. Tuppy sa neskôr stal rektorom Viedenskej univerzity, prezidentom Rakúskej akadémie vied a dokonca federálnym ministrom pre vedu a výskum. Vo Viedni Schatz mohol naplno rozvíjať svoj vedecký talent a záujem o biogenézu a funkciu mitochondrií v kvasinkách. Tu uskutočnil aj svoj objav mitochondriálnej DNA (mtDNA), ktorý bude opísaný nižšie.

[481] Schatz, G., Tuppy, H., Klima, J. (1963). Trennung and Charakterisierung cytoplasmatischer Partikle von normaler und atmungsdefekter Bäckerhefe, *Z. Naturforsch.* 18b: 145 – 153.

[482] Ris, H., Plaut, W. (1962). Ultrastructure of DNA – containing areas in the chloroplast of *Chlamydomonas*. *J. Cell Biol.* 13: 383 – 391.

[483] Schatz, G., Haslbrunner, E., Tuppy, H. (1964). Deoxyribonucleic acid associated with yeast mitochondria. *Biochem. Biophys. Res. Commun.* 15: 127 – 132.

[484] http://en.wikipedia.org/wiki/Gottfried_Schatz; Schatz, G. (1997). The hunt for mitochondrially synthesized proteins. *Protein Sci.* 6: 728 – 734; Schatz, G. (2012). The fires of life. *Annu. Rev. Biochem.* 81: 34 – 59.

V roku 1964 Schatz odišiel do USA, kde pracoval dva a pol roka v oblasti premeny biologickej energie v laboratóriu profesora Efraima Rackera[485] na Výskumnom ústave verejného zdravotníctva mesta New York. Racker bol vyštudovaný lekár, ktorý ako Žid emigroval z Viedne v roku 1938 po anexii Rakúska nacistickým Nemeckom. Už vtedy bol známym objaviteľom makroergického tioesterového intermediátu glykolyticky tvoreného ATP glyceraldehyd-3-fosfátdehydrogenázou a predpokladal, že aj tvorba ATP oxidačnou fosforyláciou v mitochondriách by mohla prebiehať podobným mechanizmom. Bol tiež zodpovedný za identifikáciu a purifikáciu podjednotiek F_1 a F_0 mitochondriálnej ATP-syntázy z hovädzieho srdca. Tu sa Schatz naučil pripravovať submitochondriálne častice, purifikovať z nich špecifické proteíny, ako aj merať aktivitu parciálnych reakcií oxidačnej fosforylácie. Po návrate do Viedne v roku 1966 sa Schatz venoval identifikácii proteínov kódovaných mtDNA a dokázal prítomnosť „promitochondrií" v anaeróbne vyrastených kvasinkách. Tieto nekompletné mitochondrie sú prekurzorom funkčných mitochondrií, ktoré sa tvoria po adaptácii buniek na kyslík.

V roku 1968 Schatz opäť odišiel do USA a stal sa profesorom biochémie na Cornellovej univerzite v Ithake v štáte New York. Od jesene 1969 tu jeden rok spolupracoval aj s profesorom Ladislavom Kováčom, zakladateľom a vedúcim Katedry biochémie na Prírodovedeckej fakulte Univerzity Komenského (UK) v Bratislave, ktorý bol spolu s Piotrom Słonimskim v roku 1972 nominovaný na Nobelovu cenu za zavedenie biochemických mutantov kvasiniek do výskumu oxidačnej fosforylácie a biogenézy mitochondrií. V roku 1979 sa profesor Schatz opäť vrátil do Európy, založil a viedol Biocentrum na univerzite v Bazileji vo Švajčiarsku. Tu bol až do svojho odchodu do dôchodku vedúcou osobnosťou výskumu pri objasňovaní biogenézy mitochondrií, najmä nesmierne komplexných dráh, ktorými mitochondrie importujú proteíny z cytoplazmy. Za tieto objavné práce bol v roku 1999 nominovaný na Nobelovu cenu, získal ju však profesor Günter Blobel „za objav, že novosyntetizované proteíny obsahujú nálepky s adresou (angl. *address tags*), ktoré ich usmernia v rámci bunky na správne miesto"[486].

Gottfried Schatz sa stal autorom alebo spoluautorom viac ako 200 vedeckých publikácií. Udržoval neformálne kontakty s viacerými pracovníkmi Prírodovedeckej fakulty UK. V roku 1990, keď bol na Katedre mikrobiológie a virológie najhodnotnejším prístrojom Spekol a pH-meter Radelkis, daroval pracovisku scintilačný počítač a ultracentrifúgu. Bol poctený mnohými cenami a členstvami prestížnych svetových inštitúcií. V roku 1996 mu UK udelila čestnú vedeckú hodnosť *Doctor honoris causa*. Bol tiež generálnym tajomníkom Európskej organizácie pre molekulárnu biológiu (EMBO)[487] a prezidentom Švajčiarskej rady pre vedu a technológiu. Spolu s manželkou Merete z Dánska majú tri deti. Od

---

[485] http://en.wikipedia.org/wiki/Efraim_Racker
[486] http://www.nobelprize.org/nobel_prizes/medicine/laureates/1999/
[487] *European Molecular Biology Organization*; www.embo.org/

roku 2000 je emeritným profesorom Univerzity v Bazileji a dodnes sa intenzívne angažuje pri presadzovaní zmien v organizácii európskej vedy a vzdelávania.

V ROKU 1963 SA SCHATZ PODUJAL EXPERIMENTÁLNE otestovať hypotézu, že mitochondrie kvasiniek obsahujú svoju vlastnú DNA. Podnietila ho k tomu aj skutočnosť, že v chloroplastoch *Chlamydomonas* už bola dokázaná prítomnosť DNA.[488] Metódy frakcionácie buniek i chemickej analýzy DNA boli už celkom dobre rozpracované, a tak v pomerne krátkom čase zistil, že preparáty mitochondrií pripravené z mechanicky rozbitých buniek kvasiniek diferenciálnou centrifugáciou skutočne obsahujú DNA. Problém však bol, že takéto preparáty mitochondrií boli kontaminované frakciami bunkového jadra. Navyše, keď ich ďalej purifikoval rovnovážnou centrifugáciou v lineárnom hustotnom gradiente sacharózy zistil, že DNA sedimentuje nešpecificky spolu s aktivitou jantaran-cytochróm *c* reduktázy, ktorá slúžila ako marker mitochondrií. DNA identifikoval vo všetkých odobraných frakciách hustotného gradientu sacharózy bez ohľadu na to, či mitochondrie sedimentovali (**Obrázok 25A**) alebo sa vznášali (**Obrázok 25B**) v gradiente sacharózy. Očividne to bola jadrová DNA, ktorá sa uvoľnila z jadra kvasiniek počas mechanického rozbíjania buniek a použitou metódou purifikácie ju nebolo možné od mitochondrií oddeliť. Nepomohla ani výmena sacharózy v gradiente za iné sacharidy. Pomohla však náhoda, keď jeden klinický pracovník na univerzite sa Schatzovi zmienil o novej kontrastnej látke zvanej urografín, ktorú používal pri röntgenologickom vyšetrovaní funkcie obličiek. Keďže pacienti dobre znášali prítomnosť urografínu, bolo možné predpokladať, že táto látka je šetrná pre biologické štruktúry a dala by sa použiť aj na prípravu hustotného gradientu. Skutočne, po flotácii v gradiente urografínu sa väčšina DNA sa nachádzala v sedimente, zatiaľ čo iba jej nepatrné množstvo sa vyskytovalo vo frakcii obsahujúcej mitochondrie (**Obrázok 25C**). Zatiaľ čo DNA v sedimente bola ľahko degradovateľná DNázou, DNA v mitochondriálnej frakcii sa nedala DNázou natráviť. K jej degradácii došlo až po interakcii kyseliny trichlóroctovej s mitochondriami, čo poukázalo na prítomnosť DNA vo vnútri neporušených organel. Jej množstvo, 1,1 až 4,3 µg DNA/mg mitochondriálnych bielkovín, bolo pozoruhodne rovnaké v opakovaných experimentoch a autorov viedlo k záveru, že mitochondrie obsahujú vlastnú DNA. Tieto výsledky Schatz so svojimi spolupracovníkmi zhrnuli do rukopisu práce zaslanej v januári 1964 na uverejnenie do prestížneho časopisu *Biochemical and Biophysical Research Communication* pod názvom *„Deoxyribonucleic acid associated with yeast mitochondria"*.[489] Publikácia sa hneď stretla s veľkým ohlasom odbornej verejnosti a znamenala prielom vo výskume mitochondriálnej dedičnosti.[490]

---

[488] Ris, H., Plaut, W. (1962). Ultrastructure of DNA-containing areas in the chloroplast of *Chlamydomonas*. *J. Cell Biol.* 13: 383 – 391.

[489] Schatz, G., Haslbrunner, E., Tuppy, H. (1964). Deoxyribonucleic acid associated with yeast mitochondria. *Biochem. Biophys. Res. Commun.* 15: 127 – 132.

[490] Je však paradoxné, že dodnes túto prácu databáza PubMed neuvádza!

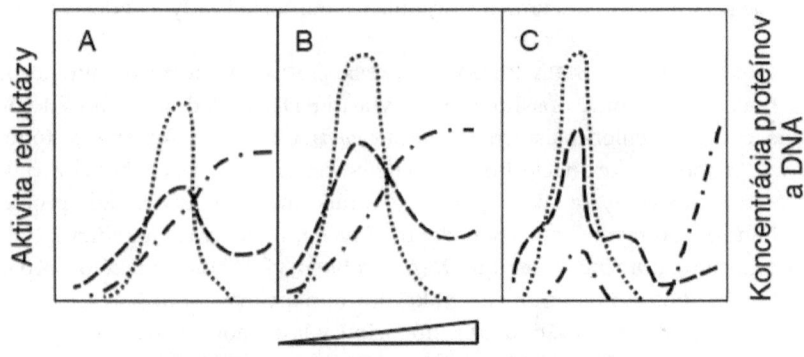

Gradient sacharózy alebo urografínu

Obrázok 25. Distribúcia aktivity jantaran-cytochróm c reduktázy (....), proteínov (– – – –) a DNA (. – . –) po vystavení preparátov mitochondrií sedimentácii v gradiente sacharózy (A) alebo flotácii v gradiente sacharózy (B), resp. urografínu (C).

Výsledky Schatzových experimentov boli zakrátko potvrdené nezávislými prácami z laboratórií H. R. Mahlera [491] a J. Marmura [492] v USA. Súbežne Słonimského skupina dokázala, že mtDNA nesie dedičnú informáciu špecifickú pre mitochondrie. Použitím izogénnej sady haploidných buniek štandardného kmeňa a z neho pripravených cytoplazmatických respiračne deficitných mutantov kvasiniek dokázali, že väčšina cytoplazmatických *petite* mutantov obsahuje mtDNA, ktorá má v dôsledku delécií odlišné bázové zloženie prejavujúce sa špecifickými zmenami v ich plávajúcej hustote.[493]

Nezávisle na Schatzovom objave mtDNA v kvasinkách, avšak o niekoľko mesiacov skôr, bola v americkom časopise *Journal of Cell Biology* uverejnená práca Margity M. K. Nassovej a Sylvana Nassa z Pensylvánskej štátnej univerzity vo Philadelphii, ktorí použitím elektrónovej mikroskopie v matrixe mitochondrií kuracieho embrya identifikovali vlákna DNA, ktoré boli citlivé na deoxyribonukleázu, ale rezistentné voči štiepeniu ribonukleázou alebo proteázou.[494] O tejto práci sa však Schatz dozvedel až neskôr, nakoľko v tých časoch internet neexistoval a americké časopisy prichádzali do Európy cez oceán aj s polročným oneskorením. Napriek tomu sú dnes Schatz a manželia Nassovci považovaní za spoluobjaviteľov mtDNA.[495]

[491] Tewari, K.K., Jayaraman, J., Mahler, H.R. (1965). Separation and characterization of mitochondrial DNA from yeast. *Biochem. Biophys. Res. Commun.* 21: 141 – 148.

[492] Corneo, G., Moore, C., Sanadi, D.R., Grossman, L.I., Marmur, J. (1966). Mitochondrial DNA in yeast and some mammalian species. *Science* 151: 687 – 689.

[493] Mounolou, J.C., Lacroute, F. (2005). Mitochondrial DNA: an advance in eukaryotic cell biology in the 1960s. *Biol. Cell.* 97: 743 – 748.

[494] Nass, M.M.K., Nass, S. (1963). Intramitochondrial fibers with DNA characteristics. II. Enzymatic and other hydrolytic treatments. *J. Cell Biol.* 19: 613 – 629.

[495] V roku 1958 bola objavená DNA v kinetoplastoch, čo sú špecializované mitochondrie u prvokov triedy Kinetoplastida; Meyer, H., De Oliveira Musacchio, M., de Andrade Mendonca, I. (1958). Electron microscopic

Krátko po objave mtDNA v kvasinkách sa podarilo pripraviť a charakterizovať DNA aj z mitochondrií srdca a pečene kuracieho embrya.[496] V priebehu nasledujúcich rokov boli získané ďalšie experimentálne dôkazy o tom, že DNA je prítomná v mitochondriách buniek všetkých dovtedy študovaných eukaryotických druhov, a že mtDNA je nosičom určitej genetickej informácie, ktorá je esenciálna pre tvorbu funkčných mitochondrií a pre dedičnosť týchto organel.[497]

OBJAV MTDNA OTVORIL CESTU PRE NOVÉ OBLASTI VÝSKUMU týkajúce sa funkcie, biogenézy a evolúcie mitochondrií. Pred vedeckú komunitu predložil sériu závažných otázok, na ktoré popredné laboratória zaoberajúce sa výskumom mitochondrií postupne dávali odpovede.[498] Pre ilustráciu sú uvedené iba niektoré z nich. Nadväzne na objav mtDNA boli vypracované metódy detekcie translačných produktov v izolovaných mitochondriách a celých bunkách kvasiniek, čo umožnilo identifikovať mitochondriálne kódované a syntetizované polypeptidy komplexov respiračného reťazca a ATP-syntázy. Boli pripravené delečné a bodové mitochondriálne mutanty kvasiniek, ktorých analýza umožnila študovať rekombináciu mtDNA a nakoniec viedla k prvej genetickej mape mtDNA kvasiniek. Štúdium bodových mutácií mtDNA kvasiniek odhalilo intróny v mitochondriálnych génoch kvasiniek kódujúcich apocytochróm *b* a dve podjednotky cytochrómoxidázy. Bola stanovená nukleotidová sekvencia mtDNA človeka a neskôr aj kvasiniek a iných eukaryotických druhov. Bola určená veľkosť a tvar mitochondriálnych genómov rôznych eukaryotických organizmov. Bol odhalený informačný obsah mtDNA rôznych druhov a získali sa informácie o jej replikácii a transkripcii. Bola zodpovedaná otázka, prečo nezávisle izolované *petite* mutanty majú rovnaký fenotyp a prečo mtDNA rôznych druhov kódujú určitý minimálny počet mitochondriálnych proteínov. Boli odhalené odchýlky od univerzálneho genetického kódu v mitochondriách a bol skúmaný pôvod mitochondriálnych genómov. Bol identifikovaný proces editovania mitochondriálnych transkriptov u niektorých parazitov. A v neposlednom rade bola otvorená cesta k mitochondriálnej genetike človeka, identifikácii a mapovaniu mutácií vyvolávajúcich rôzne dedičné ochorenia, ako aj k štúdiu evolúcie a demografie.

---

study of *Trypanosoma cruzi* in thin sections of infected tissue cultures and of blood-agar forms. *Parasitology* 48: 1 – 8.

[496] Rabinowitz, M., Sinclair, J., DeSalle, L., Haselkorn, R., Swift, H.H. (1965). Isolation of deoxyribonucleic acid from mitochondria of chick embryo heart and liver. *Proc. Natl. Acad. Sci. USA* 53: 1126 – 1133.

[497] Borst, P. (1972). Mitochondrial nucleic acids. *Annu. Rev. Biochem.* 41: 333 – 376.

[498] Williamson, D. (2002). The curious history of mitochondrial DNA. *Nature Rev. Genet.* 3: 1 – 7; Chinnery, P.F., Elliott, H.R., Hudson, G., Samuels, D.C., Relton, C.L. (2012). Epigenetics, epidemiology and mitochondrial DNA diseases. *Int. J. Epidemiol.* 41: 177 – 187; Schatz, G. (2013). Getting mitochondria to center stage. *Biochem. Biophys. Res. Commun.* 434: 407 – 410.

Otázky na zamyslenie

1. Ako by ste pripravili hustotný gradient sacharózy?
2. Kam sa relatívne voči gradientu umiestňuje vzorka nepurifikovaných mitochondrií pri sedimentácii alebo flotácii v gradiente sacharózy?
3. Prečo bunky človeka obsahujú iba mtDNA pochádzajúcu z vajíčka matky?

7. Genetika a evolúcia

Dobzhansky, T. (1948). Genetics of natural populations. XVI. Altitudinal and seasonal changes produced by natural selection in certain populations of *Drosophila pseudoobscura* and *Drosophila persimilis*. *Genetics* 33: 158 – 176.[499]

Theodosius Dobzhansky[500]
(24. 1. 1900 – 18. 12. 1975)

[499]http://www.ncbi.nlm.nih.gov/pmc/articles/PMC1209402/pdf/158.pdf
[500]http://en.wikipedia.org/wiki/Theodosius_Dobzhansky

KAPITOLA 7.1.
Evolúcia je zmena frekvencie alel v genofonde populácie

„Nothing in biology makes sense except in the light of evolution"

Theodosius Dobzhansky[501]

V ROKU 1859 CHARLES DARWIN V KNIHE „O pôvode druhov" (*On the Origin of Species by Means of Natural Selection, or the Preservation of Favoured Races in the Struggle for Life*) zverejnil svoju prevratnú evolučnú teóriu, založenú na prírodnom výbere – selekcii, čiže prežití a rozmnožovaní jedincov lepšie prispôsobených podmienkam, v ktorých žijú. Pozitívna selekcia vedie k zvýšeniu výskytu (frekvencie) prospešných vlastností v populácii a je hnacou silou adaptívnej evolúcie. Darwin však nepoznal mechanizmy dedičnosti. Nevedel preto vysvetliť, ako sa výhodné vlastnosti prenášajú do ďalších generácií.[502] O tzv. splývavej dedičnosti vyjadril pochybnosti iba neoficiálne v liste Alfredovi R. Wallaceovi.[503] Je zaujímavé, že list napísal práve v roku 1866, kedy Gregor Mendel publikoval prácu odhaľujúcu základné zákony dedičnosti. Až po znovuobjavení Mendelovej práce v roku 1900 [504] bolo možné objasniť mechanizmy, ktoré Darwin nepoznal. Začiatkom 30. rokov traja priekopníci tzv. neodarwinizmu, Ronald Fisher (1890 – 1962), Sewall Wright (1889 – 1988) a John B. S. Haldane (1892 – 1964) uskutočnili obdivuhodnú syntézu Darwinovej

---

[501] „Nič v biológii nedáva zmysel, ak sa na to nepozeráme vo svetle evolúcie."; Dobzhansky, T. (1973). Nothing in biology makes sense except in the light of evolution. *The American Biology Teacher* 35: 125 – 129.
[502] Fleeming Jenkin napadol Darwinovu teóriu evolúcie námietkou, že vlastnosti rodičov sa v potomkoch „zmiešajú" a nový, výhodnejší variant nemá možnosť sa v populácii rozšíriť (*blending inheritance*).
[503] http://www.darwinproject.ac.uk/letter/entry-4989; Ch. Darwin pozoroval po krížení dvoch odrôd hrachu, že v potomstve sú znovu obe úplné odrody, ale žiadna prechodná. Uvedomoval si, že „každá samička na svete porodí zreteľné samčie a samičie potomstvo, nie hermafroditov".
[504] Kapitola 2.2.

evolučnej teórie a mendelovskej genetiky. Poskytli tak teoretický základ pre vysvetlenie procesu evolúcie, najmä selekcie. Na biológov mali tieto práce len obmedzený vplyv, pretože boli formulované z väčšej časti v reči matematiky, a takmer výhradne teoreticky, s malým počtom empirických dôkazov. Z nich len kniha „Príčiny evolúcie"[505] od J. B. S. Haldanea z roku 1932 obsahovala dôkazy z ekológie, cytogenetiky a medzidruhového kríženia. V roku 1937 však vyšla kniha od Theodosiusa Dobzhanskeho „Genetika a pôvod druhov" (Genetics and the Origin of Species),[506] ktorá síce nepriniesla nové objavy, ale mala taký ohromný dopad na ďalší rozvoj evolučnej biológie, že je často považovaná za najvplyvnejšiu knihu o evolúcii v 20. storočí. Ako je to možné? Prečo je taká významná?

Porovnajme si pre lepšie vysvetlenie aj prácu z inej oblasti. Publikácia „Čo je život?" (What is life? The Physical Aspect of the Living Cell)[507] napísaná fyzikom Erwinom Schrödingerom má s knihou Dobzhanskeho niečo spoločné. Obe práce získali veľký úspech a vplyv na rozvoj vedy tým, že „prebalili" aj známe myšlienky spôsobom, ktorý umožnil čitateľom vidieť veci v inom svetle. Obe boli adresované rôznym skupinám vedcov z rôznych vedných disciplín. Pomohli vidieť za hranice oddeľujúce jednotlivé vedy a motivovali k interdisciplinárnej spolupráci. Schrödinger motivoval k spolupráci biológov a fyzikov a k vzniku molekulárnej biológie. Kniha „Genetika a pôvod druhov" dokončila integráciu darwinizmu a mendelizmu. Vytvorila koncepciu pre ďalších biológov, aby priniesli do modernej syntézy evolučnej teórie príspevky z vedných oblastí ako systematická biológia,[508] paleontológia[509] alebo botanika.[510] Dobzhansky ju napísal jazykom prístupným pre biológov a zhromaždil v nej empirické dôkazy pre potvrdenie teoreticko-matematických princípov. Navyše, evolúciou sa zaoberal v širšom kontexte, vrátane procesu vzniku druhov (speciáciou) a sterilitou hybridov. Ako prvý vyslovil pojem reprodukčnej izolácie a biologické druhy chápal ako prirodzené jednotky, ktoré sa medzi sebou nekrížia. V tomto duchu potom neskôr Ernst Mayr (1904 – 2005) sformuloval biologickú definíciu druhu.[508] Kniha „Genetika a pôvod druhov", revidovaná v ďalších vydaniach v rokoch 1941 a 1951, bola skutočne veľmi vplyvná a stimulovala experimentálny výskum na dlhé obdobie. V spomenutej knihe tiež nájdeme významnú myšlienku, ktorá objasňuje podstatu tejto kapitoly: „Since evolution is a change in the genetic composition of populations, the mechanisms of evolution constitute problem of population

[505] Haldane, J.B.S. (1932). The Causes of Evolution. Longmans, Green, reedícia (1990). Princeton University Press.
[506] Dobzhansky, T. (1937). Genetics and the Origin of Species. Columbia Univ. Press, New York, 2nd Ed., 1941; 3rd Ed., 1951.
[507] Schrödinger, E. (1944). What is Life?: The Physical Aspect of the Living Cell. The University Press.
[508] Mayr, E. (1942). Systematics and the Origin of Species, from the Viewpoint of a Zoologist. Cambridge: Harvard University Press.
[509] Simpson, G. G. (1944). Tempo and Mode in Evolution. Columbia Univ. Press, New York.
[510] Stebbins, G.L. (1950). Variation and Evolution in Plants. Columbia Univ. Press, New York.

genetics".[511] Evolúcia je tu definovaná ako zmena frekvencie alel v genofonde populácie. Takáto definícia evolúcie pomocou jazyka populačnej genetiky nám poskytuje spôsob, ako „merať", či evolúcia prebieha a to nezávisle od mechanizmu, ktorý ju spôsobuje. Prínos Dobzhanskeho do evolučnej biológie a populačnej genetiky je bohatý a rozmanitý. Nahliadnime teraz do jeho života a niektorých jeho klasických experimentov.

THEODOSIUS DOBZHANSKY (TEODOSIJ GRIGORIEVIČ DOBŽANSKIJ) sa narodil v malom meste Nemirov, približne 200 km od Kyjeva na Ukrajine. Počas štúdia na gymnáziu zbieral motýle, ale na podnet entomológa Viktora Luchnika začal skúmať lienky čeľade *Coccinellidae*. Ako 18-ročný publikoval svoju prvú vedeckú prácu o nových druhoch lienok. Na univerzite v Kyjeve vyštudoval biológiu a v roku 1924 sa stal asistentom Jurija Alexandroviča Filipčenka (1882 – 1930), vedúceho laboratória genetiky na univerzite v Leningrade (dnešný Petrohrad), kde mal možnosť študovať pleiotropné účinky génov. V decembri 1927 emigroval do USA využijúc štipendium Rockefellerovej nadácie. Prišiel do New Yorku na Kolumbijskú univerzitu, aby pracoval s Thomasom H. Morganom, priekopníkom používania mušiek *Drosophila melanogaster* v genetických experimentoch.[512] Ďalší rok nasledoval Morgana na Kalifornský technologický inštitút v Pasadene. Tu sa naučil od dvoch významných členov Morganovej skupiny, Alfreda H. Sturtevanta a Calvina B. Bridgesa, cytologické techniky, ktoré neskôr využil vo svojich slávnych výskumoch. V roku 1940 sa Dobzhansky vrátil ako profesor opäť na Kolumbijskú univerzitu. Potom, v rokoch 1962 – 1971, pôsobil na Rockefellerovej univerzite a po odchode do dôchodku ako emeritný profesor na Kalifornskej univerzite v Davise. Posledných 7 rokov života ho trápila chronická leukémia, ale ostal energický a aktívny v práci. Jeho študent a neskorší kolega Francisco J. Ayala spomína na jeho posledný deň takto: „Zomrel na zlyhanie srdca ráno 18. decembra 1975, v mojom aute cestou do nemocnice. Predošlý deň Dobzhansky, ako obvykle, pracoval v laboratóriu."[513]

Pracovná aktivita Dobzhanskeho bola obrovská, publikoval bezmála 600 článkov. Z ďalších kníh je nutné spomenúť aspoň „Genetika evolučného procesu" (*Genetics of the evolutionary process*)[514] z roku 1970 a „Evolúcia ľudstva" (*Mankind evolving*)[515] z roku 1962, kde svoje názory rozšíril aj do oblasti sociológie a antropológie. V roku 1973 napísal jednu z jeho najslávnejších esejí „Nič v biológii nedáva zmysel, ak sa na to nepozeráme vo svetle evolúcie".

---

[511] „Vzhľadom k tomu, že evolúcia je zmena genetického zloženia populácií, mechanizmy evolúcie predstavujú problém populačnej genetiky." Dobzhansky (1937), str. 11.

[512] Kapitola 2.3.

[513] Ayala F. J. (1985). Theodosius Dobzhansky. 1900—1975. A Biographical Memoir by Francisco J. Ayala. *Biographical Memoirs of the National Academy of Sciences* 55: 163 – 213.

[514] Dobzhansky, T. (1970). Genetics of the evolutionary process. Columbia University Press.

[515] Dobzhansky, T. (1962). Mankind Evolving: The Evolution of the Human Species. Yale University Press.

Dobzhansky ovplyvnil zmýšľanie o genetickej variabilite v prírode. Keď prišiel do Spojených štátov, prevládajúca predstava o genetickej premenlivosti vychádzala z poznatkov Thomasa H. Morgana a Hermanna J. Mullera, ktorí pripravili kolekciu laboratórnych línií mutantov *D. melanogaster*. Mutácie v prírode boli považované za relatívne vzácne a nové mutácie vo väčšine prípadov za škodlivé. Myslelo sa, že výsledkom prírodného výberu sa škodlivé mutácie odstraňujú, a tak voľne žijúce populácie disponujú len malou mierou variability. Jedným z hlavných prínosov Dobzhanskeho bolo zistenie, že tento názor bol nesprávny. Pomocou cytologických metód objavil v prírodných populáciách drozofíl prekvapivé množstvo variability skrytej v štruktúre chromozómov, ktorá nebola postrehnuteľná navonok vo fenotype jednotlivých organizmov.[516]

Medzi principiálne oblasti práce Dobzhanskeho preto rozhodne patrí séria „Genetika prírodných populácií" (*Genetics of natural populations*). Tá obsahuje 43 článkov publikovaných počas 40 rokov výskumu, v ktorých   sám alebo so spolupracovníkmi študoval polymorfizmus prestavieb chromozómov u drozofíl. Pokroky v genetike *D. melanogaster* zlákali Dobzhanskeho už od prvých dní jeho genetických prác v Rusku. Od roku 1933 (už v USA) začal skúmať *D. pseudoobscura*. Tento druh, podobne ako mnohé iné drozofily, sa vyznačuje mimoriadnym množstvom polymorfizmov chromozómových prestavieb v podobe inverzií.[517] Každý typ inverzie má svoje označenie, zvyčajne skrátené na dve písmená. V evolučnom kontexte sú najviac študované tri typy inverzií „*Standard*" (ST), „*Arrowhead*" (AR), „*Chiricahua*" (CH). Tieto chromozómové varianty sa dajú ľahko určiť v polyténnych chromozómoch[518] slinných žliaz z lariev hmyzu. Dobzhansky a jeho spolupracovníci sledovali frekvencie určitých inverzií chromozómu 3 v prírodných populáciách mušiek. Inverzie využili elegantným spôsobom ako markery genetickej variability na riešenie evolučných otázok. Chromozómové prestavby poslúžili aj ako vôbec prvé genetické markery pri rekonštrukcii evolučnej histórie, t. j. fylogenetickej analýze (v spolupráci s A. H. Sturtevantom).[519]

KLASICKÉ PRÁCE ZO SÉRIE „GENETIKA PRÍRODNÝCH POPULÁCIÍ" zamerané na geografickú a sezónnu variabilitu prestavieb chromozómov u druhu *D. pseudoobscura* a príbuzných druhoch začali publikáciami v rokoch 1938 – 1943, nasledované v roku 1946 experimentálnym overením adaptívnych rozdielov (vplyv teploty) medzi inverziami chromozómov (v spolupráci so

---

[516] V tom čase nikto netušil, aká ohromná je variabilita na molekulárnej úrovni proteínov a najmä DNA.

[517] Inverzia je otočenie vnútorného úseku chromozómu o 180°, ktoré vyžaduje vznik dvoch zlomov, po ktorých sa úsek otočí a vsunie na to isté miesto.

[518] Polyténne chromozómy obsahujú zmnožené kópie jednej a tej istej molekuly DNA, ktorých štruktúra sa dá pozorovať po zafarbení už pri menšom mikroskopickom zväčšení v podobe svetlých a tmavých prúžkov (heterochromatín a euchromatín).

[519] Sturtevant, A. H., Dobzhansky, T. (1936). Inversions in the third chromosome of wild races of *Drosophila pseudoobscura*, and their use in the study of the history of the species. *Proc. Nat. Acad. Sci. USA* 22: 448 – 450.

Sewallom Wrightom). Od 50. rokov k výskumným objektom Dobzhansky zaradil aj tropické druhy skupiny *D. willistoni*, ktoré vykazujú dokonca väčšiu mieru polymorfizmu a geografickej variability ako *D. pseudoobscura*. Predmetom tejto kapitoly je práca z uvedenej série z roku 1948 *„Altitudinal and seasonal changes produced by natural selection in certain populations of Drosophila"*.

Objasnime si, aký bol princíp experimentu. Je pozoruhodné, že Dobzhansky skombinoval metódy genetiky, cytogenetiky a ekológie veľmi účelne. Drozofily zbieral pomocou kvasiacej banánovej kaše v rôznych obdobiach a lokalitách pohoria Sierra Nevada, v nadmorských výškach od 260 do 3200 m n. m. Samičky vkladal jednotlivo do kultivačných nádobiek a nechal ich naklásť vajíčka. V slinných žľazách získaných z niekoľkých lariev od jednej samičky zafarbil polyténne chromozómy. Analyzoval zmeny v ich štruktúre pomocou svetelného mikroskopu s cieľom zistiť, aký je chromozómový polymorfizmus v rôznych lokalitách a sezónach.

Aké výsledky priniesli uvedené výskumy? Dobzhansky zistil, že frekvencie jednotlivých typov inverzií v populáciách sa menili postupne s nadmorskou výškou (**Obrázok 26**) a s cyklickými zmenami sezóny. To znamená, že frekvencia inverzií, a teda usporiadanie génov sa mení v priestore, ale aj v čase.

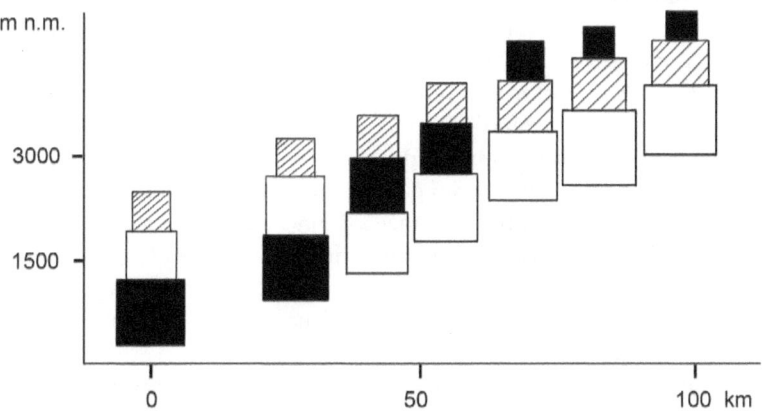

Obrázok 26. Frekvencia inverzií chromozómov *„Standard"* (čierny), *„Arrowhead"* (biely) a *„Chiricahua"* (prerušovaný) pri *Drosophila pseudoobscura* v rôznych lokalitách a nadmorských výškach v pohorí Sierra Nevada. Plocha štvorcov je úmerná frekvenciám inverzií. Vodorovné vzdialenosti sú v km, vertikálne vzdialenosti v metroch. Výšku lokality znázorňuje poloha základne najspodnejšieho štvorca.

Vo svojich predošlých prácach si Dobzhansky myslel, že rôzne usporiadania chromozómov sú adaptívne identické. Predpokladal, že geografická a časová variabilita inverzií nebola spôsobená selekciou, ale genetickým driftom (náhodným kolísaním frekvencie génov v malých populáciách). Nakoniec však nadobudol presvedčenie, že tieto polymorfizmy sú adaptívne, to znamená, že poskytujú nejakú selekčnú výhodu v danom prostredí a čase. V neskorších prácach študoval aj vplyv iných evolučných činiteľov (migrácie, mutácie a driftu) pri udržiavaní variability v prírodných populáciách.

Pre úplnosť je potrebné zdôrazniť, že Dobzhansky a jeho kolegovia v iných prácach sledovali evolučné procesy nielen v prírode, ale testovali ich tiež v laboratóriu. Vymysleli dômyselný chov mušiek v „populačných klietkach" a simulovali rôzne podmienky (teplotu, vlhkosť a výživu) pre „rôzne typy inverzií". Určovali potom relatívnu fitness (reprodukčnú zdatnosť) mušiek a vypočítavali „selekčné tlaky". Dobzhanskeho novátorská technika preukázala adaptívne hodnoty spojené s určitým typom inverzie v rôznych podmienkach prostredia a stala sa do budúcna vynikajúcou metódou pre experimentálne štúdium evolúcie v mnohých iných populáciách. V súčasnosti môžeme pozorovať rozkvet vednej oblasti označovanej ako „experimentálna evolúcia".[520]

Novšie výskumy ďalších autorov ukázali po rokoch geniálnosť Dobzhanskeho prác. Potvrdili, že inverzie chromozómov v populáciách na juhozápade USA sú naďalej prítomné vo frekvenciách podobných tým, ktoré Dobzhansky so spolupracovníkmi popísali štyridsať rokov predtým, a že geografické rozdelenie polymorfizmov ostalo prakticky nezmenené. Jedinou výnimkou bol narastajúci výskyt inverzie *Tree Line* (TL) v 13 zo 16 populácií na celom pacifickom pobreží.[521] Ďalší výskum, ktorý sledoval adaptívne hodnoty inverzií u *D. pseudoobscura*, potvrdil úlohu selekcie ako rozhodujúceho mechanizmu pre udržiavanie polymorfizmov v populáciách.[522] Výsledky sekvenovania DNA z chromozómu 3 druhu *D. pseudoobscura* zreteľne potvrdili unikátny pôvod rôznych usporiadaní génov a odhalili vek inverzií na asi milión rokov. Fylogenéza tohto druhu uskutočnená na základe sekvencií DNA bola v súlade s pôvodnými cytologickými štúdiami Dobzhanskeho! Je zaujímavé, že jedna z fylogeneticky najmladších inverzií „*Arrowhead*" má jednu z najvyšších frekvencií v populáciách. Toto zistenie naznačuje, že za jej rýchly vzostup je zodpovedná selekcia.[523]

Je na mieste položiť si niekoľko otázok: Aké mechanizmy udržujú určité chromozómové prestavby a kombinácie génov v jednej populácii a iné kombinácie v inej populácii? Čo je genetickým základom takejto adaptácie? Odpoveďou je všeobecne akceptovaný názor, že chromozómové inverzie

[520] Garland, T., Jr., Rose, M. R. ed. (2009). Experimental evolution: concepts, methods, and applications of selection experiments. University of California Press, Berkeley, California.

[521] Anderson, W.W. a kol. (1991). Four decades of inversion polymorphism in *Drosophila pseudoobscura*. *Proc. Natl. Acad. Sci. USA* 88: 10367 – 10371.

[522] Schaeffer, S. W. (2008). Selection in heterogeneous environments maintains the gene arrangement polymorphism of *Drosophila pseudoobscura*. *Evolution* 62: 3082 – 3099.

[523] Wallace, A. G., Detweiler, D., Schaeffer, S. W. (2011). Evolutionary history of the third chromosome gene arrangements of *Drosophila pseudoobscura* inferred from inversion breakpoints. *Mol. Biol. Evol.* 28: 2219 – 2229.

potláčajú výmenu medzi génmi (*crossing-over*) v „otočenej oblasti" chromozómov počas meiotického delenia buniek, ku ktorému dochádza počas tvorby pohlavných buniek. V prípade, že „otočená oblasť" obsahuje kombináciu génov, ktoré sú prospešné (adaptívne) v určitom prostredí, tieto gény sa prenášajú do ďalších generácií ako celok, a tak sa nerozpadnú do menej výhodných kombinácií pri *crossing-overe*. Príslušný typ „prospešnej" inverzie bude udržiavaný v tejto populácii pôsobením selekcie. Záverom uvedených prác bolo, že všetky dostupné poznatky svedčia o tom, že výškové a sezónne zmeny vo frekvencii chromozómových prestavieb sú výsledkom pôsobenia prírodného výberu.

Ako je uvedené v úvode kapitoly, prvotné populačno-genetické publikácie písali hlavne matematici. Dobzhansky vniesol do tejto oblasti viac biológie. Avšak, pri plánovaní experimentov ich zároveň často konzultoval s matematikmi, najmä so Sewallom Wrightom. Dobzhansky ukázal spôsob, ako by mohla byť študovaná genetická variabilita v prírodných populáciách, ako analyzovať vplyv evolučných činiteľov – selekcie, migrácie a efektívnej veľkosti populácie. Zaviedol tiež experimentálny model laboratórnych populácií, v ktorých prírodný výber mohol byť sledovaný. Dnes sú to znovu matematici, ktorí poskytujú biológom nové modely a počítačové programy a študujú rôzne aspekty populačnej genetiky. Ľudia ako John Maynard Smith (1920 – 2004) preniesli matematickú vedu teórie hier z ekonómie do evolučnej biológie v podobe modelovania tzv. evolučne stabilných stratégií. [524] Kombinácia počítačových simulácií a experimentálnych prác s využitím molekulárnych markerov v DNA je dnes neoddeliteľnou súčasťou modernej populačnej genetiky.

Otázky na zamyslenie

1. Vysoké nadmorské výšky sú náročné a môžu byť zdraviu škodlivé pre ľudí kvôli nízkej hladine kyslíka. Tibeťania a nepálski Šerpovia sú však veľmi dobre prispôsobení k životu vo výškach 3800 – 4500 m n. m. (napr. majú zníženú tvorbu hemoglobínu a menšie riziko vzniku trombózy alebo infarktu). V populáciách v Tibete a Nepále sa vyskytujú určité mutácie – alely génov *EGLN1* a *EPAS1* vo výrazne vyšších frekvenciách ako na nížine (tieto gény sú potrebné pre kyslíkovú homeostázu vo všetkých nadmorských výškach). Ako si vysvetľujete odlišný výskyt určitých alel v rôznych nadmorských výškach?
2. Čo nás oprávňuje tvrdiť, že Dobzhansky si pre štúdium evolúcie zvolil veľmi správne ako výskumný objekt *D. pseudoobscura* a *D. willistoni*? Aké mu poskytli výhody?

---

[524] Maynard Smith, J. (1982). Evolution and the Theory of Games. Cambridge University Press.

3. Aké sú možné príčiny zvyšujúcej sa frekvencie určitých chromozómových inverzií v populáciách drozofíl v niektorých lokalitách počas posledných desaťročí? Môžeme povedať, že sa tieto populácie evolučne vyvíjajú?

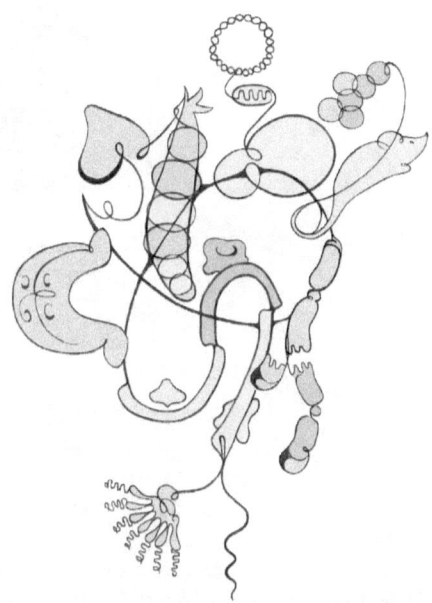

Hardy, G.H. (1908). Mendelian proportions in a mixed population. *Science* 28: 49 – 50.[525]

Godfrey Harold Hardy
(7. 2. 1877 – 1. 12. 1947)[526]

[525] *Yale Journal of Biology and Medicine 76*: 79 – 80; http://www.ncbi.nlm.nih.gov/pmc/articles/PMC2582692/
[526] http://en.wikipedia.org/wiki/Godfrey_Harold_Hardy

KAPITOLA 7.2.

Frekvencie genotypov v populácii je možné popísať jednoduchými pravidlami

„I am reluctant to intrude in a discussion concerning matters of which I have no expert knowledge, and I should have expected the very simple point which I wish to make to have been familiar to biologists."

Godfrey H. Hardy[527]

MÁLOKTORÝ ZO SÚČASNÝCH BIOLÓGOV SI UVEDOMUJE, že znovuobjavenie Mendelových zákonov v roku 1900 nebolo spojené s ich jednoznačným prijatím. Až do roku 1918 trvala vo Veľkej Británii prudká až uštipačná diskusia genetikov o tom, či sú mendelizmus a tzv. biometrická genetika vzájomne zlúčiteľné.[528] Najvážnejšiu kritiku a spochybnenie platnosti Mendelových zákonov vyslovil anglický genetik G. Udny Yule. Táto bola uvedená v rámci diskusie k článku Reginalda C. Punnetta (1875 – 1967).[529] Kritika bola založená na argumente, že ak je brachydaktýlia dominantne dedeným znakom, v populácii by mal byť pomer troch brachydaktylikov k jednému zdravému človeku. Punnett, oslovil matematika Godfreya H. Hardyho, pôsobiaceho v tom čase na Univerzite v Cambridge, a požiadal ho, aby sa vyjadril k Yuleovým komentárom.

Populačná genetika patrí k tým častiam genetiky, ku ktorým môžeme priradiť presný dátum ich vzniku. Za takýto dátum môžeme považovať 5. apríl 1908, keď Hardy napísal rukopis svojho článku s názvom *Mendelian Proportions In*

---

[527] „Len nerád sa púšťam do diskusie o veciach, o ktorých viem málo, a očakával by som, že veľmi jednoduchá podstata problému, ktorý chcem vysvetliť, je biológom dobre známa."; Hardy, G.H. (1908). Mendelian proportions in a mixed population. *Science* 28: 49 – 50.

[528] Provine, W.B. (1971). The Origins of Theoretical Population Genetics. Chicago: Univ. Chicago Press. 201 pp. citované v: Crow, J.F. (1987) – pozri nižšie.

[529] Punnett, R.C. (1908). Mendelism in relation to disease. *Proc. R. Soc. Med. (Sect. Epidemiol. State Med.)* 1: 135 – 168.

A Mixed Population. Článok bol publikovaný 10. júla 1908 v časopise *Science,*[530] kedy sa prvá populačno-genetická analýza dostala k čitateľom.

Ako uviedol Hardy vo svojom článku, nebolo pre neho ťažké dokázať, že Yuleho výhrady boli neopodstatnené. Výsledkom Hardyho úvahy bolo, že ak máme pár *Aa* nejakého mendelovského znaku a predpokladéme, že *A* je dominantné, tak v danej populácii bude pomer dominantných homozygotov (*AA; p*) ku heterozygotom (*Aa; q*) a recesívnym homozygotom (*aa; r*) $p : 2q : r$. Hardy okrem toho podčiarkol ďalšie dôležité predpoklady: 1. počty jedincov v populácii sú značne veľké; 2. párovanie v populácii je považované za náhodné; 3. v troch skupinách jedincov je rovnomerné zastúpenie jedincov oboch pohlaví; a 4. tieto skupiny sú rovnako plodné. Za povšimnutie stojí, že Hardy používal termíny ako dominant, heterozygot a recesív, ale nie genotyp, resp. fenotyp. Na ich označenie použil výraz „variety", čo by sme mohli preložiť aj ako druh (nie v súčasnom biologickom zmysle), odroda, varieta, alebo rozmanitosť.

Podľa Hardyho bude v ďalšej generácii pomerné zastúpenie jednotlivých skupín nasledovné:

(1) $$(p + q)^2 : 2(p + q)(q + r) : (q + r)^2$$

(vysvetlenie viď rovnice 8 – 14)

alebo inak zapísané:

(2) $$p_1 : 2q_1 : r_1$$

Po odvodení uvedených algoritmov si Hardy položil otázku: Za akých okolností bude táto distribúcia rovnaká ako v predchádzajúcej generácii?[531] Predpokladom je podľa neho splnenie podmienky:

(3) $$q^2 = pr$$

Keďže platí, že aj

(4) $$q_1{}^2 = p_1 r_1$$

Hardy urobil záver, že *p, q* a *r* môžu byť akékoľvek, ich distribúcia bude po druhej generácii nezmenená.[532]

---

[530] Hardy, G.H. (1908). Mendelian proportions in a mixed population. *Science* 28: 49 – 50.

.

[531] To znamená, že dve po sebe nasledujúce generácie budú zhodné.

[532] Hardy týmto tvrdením pravdepodobne mienil, že pomer genotypov v populácii nemusí byť 3 : 1, ako tvrdil Yule, ale že môže byť aj iný, a ak v populácii prestanú pôsobiť faktory ovplyvňujúce distribúciu genotypov, už od nasledujúcej generácie ostane nezmenený.

Hardy výrazmi (1) a (2) a podmienkou (3) konštatoval platnosť zákona, ktorý bol neskôr nazvaný zákonom o genetickej rovnováhe. Vo svojom článku je strohý a neuvádza konkrétny postup, ako k týmto výrazom dospel. Ak chceme pochopiť jeho myslenie, musíme si v prvom rade uvedomiť, že použil inú symboliku, ako sme zvyknutí používať dnes. Uvažoval iba v intenciách genotypov, ich počtu a frekvencií, nie o alelách. Keďže ako základnú podmienku pre distribúciu genotypov uviedol výraz $q^2 = pr$, pokúsme sa zamyslieť nad tým, čo tento výraz znamená. Ak namiesto jeho symbolov p, q a r použijeme tradičné označenie genotypov (AA, Aa a aa), potom by pre frekvencie genotypov malo platiť, že:

(5) $(Aa)^2 = AA.aa$

a ak súčin $AA.aa$ chápeme ako kríženie dvoch genotypov, potom výsledok takéhoto kríženia vyplynie z Punnettovho štvorca.

gaméty rodičov	a	a
A	Aa	Aa
A	Aa	Aa

Z kríženia dvoch homozygotov teoreticky vzniknú heterozygoti, teda platí:

(6) $q^2 = 4\,Aa$
(7) $2Aa = \sqrt{q^2} = q$

Týmto sme dokázali, že Hardyho symbolika a dnešná symbolika a ich význam sú zhodné.[533]

Ako je uvedené vyššie:

(8) $p : 2q : r = (p + q)^2 : 2(p + q)(q + r) : (q + r)^2$

Čo vyjadruje pravá strana rovnice? Hardy sa snažil uvažovať v intenciách počtu jedincov jednotlivých „variet" (genotypov) danej populácie. Chcel potvrdiť, že počty jedincov daných „variet" budú v nasledovnej generácii v súlade s pomermi vo východiskovej generácii. Z matematického hľadiska Hardy vynásobil pomerné zastúpenie genotypov ich počtom ($p + 2q + r$), pričom pri úprave využil aj výraz:

(9) $q^2 = pr$

---

[533] Hardy touto podmienkou chcel dokázať, že heterozygoti vznikajú z homozygotov.

Výsledkom sú výrazy:

(10) $p(p + 2q + r) : 2q(p + 2q + r) : r(p + 2q + r)$

(11) $p^2 + 2pq + r : 2(pq + 2q^2 + qr) : pr + 2qr + r^2$

a ak za q^2 dosadíme pr, alebo naopak, potom platí, že

(12) $p^2 + 2pq + q^2 : 2(pq + q^2 + pr + qr) : q^2 + 2qr + r^2$

(13) $(p + q)^2 : 2(p + q).(q + r) : (q + r)^2$

(14) $p_1 : 2q_1 : r_1$ [534]

Hardy sa snažil svoje tvrdenie o rovnakej distribúcii „variet" v dvoch nasledujúcich generáciách snažil potvrdiť práve na príklade brachydaktýlie. Uvažoval nasledovne: Ak je brachydaktýlia podmienená dominantnou alelou A, a ak východisková populácia sa skladá z čisto brachydaktylických a čisto normálnych osôb, pričom ich pomer je 1 : 10 000, potom $p = 1$, $q = 0$, $r = 10 000$ a potom aj $p_1 = 1$, $q_1 = 10 000$, $r_1 = 100 000 000$. Ak je teda brachydaktýlia dominantná, tak podiel osôb s brachydaktýliou k normálnym osobám je 20 001 : 100 020 001, čo je približne 2 : 10 000. Tento podiel je prakticky dvojnásobným zvýšením oproti prvej generácii, ale v ďalších generáciách sa už zvyšovať nebude. Ako Hardy prišiel k týmto číslam si vysvetlíme pomocou Punnettovho štvorca, pričom použijeme aj pôvodné Hardyho, aj súčasné symboly. Ako v predchádzajúcom prípade, ani toto zdôvodnenie nie je uvedené v Hardyho článku. V uvedenom príklade krížime dvoch heterozygotov (Aa x Aa)[535]

gaméty rodičov	A $(p + q)$	a $(q + r)$
A $(p + q)$	AA $(p + q)^2$	Aa $(p + q)(q + r)$
a $(q + r)$	Aa $(p + q)(q + r)$	aa $(q + r)^2$

Výsledný podiel osôb s brachydaktýliou k normálnym osobám 20 001 : 100 020 001 dostaneme, ak východiskové počty jedincov (1, 0 a 10 000) dosadíme do výrazu (12). Teda $(1 + 0) (1 + 0) : [(1 + 0) (0 + 1 000) + (1 + 0) (0 + 1 000)] : (0 + 10 000) (0 + 10 000) = 1 : (10 000 + 10 000) : 100 000 000 = 1 : 20 000 : 100 000 000$, a teda z celkového počtu 100 020 001 jedincov bude 20 001 brachydaktylikov, čo zodpovedá pomeru 2 : 10 000. Na základe uvedených výsledkov Hardy konštatoval, že neexistuje ani najmenší základ pre tvrdenie

---

[534] Je nutné zdôrazniť, že vyššie uvedené zdôvodnenie nie je súčasťou Hardyho článku.

[535] Hardy pravdepodobne predpokladal, že heterozygoti vznikajú z dominantov aj z heterozygotov, preto $AA = (p + q)^2$, a rovnako tak aj, že recesívi vznikajú opäť z recesívov, ale aj z heterozygotov, preto $aa = (q + r)^2$.

biológa Yuleho, že dominanti vykazujú tendenciu k rozširovaniu sa v populácii, a naopak, že recesívni homozygoti smerujú k vymiznutiu z populácie.

Hardy sa vo svojom článku vyjadril aj k otázke odchýlok, ktoré vznikajú v prírodných populáciach v porovnaní k teoreticky očakávaným proporciám v jednotlivých „varietách". Ich distribúciu p_1 : $2q_1$: r_1, ktorá spĺňa podmienku $q_1{}^2$ = $p_1 r_1$ označil ako stabilnú distribúciu. V skutočnosti však v druhej generácii môžeme získať mierne odlišnú distribúciu p_1' : $2q_1'$: r_1', ktorá už stabilná nie je. Ak odstránime príčinu spôsobujúcu efekt odchýlok, môžeme ďalej, v súlade s teóriou, získať v tretej generácii novú stabilnú distribúciu p_2 : $2q_2$: r_2. Na záver svojho krátkeho článku Hardy poznamenal, že aj Yule akceptoval takéto vysvetlenie problému, ktorý spôsobil, že aj Pearson uznal, že stabilita populácie je daná pomerom 1 : 2 : 1.

AKÁ BOLA OSOBNOSŤ GODFREYA HARDYHO, ktorého publikácia je považovaná za začiatok populačnej genetiky? Hardy bol už od svojho detstva nadaným študentom matematiky. Bol vždy najlepším študentom v triede, počas štúdií získal množstvo ocenení, nerád ich však preberal pred obecenstvom.[536] Štúdium ukončil na Univerzite v Cambridge, kde od roku 1906 začal svoju pedagogickú kariéru. V roku 1919 sa stal vedúcim Katedry geometrie na Univerzite v Oxforde, späť na Cambridge sa vrátil v roku 1931, kde až do roku 1942 pôsobil na mieste tzv. Sadleiriánskeho profesora,[537] t. j. učiteľského miesta vyhradeného pre výučbu čistej matematiky. Jeho veľkou zásluhou je to, že sa pričinil o výučbu čistej matematiky vo Veľkej Británii, kde od čias Isaaca Newtona bola silná tradícia výučby aplikovanej matematiky. Pracoval najmä v oblasti teórie čísel a matematickej analýzy. Už od detstva bol plachý, považovali ho za excentrika, sociálne necitlivého a chladného, cítil sa nepohodlne, keď ho zoznamovali s novými ľuďmi, neznášal pohľad ani na seba samého v zrkadle.

Hardy bol prvý, kto publikoval svoje vysvetlenie o distribúcii mendelovských znakov v populáciách. Veľa genetikov tento princíp používalo bez odkazu na Hardyho prácu. Napríklad, jeden z troch velikánov populačnej genetiky, Sewall Wright, na otázku čo si myslí o Hardyho zákone odpovedal: „I have never thought otherwise; I had used the idea before I ever read the Hardy paper".[538] V tom istom roku, ako bol publikovaný Hardyho článok, uverejnil nemecký gynekológ Wilhelm Weinberg (1862 – 1937) publikáciu, v ktorej odvodil tie isté princípy ako Hardy, avšak na základe binomického rozdelenia.[539] Na

---

[536] http://en.wikipedia.org/wiki/G._H._Hardy
[537] Pôvodne od roku 1710 to bolo miesto pre prednášateľa algebry, od roku 1860 profesorské miesto pre výučbu čistej matematiky. Od r. 2013 na tomto mieste pôsobí Srb Vladimír Markovič, absolvent Univerzity v Belehrade.
[538] „Nikdy som nepremýšľal inak; túto myšlienku som použil skôr, ako som čítal Hardyho článok."; Crow, J.F. (1987). Population genetics history: A personal view. Ann. Rev. Genet. 21: 1 – 22.
[539] Weinberg, W. (1908). Über den Nachweis der Vererbung beim Menschen. Jahresh. Ver. Vater. Naturkd. Wuertemb. 64: 368 – 382.

rozdiel od Hardyho, ktorý ďalej nebádal v populačnej genetike, sa Weiberg pričinil o niekoľko objavov. Najvýznamnejšie sú jeho práce týkajúce sa rozšírenia princípov genetickej rovnováhy na mnohonásobné alely a mnohonásobné lokusy. Weinberg tiež určil korelácie medzi príbuznými jedincami, pričom vzal do úvahy aj vplyvy prostredia. Weinbergove práce ostali zabudnuté až do roku 1943, kedy bol publikovaný preklad ich najdôležitejších častí. O to sa pričinil najmä Ronald A. Fisher, ktorý je spolu s Wrightom a Haldaneom považovaný za ďalšieho z troch velikánov populačnej genetiky, ktorí nadviazali na prácu G. H. Hardyho. Odvtedy sa zákon o genetickej rovnováhe nazýva Hardyho – Weinbergov zákon.

ČO SA UDIALO V POPULAČNEJ GENETIKE OD UVEREJNENIA HARDYHO PRÁCE? Ak porovnáme Hardyho článok s dnešnými učebnicami populačnej genetiky, alebo so súčasnými vedeckými prácami z tejto oblasti, zistíme, že v prvom rade sa zmenila terminológia. Hardy použil symboly p, q a r na označenie diploidných jedincov, teda dominantných homozygotov, heterozygotov a homozygotných recesívov. Dnes tieto tri písmená používame na označenie troch alel lokusu pre krvný systém AB0, resp. pre iný trojalelický lokus. Na druhej strane písmenami p a q označujeme frekvencie alel A a a. Podstatné je to, že tak ako za čias Hardyho, aj dnes vyjadrujeme podiel genotypov v populácii rovnakým princípom, t. j. p : $2q$: r, resp. p^2 : $2pq$: q^2. Súčasný zápis genetickej rovnováhy vychádza z binomického charakteru mendelovskej dedičnosti (t. j. binomického rozdelenia):

(15) $(pA + qa)^2 = p^2AA + 2pq\,Aa + q^2aa = 1$

Rozhodujúci je teda pomer medzi heterozygotmi a homozygotmi. Hardy to vyjadril podmienkou, že musí platiť $q^2 = pr$. Táto jeho podmienka sa neskôr stala základným výrazom pre posudzovanie, či daná populácia je v stave genetickej rovnováhy. Vyjadrené dnešnou symbolikou by sa Hardyho podmienka dala vyjadriť nasledovne:

(16) [540] $2pq = 2\sqrt{p^2} \cdot q^2$, alebo $\frac{H}{\sqrt{D.R}} = 2$

Od používania takéhoto dôkazu sa však v dnešnej dobe upustilo, pretože bez štatistickej analýzy nemôžeme jednoznačne povedať, že 0,50 = 0,4955, alebo že 2 = 2,015. Stav genetickej rovnováhy môžeme analyzovať iba pomocou štatistického (napr. χ^2) testu. Veľkou zásluhou Hardyho je, že poukázal na to, že ak vplyvom nejakého evolučného činiteľa dôjde k odchýlke od ním stanoveného podielu genotypov v populácii, už v nasledujúcej generácii sa rovnováha môže obnoviť, ak tieto činitele prestanú pôsobiť.   To, čo my dnes nazývame genetickou rovnováhou, Hardy nazýval *stabilnou distribúciou*. Hardy ako základné

---

[540] H, frekvencia heterozygotov; D, frekvencia dominantných homozygotov; R, frekvencia recesívnych homozygotov.

podmienky pre stanovenie a udržanie genetickej rovnováhy pomenoval značnú veľkosť populácie, náhodné párovanie a pohlavné rozmnožovanie. Dnes k týmto faktorom ovplyvňujúcim genetickú rovnováhu zaraďujeme aj evolučné faktory, ako napr. selekcia, mutácie, migrácia a genetický drift.[541] Práve vplyv týchto evolučných činiteľov je možné ohodnotiť na základe odchýlky od genetickej rovnováhy. Tento princíp je aplikovaný v mnohých počítačových programoch používaných v modernej evolučnej genetike.[542] Hoci Hardy o sebe povedal, že nikdy neurobil nič užitočné (*„I have never done anything useful"*), formulovaním základného zákona populačnej genetiky sa stal nepochybným zakladateľom populačnej genetiky.

OTÁZKY NA ZAMYSLENIE

1. Myslíte si, že je možné v dnešnej dobe upresniť podmienky pre platnosť genetickej rovnováhy, alebo vymyslieť nejaké nové?
2. Platí Hardyho – Weinbergov zákon genetickej rovnováhy aj pre polymorfizmus na úrovni sekvencie nukleotidov v DNA?
3. Myslíte si, že aj v súčasnosti je pre ďalší rozvoj genetiky nutná spolupráca matematikov a biológov? Svoju odpoveď vysvetlite.

---

[541] Kapitola 7.1.
[542] Napríklad software *Structure.*

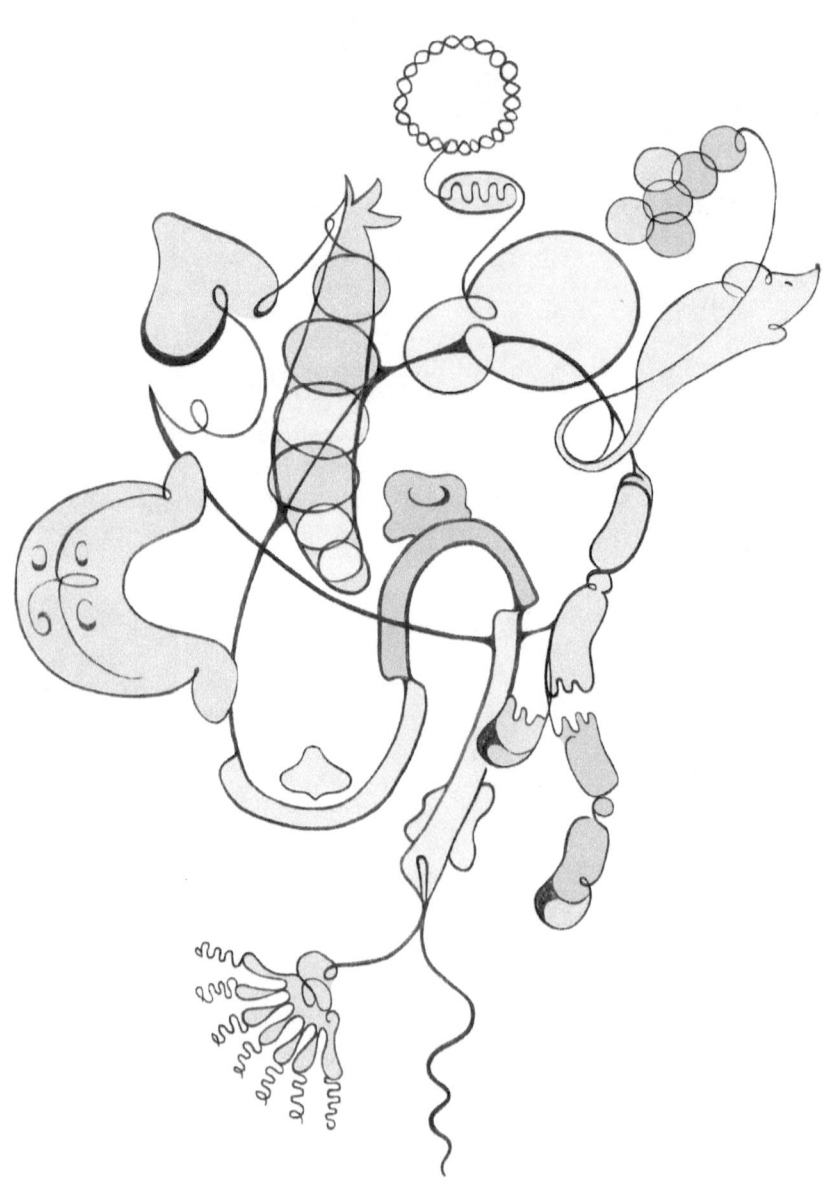

Príloha: Chronológia objavov v genetike do roku 1965[543]

323 p. n. l.	Aristoteles vo svojej kritike Hippokrata prezentoval svoje názory o reprodukcii, dedičnosti a vývine.
1651	William Harvey identifikoval vajíčko ako základ života (*ex ovo omnia*).
1665	Robert Hooke publikoval monografiu *Micrographia*, v ktorej (okrem iného) popísal „bunky" v korku.
1677	Antonie van Leeuwenhoek pomocou svojho mikroskopu s 200 – 300 násobným zväčšením pozoroval mikroorganizmy, ktoré nazval *animalcules*. Okrem toho pozoroval aj spermie v preparáte zo svojho semena.
1694	Rudolf Jakob Camerer (*Camerarius*) popísal pohlavné rozmnožovanie u rastlín a identifikoval tyčinky a piestiky ako pohlavné orgány.
1751	Carl Linné navrhol, že niektoré druhy vznikli ako výsledok kríženia vzdialených odrôd.
1761	Josef Gottlieb Kölreuter odhalil úlohu hmyzu pri opeľovaní.
1799	Thomas Robert Malthus publikoval prvé vydanie svojej práce o náraste početnosti populácií vo vzťahu k limitovaným zdrojom.
1801	Marie Francois Xavier Bichet popísal tkanivá ako základ architektúry orgánov.
1802	William Paley publikoval knihu *Natural Theology*, v ktorej na základe zložitosti živých foriem zdôvodňuje existenciu Dizajnéra.
1815	Jean Baptiste Lamarck navrhuje koncepciu evolúcie prostredníctvom dedičnosti charakteristík získaných počas života.
1823	Thomas Andrew Knight krížil sivo sfarbenú odrodu hrachu s bielo sfarbenou a zistil, že v generácii F_1 sú všetci potomkovia siví. Príslušníci generácie F_2 obsahujú sivé i biele varianty. Knight však neštuduje pomer jednotlivých variantiv.
1830	Giovanni Battista Amici popísal spôsob prieniku peľového zrna do embryonálneho vaku kvetov.
1833	Robert Brown popísal bunkové jadro ako univerzálnu organelu prítomnú v rastlinných a živočíšnych bunkách.
1838	Matthias J. Schleiden popísal predstavu, že telá rastlín sú tvorené bunkami.
1840	Theodor Schwann deklaroval, že aj telá živočíchov sú tvorené bunkami. Podobne ako Schleiden sa však mylne domnieval, že bunky vznikajú spontánne.
1849	Robert Remak navrhol, že embryo rastie vďaka bunkovému deleniu, pričom rozhodujúcu úlohu zohráva bunkové jadro.
1855	Rudolf Virchow doplnil bunkovú teóriu Schleidena a Schwanna o postulát, že všetky bunky vznikajú z buniek delením (*omnis cellula e cellula*).
1857	Joseph von Gerlach optimalizuje techniky farbenia bunkových štruktúr.
1858	Pred členmi Linného spoločnosti sú prezentované predstavy o evolúcii prostredníctvom prírodného výberu, ktoré nezávisle formulovali Charles Darwin a Alfred Russel Wallace.
1864	Herbert Spencer navrhol, že fyziologické jednotky dedičnosti sú väčšie ako atómy a (vtedy známe) chemické molekuly a menšie ako bunky.
1865	Gregor Johann Mendel pred členmi Prírodovedného spolku v Brne prezentoval svoje výsledky z kríženia rôznych odrôd hrachu.

[543] Zdroje: Carlson, E.A. (2004). Mendel's legacy. The origin of classical genetics. Cold Spring Harbor Laboratory Press, Cold Spring Harbor, NY; Sturtevant, A.A. (2001). A history of genetics. Cold Spring Harbor Laboratory Press, Cold Spring Harbor, NY. Zoznam končí v polovici 60. rokov v období, keď boli odhalené základné princípy prenosu genetickej informácie. Čitateľ určite odhalí ďalšie významné objavy, ktoré nie sú uvedené; tie najpodstatnejšie by však mali byť jeho súčasťou.

1866	Mendel publikoval svoju prácu Versuchen über Pflanzen-Hybriden vo *Verhandlungen des naturforschenden Vereines in Brünn.*
1866 - 1870	Mendel potvrdil výsledky Carla Nägeliho, že jastrabník (*Hieracium*) sa v kríženiach nespráva podľa pravidiel vyplývajúcich z kríženia hrachu.
1866	Ernest Haeckel na základe merania veľkosti jadra a cytoplazmy dedukoval, že dedičným centrom bunky je jadro.
1868	Charles Darwin navrhol teóriu pangenézy a *gemmuly* ako cirkulujúce jednotky dedičnosti.
1871	Friedrich Miescher objavil nukleín ako podstatnú zložku buniek. Miescherov nukleín bol zložený z proteínov a nukleových kyselín.
1871	Francis Galton spojil obehový systém králikov s rôznym sfarbením srsti a nenašiel žiadny dôkaz v prospech teórie pangenézy.
1876	Oscar Hertwig popísal meiózu u ježoviek.
1877	Hermann Fol popísal fúziu samčieho a samičieho jadra ako prvý krok ontogenézy.
1879	Walther Flemming charakterizuje priebeh mitózy u buniek mloka.
1879	William Keith Brooks publikoval knihu *Heredity*, v ktorej podčiarkuje význam štúdia ontogenézy a bunkovej špecializácie.
1880	Eduard Strasburger popísal mitózu u rastlín.
1883	Edouard van Beneden popísal meiózu na úrovni chromozómov a všimol si, že dochádza k redukcii ich počtu na polovicu.
1885	August Weismann navrhol teóriu nesmrteľnej zárodočnej línie (angl. *germ plasm*), ktorá je izolovaná od zvyšku tela.
1888	Heinrich Wilhelm Gottfried Waldeyer nazval chromatínové vlákna viditeľné počas mitózy chromozómy.
1888	Wilhelm Roux uviedol koncepciu tzv. *Entwicklungsmechanik*, ktorá je základom experimentálnej embryológie. Domnieval sa, že diferenciácia začína na dvojbunkovom štádiu.
1888	August Weismann dokazuje, že chirurgické skracovanie chvosta v niekoľkých generáciách myší nevedie k skracovaniu chvostov u potomkov. Argumentoval, že podobne ako obriezka u židovských chlapcov v priebehu niekoľkých tisíc rokov nevedie k rodeniu chlapcov bez predkožky, jeho experiment vylúčil dedičnosť vlastností získaných počas života.
1889	Richard Altmann nazval jednu zo zložiek Miescherovho nukleínu nukleová kyselina. (Altmann objavil pomocou špeciálneho farbenia aj bunkové granule, ktoré boli neskôr nazvané mitochondrie).
1890	Hugo de Vries publikoval knihu *Intracellular Pangenesis*, v ktorej hypotetizoval, že Darwinove gemmuly neopúšťajú bunky; predstava nie je vzdialená od reality, ak si za gemmuly dosadíme gény.
1890	August Weismann navrhol, že meióza má dve fázy, z ktorých prvá má za úlohu zredukovať počet chromozómov.
1891	Hermann Henking identifikoval u bzdochy atypický chromozóm (označil ho element X).
1894	William Bateson publikoval knihu *Materials for the Study of Variation* a navrhol, že mnohé znaky vznikajú diskontinuálne (označil ich *sports*).
1894	Hans Driesch zistil, že blastoméry u ježovky sú totipotentné, t. j. môže z nich vzniknúť celé embryo. To bolo v zdanlivom protiklade s názormi Rouxa; neskôr sa ukázalo, že schopnosť udržať si totiponenciu blastomér závisí od druhu organizmu.
1896	Edmund B. Wilson publikoval knihu *The Cell in Development and Inheritance*, kde argumentoval, že dedičné faktory sa nachádzajú v jadre, ktoré zároveň určuje vlastnosti cytoplazmy.

1900	Hugo de Vries, Carl Correns a Erich Tschermak von Seysenegg „znovuobjavili" Mendelove zákony.
1901	Hugo de Vries publikoval knihu *The Mutation Theory*, v ktorej hypotetizoval, že veľké dedičné zmeny (Batesonove *sports*) sú hlavným mechanizmom vzniku druhov. Dôkazom mali byť jeho výsledky získané u *Oenothera lamarckiana*, kde získal niekoľko rôznych odrôd výrazne sa líšiacich od rodičov.
1902	William Bateson dokázal platnosť Mendelových pravidiel u hydiny.
1902	William Austin Cannon navrhol koreláciu medzi redukciou počtu chromozómov v meióze a segregáciou Mendelových dedičných faktorov pri monohybridnom krížení.
1902	Bateson publikoval knihu *Mendel's Principles of Heredity: A Defence*, ktorá sumarizovala hlavné vtedajšie argumenty v prospech mendelizmu.
1902	Theodor Boveri pomocou experimentov s mnohonásobným oplodnením dokázal, že chromozómy sa odlišujú v dedičnom potenciáli, ktorý bunke poskytujú.
1902 - 1906	Bateson popísal dihybridné kríženia vykazujúce odchýlky od pomeru 9 : 3 : 3 : 1, ktoré vysvetľoval prostredníctvom interakcie génov.
1903	Walter Sutton pozoroval chromozómy kobyliek počas spermatogenézy a vysvetlil segregáciu Mendelových dedičných faktorov v dihybridnom krížení.
1903	Lucien Cuénot identifikoval znaky dedené podľa Mendelových pravidiel u myši.
1903	Wilhelm Johannsen popísal dedičnosť kvantitatívnych znakov (veľkosť semien fazule) ako výsledok pôsobenia viacerých génov s malým účinkom.
1905	Nettie M. Stevensová identifikovala heterochromozómy u chrobáka *Tenebrio* a zistila, že ich počet je u samcov a samíc odlišný.
1905	Edmund B. Wilson identifikoval heterochromozómy (nazýva ich idiochromozómy) u ďalších druhov hmyzu.
1906	William E. Castle prvýkrát systematicky využil mušky *Drosophila melanogaster*. Študuje u nich následky príbuzenského kríženia a selekcie.
1906	Bateson nazval vedu o dedičnosti a premenlivosti *genetika*.
1907	Erwin Baur identifikoval semiletálnu mutáciu vedúcu k strate chlorofylu u papuľky (*Antirrhinum*).
1908	Archibald Garrod popísal alkaptonúriu ako monogénne podmienené genetické ochorenie.
1908	Fernandus Payne poskytol Thomasovi H. Morganovi kultúru drozofíl, ktorú Morgan následne využil na experimenty vedúce k odhaleniu dedičnosti viazanej na pohlavný chromozóm.
1908	Godfrey Harold Hardy a Wilhelm Weinberg nezávisle formulovali základné princípy populačnej genetiky. Tzv. Hardyho – Weinbergov zákon postuloval, že frekvencia alel v populácii v prípade absencie evolučných faktorov ostáva medzi generáciami nezmenená.
1909	Wilhelm Johannsen definoval *genotyp* ako súbor dedičných faktorov, *fenotyp* ako prejav príslušného znaku a *gén* ako jednotku dedičnosti.
1909	Reginald Ruggles Gates vysvetlil zmeny u *Oenothera* pozorované de Vriesom ako následok chromozómových aberácií a nie ako dôkaz vzniku nových druhov.
1909	George H. Shull popísal prvý príklad tzv. *heterózy*, skokového zlepšenia viacerých vlastností, ktoré je výsledkom kríženia dvoch inbredných línií kukurice.
1909	Frans Alfons Janssens identifikoval *chiazmy*, fyzické prekríženia homologických chromozómov počas meiózy.
1909	Baur a Correns nezávisle publikujú práce dokazujúce mimojadrovú (plastidovú) dedičnosť.
1910	Edmund B. Wilson nazýva heterochromozómy, resp. idiochromozómy ako pohlavné chromozómy. Samcov označuje hetero- a samice homogametické

	pohlavie.
1910	Thomas H. Morgan identifikoval mutanta *D. melanogaster* s bielymi očami (*white*) a zistil, že vykazuje dedičnosť do kríža (angl. *crisscross inheritance*).
1911	Morgan objavil väzbu dedičnosti znakov, ktorých gény sú lokalizované na tom istom chromozóme.
1912	Morgan identifikoval recesívne letálnu mutáciu na chromozóme X u drozofily.
1913	Alfred H. Sturtevant pomocou analýzy frekvencie rekombinantov skonštruoval prvú genetickú mapu pozostávajúcu zo šiestich génov.
1913	Sturtevant navrhol koncepciu mnohonásobného alelizmu, teda viacerých foriem toho istého génu. Vychádzal z analýzy mutantov drozofily *white*, *apricot* a *eosin*.
1915	Morgan a jeho žiaci publikovali prvý odhad počtu (>1000) génov u drozofily vychádzajúci z podrobných genetických máp. Argumentovali, že gén je príliš malý na to, aby bol pozorovateľný svetelným mikroskopom.
1916	Morgan, Sturtevant, Bridges a Muller publikovali monografiu *The Mechanism of Mendelian Inheritance*, ktorá sa na dlhé roky stáva základným textom genetiky.
1918	Jan Šatava popísal existenciu haploidného a diploidného stavu u kvasiniek ako aj tvorbu spór spojenú s pohlavnou redukciou „chromatínovej hmoty".
1919	Hermann J. Muller a Edgar Altenburg stanovili rýchlosť vzniku mutácií u *D. melanogaster*: 1 letálna mutácia na 1000 chromozómov X.
1922	Muller navrhol, že gény musia mať schopnosť replikácie a produkcie variantov, a že sú analogické vírusom, ktoré je možné označiť ako nahé gény (angl. *naked genes*).
1925	Sturtevant a Morgan odhalili tzv. pozičný efekt, pri ktorom pozícia génu na chromozóme ovplyvňuje jeho aktivitu.
1926	Sturtevant pomocou genetických testov dokázal existenciu inverzie.
1927 - 1928	Muller (a nezávisle Lewis J. Stadler) dokázali, že RTG žiarenie indukuje mutácie. Muller vo svojom experimente využil špeciálny kmeň drozofíl (C*l*B), ktorý mu umožnil identifikáciu a mapovanie mutácií. Stadler využil ako modelové organizmy jačmeň a ovos.
1928	Frederick Griffith uskutočnil experiment, v ktorom pozoroval premenu nevirulentných baktérií na virulentné (*Streptococcus pneumoniae*). Neznámu substanciu, ktorá túto premenu spôsobila, pomenoval *transformačný princíp*.
1929	Israel I. Agol a Alexander S. Serebrovskij navrhli, že štruktúra génu by mohla byť študovaná prostredníctvom komplementačnej analýzy.
1929	Ronald A. Fisher publikuje knihu *Genetical Theory of Natural Selection*. Spolu s prácou Johna Burdona Sandersona Haldanea, Sewalla Wrighta a Godfreya H. Hardyho dokazuje konzistentnosť mendelizmu s populačnou genetikou a evolúciou prostredníctvom prírodného výberu.
1932	Sewall Wright popísal úlohu génového driftu v evolúcii.
1933	Theophilus S. Painter objavil prúžky u polyténnych chromozómov v slinných žľazách lariev drozofily.
1934	Calvin B. Bridges skonštruoval detailnú mapu prúžkov polyténnych chromozómov a koreloval ju s genetickou mapou získanou rekombinačnou analýzou.
1935	Bridges a Muller objavili, že mutácia *Bar* u *D. melanogaster* je spôsobená duplikáciou časti chromozómu. Muller tento výsledok interpretuje ako dôkaz, že gény vznikajú duplikáciou.
1935	Øjvind Winge zaviedol separáciu spór kvasiniek mikromanipulátorom a tetrádovú analýzu kvasiniek.
1937	George W. Beadle a Boris Ephrussi pomocou transplantačných experimentov dokázali, že sfarbenie očí u drozofily je zabezpečené biochemickými dráhami,

ktoré sú u jednotlivých mutantov prerušené. Transplantácia časti oka jedného mutanta do oka druhého mutanta umožňovala komplementáciu tohto defektu. Tieto štúdie boli základom pre experimenty Beadlea a Tatuma v roku 1941.

1937   Julia Bell a J. B. S. Haldane zmapovali prvé znaky viazané na chromozóm X u človeka.

1937   Theodosius Dobzhansky popísal evolúciu ako zmenu frekvencie alel v genofonde populácie.

1938   Barbara McClintocková popísala cyklus zlom – fúzia – mostík (*breakage – fusion – bridge*) a postulovala existenciu špeciálnych koncových štruktúr chromozómov, ktoré ich chrania pred fúziami. Muller tieto štruktúry nazval *teloméry*.

1941   George W. Beadle a Edward L. Tatum odhalili biochemickú dráhu prostredníctvom analýzy mutantov *Neurospora crassa* deficitných na vitamíny. Navrhujú hypotézu *jeden gén – jeden enzým*.

1941   Max Delbrück popísal životný cyklus bakteriofága T2. Spolu so Salvadorom Luriom identifikovali prvú mutáciu fága a založili tzv. fágovú školu, ktorá využívala fágy ako model pre štúdium molekulárnych základov dedičnosti.

1943   Carl a Gertruda Lindegren popísali u S. cerevisiae existenciu dvoch opačných párovacích typov označovaných ako a a α.

1944   Oswald Avery, Maclyn McCarty a Colin MacLeod dokázali, že *transformačným princípom* popísaným Griffithom v roku 1928 je DNA.

1945   Erwin Schrödinger publikoval súbor svojich prednášok pod názvom *What is Life?*, v ktorom prezentuje svoju predstavu génu ako aperiodického kryštálu.

1946   Charlotte Auerbachová dokázala mutagénny účinok yperitu, ktorý sa stáva prvým príkladom chemického mutagénu.

1946   Joshua Lederberg a Edward L. Tatum popísali pohlavné rozmnožovanie (konjugáciu) a rekombináciu génov u baktérií.

1949   Linus Pauling interpretoval kosáčikovitú anémiu ako molekulárne ochorenie. Neskôr (1956) s Vernonom Ingramom identifikovali špecifickú aminokyselinu v molekule hemoglobínu, ktorá je zodpovedná za ochorenie.

1949   Erwin Chargaff odhalil pravidelnosti v pomernom zastúpení jednotlivých báz v DNA rôznych organizmov.

1950   Barbara McClintocková publikovala objav mobilných elementov (transpozónov) u kukurice.

1952   Alfred D. Hershey a Martha Chaseová dokázali, že pri infekcii bakteriálnej bunky fágom dochádza k vniknutiu vírusovej DNA do bunky, zatiaľ čo proteín ostáva na jej povrchu. Tým poskytli ďalší dôkaz v prospech genetickej úlohy DNA.

1952   Guido Pontecorvo dokázal, že k rekombinácii môže dôjsť aj vo vnútri génu.

1953   James D. Watson a Francis H.C. Crick publikovali model dvojzávitnicovej molekuly DNA, ktorý vysvetľuje aj mechanizmus jej replikácie.

1954   Luria a Delbrück publikovali výsledky fluktuačného testu, v ktorom dokázali, že mutácie vedúce k rezistencii baktérií voči bakteriofágom vznikajú nezávisle od prítomnosti fága.

1954   Joshua a Esther Lederbergovci zaviedli tzv. pečiatkovaciu techniku (angl. *replica plating*), ktorá sa stala účinným nástrojom pre selekciu mutantov baktérií.

1954   Seymour Benzer uskutočnil rekombinačnú analýzu DNA bakteriofága T4, v ktorej dokázal, že rekombinačnou jednotkou je jeden pár nukleotidov.

1955   Arthur Kornberg a jeho spolupracovníci izolovali DNA-polymerázu z E. coli a syntetizujú DNA *in vitro*.

1955   Boris Ephrussi a spolupracovníci identifikovali cytoplazmatický dedičný element, ktorý determinuje schopnosť respirácie kvasiniek.

1955   Joe Hin Tjio zistil, že diploidný počet chromozómov človeka je 46.

1957	Edward B. Lewis objavil gény, ktoré sa podieľajú na regulácii ontogenézy drozofily, a tak položil základy pre vývinovú genetiku.
1957	Claud S. Rupert, Sol H. Goodgal a Roger M. Herriott objavili fotoreparáciu ako prvý známy mechanizmus opravy poškodenia DNA.
1958	Matthew Meselson a Franklin W. Stahl dokázali semikonzervatívny spôsob replikácie DNA.
1958	Meyer a kolektív objavili DNA v kinetoplastoch, špecializovaných mitochondriách u prvokov triedy Kinetoplastida.
1959	Arthur Pardee, François Jacob a Jacques Monod uskutočnili tzv. *PaJaMo* experiment, ktorý je základom pre tzv. operónový model regulácie génovej aktivity.
1961	Sydney Brenner, François Jacob a Matthew Meselson objavili mediátorovú (angl. *messenger*) RNA.
1961	Marshall W. Nirenberg a Heinrich J. Matthaei úspešne testovali *in vitro* systém na syntézu proteínov a identifikovali prvé kodóny špecifikujúce konkrétne aminokyseliny. Výsledkom niekoľkoročných následných pokusov je dešifrovanie genetického kódu.
1962	Hans Ris a Walter Plaut vizualizovali DNA v chloroplastoch zelenej riasy *Chlamydomonas moewusii*.
1963	Manželia Margita a Sylvan Nassovci objavili DNA v mitochondriách živočíšnych buniek.
1964	Robin Holliday popísal molekulárny mechanizmus génovej konverzie.
1964	Gottfried Schatz a spolupracovníci objavili DNA v mitochondriách kvasiniek.

Prístupové heslo na pdf verzie originálnych publikácií: **Mendel_1865**

www.ingramcontent.com/pod-product-compliance
Lightning Source LLC
Chambersburg PA
CBHW021404170526
45164CB00002B/496